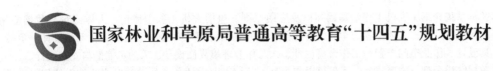

国家林业和草原局普通高等教育"十四五"规划教材

人机工程学

郭秀荣　亓占丰　主编

U0199206

中国林业出版社
China Forestry Publishing House

内 容 简 介

　　本教材系统介绍了人机工程学基础知识及应用原则。包括人机工程学概论、人体测量与数据应用、人的心理与信息处理、人体生物力学与施力特征、人的感觉机能及其特征、人机信息界面设计、手持式作业工具设计、作业空间布置与工作台椅设计、人与作业环境界面设计、人的可靠性与安全设计。

　　本教材结构合理，内容丰富，不仅可以作为高等院校工业设计和产品设计专业的教材使用，而且可供其他相关专业及广大从事工业产品设计的人员阅读参考。

图书在版编目（CIP）数据

　人机工程学 / 郭秀荣，亓占丰主编. -- 北京：中国林业出版社，2024.8. --（国家林业和草原局普通高等教育"十四五"规划教材）. -- ISBN 978-7-5219-2777-1

Ⅰ. TB18

中国国家版本馆 CIP 数据核字第 20245G2S04 号

策划、责任编辑：田夏青
责任校对：苏　梅
封面设计：时代澄宇

出版发行：中国林业出版社
　　　　　（100009，北京市西城区刘海胡同 7 号，电话 010-83223120）
电子邮箱：cfphzbs@163.com
网址：https://www.cfph.net
印刷：中林科印文化发展（北京）有限公司
版次：2024 年 8 月第 1 版
印次：2024 年 8 月第 1 次印刷
开本：787mm×1092mm　1/16
印张：15.75
字数：375 千字
定价：52.00 元

前　言

　　教育、科技、人才是全面建设社会主义现代化国家的基础性、战略性支撑。必须坚持科技是第一生产力、人才是第一资源、创新是第一动力，深入实施科教兴国战略、人才强国战略、创新驱动发展战略，这三大战略共同服务于创新型国家的建设。高等教育与经济社会发展紧密相连，对促进就业创业、助力经济社会发展、增进人民福祉具有重要意义。

　　人机工程学是一门综合性、应用性都很强的交叉学科，主要研究"人-机-环境"三者之间的关系，为使用者提供较高的舒适度和生命保障功能，最终达到系统综合使用效能的学科。从其演进和发展历史来看，学科的目的就是让技术的发展围绕人的需求来展开，使产品及环境的设计更好地适应和满足人的生理和心理等特征，让人在工作中、休闲中更舒适、安全和健康。全书阐述循序渐进，富有启发性，习题丰富，利于自学。本教材主要针对高等院校工业设计专业、产品设计专业的教学需要，同时兼顾其他相关专业。

　　第1章为人机工程学概论，包括人机工程学的命名及定义、人机工程学的起源与发展、人机工程学的研究内容与方法、人机工程学应用实例；第2章为人体测量与数据应用，包括人体测量的基本知识、人体测量中的主要统计函数、常用的人体测量数据、人体测量数据的应用、人体模型；第3章为人的心理与信息处理，包括心理活动与行为构成、人的感知心理过程与特征、人的认知心理过程与特征、信息的加工与处理；第4章为人体生物力学与施力特征，包括人体运动与肌骨系统、人体生物力学模型、人体的施力特征、合理施力的设计思路；第5章为人的感觉机能及其特征，包括视觉机能及其特征、听觉机能及其特征、肤觉机能及其特征、其他感觉；第6章为人机信息界面设计，包括人机信息界面的形成、视觉信息显示设计、听觉信息传示设计、操纵装置设计、显控协调设计；第7章为手持式作业工具设计，包括手与上肢的生理构造、手持式作业工具设计要求及常见上肢职业病、手持式工具的设计原则、设计案例；第8章为作业空间布置与工作台椅设计，包括个人空间及社会心理因素、作业空间范围、作业空间布置设计、工作台设计、工作座椅设计；第9章为人与作业环境界面设计，包括人体对环境舒适度的要求、人与热环境、人与光环境、人与声环境、人与振动环境、人与空气环境；第10章为人的可靠性与安全设计，包括人的心理和心理特性、人的可靠性、人的失误、机的特性、人机系统设计与人–机–环境系统评价。

本教材由郭秀荣(东北林业大学)和亓占丰(大连大学)任主编，张莉(德州学院)、李博(东北林业大学)、郭秀丽(大连大学)和杨宛莹(东北林业大学)任副主编，编写分工为：第1章和第10章由郭秀荣编写，第2章和第3章由亓占丰编写，第4章和第5章由张莉编写，第6章和第7章由李博编写，第8章由郭秀丽编写，第9章由杨宛莹编写，最后由郭秀荣统稿。此外，东北林业大学硕士研究生杨少池、赵越、韩继琦和孙新浩等人也参与了本教材的资料收集，其中，孙新浩参与了本教材所有章节的校对以及PPT的制作。

人机工程学是一门涉及多学科领域的开放型实用课程，有关这门课程的教学与培训方式多种多样。希望通过本教材的出版，为广大师生提供更多的选择和参照。由于编者水平有限，教材中定存在一些不足之处，祈盼得到大家的批评指正。

郭秀荣

2023 年 12 月

目　录

第 1 章 人机工程学概论

1.1 人机工程学的命名及定义

人机工程学是一门研究人、机器及工作环境之间相互作用的学科。它是 20 世纪 40 年代后期发展起来的，经历了不同的发展阶段，更是跨越了不同学科领域，应用多种学科原理、理念、方法以及数据，不断完善自身观念、研究方法、技术标准和科学体系，从而成为一门极为重要的交叉学科。

1.1.1 学科的命名

由于本学科研究和应用的范围极其广泛，它所涉及的各学科，各领域的专家、学者都试图从自身的角度来给本学科命名和下定义，因而世界各国对本学科的命名不尽相同，即使同一个国家对本学科名称的提法也很不一致，甚至有很大差别。

例如，本学科在美国称为"Human Engineering"（人类工程学）或"Human Factors Engineering"（人的因素工程学）；西欧国家多称为"Ergonomics"（人类工效学）；而其他国家大多引用西欧的名称。

"Ergonomics"一词是由希腊文词根"ergon"（即工作、劳动）和"nomoi"（即规律、规则）复合而成，其本义为人的劳动规律。由于该词能够较全面地反映本学科的本质，又源自希腊文，便于各国语言翻译上的统一，而且词义保持中立性，不显露它对各组成学科的亲密和疏远，因此目前较多的国家采用"Ergonomics"一词作为本学科命名。

人机工程学在我国起步较晚，目前在国内的名称尚未统一，除普遍采用人机工程学外，常见的名称还有人-机-环境系统工程、人体工程学、人类工效学、人类工程学、工程学心理学、宜人学、人的因素等，名称不同，其研究重点略有差别。

1.1.2 学科的定义

与命名一样，对本学科所下的定义也不统一，而且随着学科的发展，其定义也在不断发生变化。

美国人机工程学专家查尔斯·C·伍德（Charles C. Wood）对人机工程学所下的定义为：

设备设计必须适合人的各方面因素，以便在操作上付出最小的代价而求得最高效率。W. B·伍德森（W. B. Woodson）则认为：人机工程学研究的是人与机器相互关系的合理方案，亦即对人的知觉显示、操作控制、人机系统的设计及其布置和作业系统的组合等进行有效的研究，其目的在于获得最高的效率及作业时感到安全和舒适。著名的美国人机工程学及应用心理学家 A·查帕尼斯（A. Chapanis）说："人机工程学是在机械设计中，考虑如何使人操作便利而准确的一门学科。"

另外，在不同的研究和应用领域中，带有侧重点和倾向性的定义很多，不一一介绍。

国际人类工效学学会（International Ergonomics Association，IEA）为本学科所下的定义是最有权威、最全面的，即人机工程学是研究人在某种工作环境中的解剖学、生理学和心理学等方面的各种因素，研究人和机器及环境的相互作用，研究在工作中、家庭生活中和休假时怎样统一考虑工作效率、人的健康、安全和舒适等问题的学科。

结合国内本学科发展的具体情况，我国 1979 年出版的《辞海》中对人机工程学给出了如下的定义，即人机工程学是一门新兴的边缘学科。它是运用人体测量学、生理学、心理学和生物力学以及工程学等学科的研究方法和手段，综合地进行人体结构、功能、心理以及力学等问题研究的学科，用以设计使操作者能发挥最大效能的机械、仪器和控制装置，并研究控制台上各个仪表的最适位置。

1.2　人机工程学的起源与发展

1.2.1　人机工程学的起源

任何事物的发展都取决于人的能力和系统要求的关系和矛盾。"工欲善其事，必先利其器"，此道理早就被我们的祖先所认识。在古代虽然没有系统的人机学研究方法，但人类所创造的各种器具，从形状的发展变化来看，是符合人机工程学原理的：旧石器时代所创造的石刀、石斧等狩猎工具，大部分是直线形状；到了新石器时代，人类所创造的锄头、铲刀以及石磨等工具的形状，就逐步变得更适合人使用了；青铜器时代以后，人类新创造的工具更是大大向前发展。这些工具由于人的使用和改进，由简单到复杂逐步科学化。

图 1-1　北京猿人使用的砾石工具

砾石是山上的岩石，经河流冲击、带动，沉积到低平的河滩上，形状一般呈椭圆形，故称河卵石。在北京猿人的石器制品中，几乎所有的石器都是选择砾石做原料，这是因为砾石光润、对称、流畅的形式符合人类美的视觉尺度（图 1-1）。原始先民选择砾石是因为它比自然岩石更好用，打制一端形成锋利的尖棱刃口作切割，完成其功能作用；而另一端保留圆滑形态便于手握，符合人的操作，可见原始先民在制作工具的时候就考虑方便操作的问题了。

古希腊的三把手瓮和双把手瓮也体现了和谐的人

机关系，如图1-2。瓮不仅要易于拿起，还要易于倾倒液体，手臂在操作中能保持自然的姿势。古希腊瓮的设计给现代很多类似的产品设计提供了参考，在进行人机设计的时候设计多把手可以确保人操作时有合理舒适的姿势。

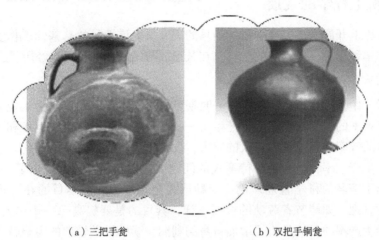

（a）三把手瓮　　　　　　　　（b）双把手铜瓮

图1-2　古希腊瓮

明清家具也是充分考虑人机关系的典范，桌椅的靠背十分贴合人体脊椎的正常形态，实现了形态美和舒适性的完美结合（图1-3）。

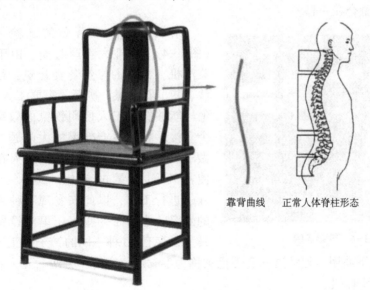

靠背曲线　　　正常人体脊柱形态

图1-3　明清家具

工业革命以后，以新能源、新技术为基础的大机器生产方式，在实现了前所未有的高效率的同时，也产生了比过去复杂得多的人机关系。机器的发明家和设计者忙于改善机器的性能以进一步提高效率，至于与操作者体能之间的矛盾则根本不在考虑之列。为了能够跟上机器的节奏，操作者必须拼命工作。机器成了生产的主宰，而操作者成了附庸。随之而来的是，工人劳动强度增加，工伤事故率上升，社会矛盾日益尖锐。

在这种情况下，欧美一些学者和研究机构以降低劳动强度、减少事故、提高劳动生产率为目的，对人在劳动过程中的生理和心理问题等方面进行了研究。英国在第一次世界大战期间成立了工业疲劳研究所，研究防止疲劳、提高工效的途径。

1.2.2 人机工程学的发展

英国是世界上开展人机工程学研究最早的国家，但该学科的奠基性工作实际上是在美国完成的。本学科作为一门独立的学科，在其形成与发展史中，大致经历了三个阶段。

(1)初始阶段——经验人机工程学

第一阶段开始于工业革命时期。这一时期工业化大生产取代传统手工业生产。工业革命带来了生产效率的提高，但同时也产生了一些新问题。高效的设施设备和手工业工具不同，机械设备的效率与速度远超过人的能力，设备与人的效率之间不匹配。这既影响工人健康，又影响生产效率，是一个亟待解决的问题。科学家和管理者提出了一些新的理论，其中泰勒提出了著名的科学管理理论。泰勒认为企业管理的根本目的在于提高劳动生产率，所以科学管理，如同节省劳动的机器一样，其目的是要提高每一个单元的生产效率。企业提高劳动生产率的目的是为了增加自身的利润。泰勒科学管理的主要特点是要从每一位工人抓起，从每一件生产工具着手，从每一道生产工序开始研究，设计出最佳的工位，最合理的劳动定额和标准化的操作方式来达到生产效率的最大化。他提出"one best way"（最好的方法），认为所有的生产管理过程中，总能够找到一个最优方法，将各种要素最好、最科学地融合在一起。

图1-4 铁锹实验

泰勒有个非常著名的试验——铁锹试验（图1-4）。工业大生产时期，由于广泛的使用蒸汽机，大量的修筑各类建筑，很多物料，如沙、灰、石、煤、矿石等需要工人用铁锹铲运。怎样能够提高工人使用铁锹的效率呢？这是一个直接影响到生产效率的大问题。泰勒在当时做了很多相关的试验，他让工人在单位时间里使用不同装量的铁锹（20kg、10kg、7.5kg、5kg）进行工作，以此来发现哪种铁锹具有最高的效率。他还在一些工厂里面设置了专门的工具室，存有10种不同的铲子供工人在不同的工况和作业条件下使用。他的这一套理论被称为泰勒制。实行新方法后工人每天的搬运量从16吨提升到47吨。

泰勒制是奠定现代人机工程学的一个基础。当然泰勒制也有一些缺陷，因为泰勒的理论前提是把人看作是经济的人，看作管理的对象，他们是由于利益的驱动来提高生产效率的。所以在这个过程中特别注重科学性和纪律性，较少地考虑到人的能力和需要，这在很大程度上是研究人的能力极限去适应机器的运作效率的问题。泰勒制虽然有局限性，但是在当时的条件下还是很进步的，最重要的是它奠定了现代人机工程学发展的基础。另外两位科学家吉尔布雷斯夫妇，也做了许多相关的研究。他们在时间研究（通常把泰勒所做的研究称为时间研究）的基础之上进行动作研究。他们所进行的动作研究分析，其目的是提高作业效率和减少作业疲劳。1900 年左右，高速连拍照相机的出现，他们使用这种相机将人在作业过程中的动作拍摄和记录下来，然后把这些动作根据其作用和性质进行分类。

吉尔布雷斯夫妇曾经做过一个著名的试验——砌砖试验。他们用照相机把砌砖工人所有的砌砖动作记录下来，发现工人每完成一次砌砖任务大概需要 18 个动作，并将这 18 个动作分为三类：必要动作、辅助动作、多余动作。然后通过强化必要动作，调整辅助动作，减少多余动作，对砌砖任务中的动作进行重构，最终将 18 个动作调整为 4.5 个动作，极大地提高了生产效率。

后来有学者将泰勒的时间研究和吉尔布雷斯夫妇的动作研究合称为"时间与动作的研究"，这在人机工程学的发展史上是非常重要的，直到现在很多研究依然脱离不开时间与动作的分析。当然泰勒认为，他所进行的时间研究其实是包含动作研究的。他认为动作研究是时间研究的次级层面上的内容。在这一时期，人机工程学所研究的重点是怎样去选择和培训作业中的操作者，让人能够适应高速运转的机器和设备，从而达到提高生产效率的目的。虽然以当下的视野去看这不够人性化，但是在当时特定的历史条件下这依然是进步的。更重要的是，泰勒、吉尔布雷斯夫妇以及这一时期的其他学者开创了用科学的方法来研究人、机、环境的问题。

（2）成长阶段——科学人机工程学

第二次世界大战期间，由于战争的需要，许多国家大力发展效能高、威力大的新式武器和装备。但由于片面注重新式武器和装备的功能研究，而忽视了其中人的因素，因而由于操作失误而导致失败的教训屡见不鲜。例如，不合理的瞄准镜设计要求飞机驾驶员身体前倾眼睛完全贴合瞄准镜，导致飞行员不能实时观察战场快速变化的整体环境，也不能准确观察操作飞机舱内复杂的仪表按钮，这种瞄准镜设计是造成飞机空战命中率低的重要原因。在瞄准、观察与操作的不同姿态间来回切换时，飞行员误读仪表和误用操纵器而引发的意外事故也时有发生，如图 1-5 所示。

（a）　　　　　　　　　　　　　　　　（b）

图 1-5　因操纵失误引起的飞机失事

据统计，美国在第二次世界大战期间发生的飞行事故中，大约 90% 是由人为因素造成的。通过分析研究，逐步认识到，在人和武器的关系中，主要的限制因素不是武器而是人，并深深感到人的因素在设计中是不能忽视的一个重要条件；同时还认识到，要设计好一个高效能的装备，只有工程技术知识是不够的，还必须有生理学、心理学、人体测量学、生物力学等学科的知识。因此，在第二次世界大战期间，首先在军事领域中开展了与设计相关学科的综合研究与应用。例如，为了使所设计的武器能够符合士兵的生理特点，武器设计工程师不得不请解剖学家、生理学家和心理学家为设计操作合理的武器出谋献策，结果收到了良好的效果。军事领域中对"人的因素"的研究和应用，使科学人机工程学应运而生。

科学人机工程学一直延续到 20 世纪 50 年代末。在其发展的后一阶段，由于战争的结束，本学科的综合研究与应用逐渐从军事领域向民用领域发展，并逐步应用军事领域中的研究成果来解决工业与工程设计中的问题，如飞机、汽车、机械设备、建筑设施以及生活用品等。人们还提出在设计工业机械设备时也应集中运用工程技术人员、医学家、心理学家等相关学科专家的共同智慧。因此，在这一发展阶段中，人机工程学的研究课题已超出了单一学科研究范畴，使许多生理学家、工程技术专家涉身到本学科中来共同研究，从而使本学科的名称也有所变化，大多称为"工程心理学"。本学科在这一阶段的发展特点是，重视工业与工程设计中"人的因素"，力求使机器适应于人。

（3）成型阶段——现代人机工程学

第三阶段是 20 世纪中后叶至今，由于更复杂的人机关系和生产协作关系的出现，如航空航天技术的大发展，新能源技术（如核电站）的快速发展，技术更复杂，系统更庞大，与人的能力间的鸿沟更大，人、机、环境间的有机协调成为其顺利运行的关键之一。这一时期，控制论、信息论、系统论的出现为研究人机工程学提供了新方法和新思路。

在第二次世界大战中，武器效能是决定战争走向的重要因素。各国政府和设计师意识到机器不仅仅是技术性能的问题，还要重点考虑到人的因素。第二次世界大战结束后，人机工程学研究得到了军事界和学术界的认可，纷纷成立了专门研究人机工程的机构。1949年，英国成立了人体工程学会（Ergonomics Research Society）；1955 年，美国成立了人因工程学会（Human Factors Society）；1959 年，国际工效协会（International Ergonomics Society）成立；1989 年，中国人类工效学学会（Chinese Ergonomics Society）成立。这一时期，一大批人机工程学的经典著作开始发表，极大地促进了人机工程学的发展。例如，1949 年，恰帕尼斯等三人合著的《应用实验心理学——工程设计中人的因素》出版，该书总结了此前的研究成果，最早系统论述了人机学的理论与方法。又如，1963 年格兰德京出版的《使工作适应于人》、1971 年麦斯特出版的《人体工程学理论与实践》、1972 年凡哥特出版的《设备设计中的人体工程学指南》，都对人机工程学做了不同角度的总结与论述。

第三阶段人机工程学有以下三个特点：

①着眼于设备的设计不超过人的能力界限。

②密切与实际应用结合，严密地制订计划来进行实验研究。

③各个学科的协作与交叉，学科的系统性特点更加突出。

由此可见，要提高产品的安全、效率与舒适，必须突出人、机、环境系统的统一性和整体性。

20 世纪 80 年代后，随着计算机的发展和普及，人机研究开始关注人与机器之间的信息交换方式，即新型的人机交互方式：计算机支持的软硬件、信息的输入输出设备与人的双向交流中实现人的价值，弹性人机关系就此出现。弹性人机关系的发展主要经历了三个阶段：语言命令交互阶段、图形用户界面（GUI）交互阶段、自然和谐的人机交互阶段。关于界面和交互的研究也越发重要。

1.3　人机工程学的研究内容与方法

1.3.1　人机工程学的研究内容

人机工程学的研究对象是"人-机-环境系统"，简称"人机系统"。因此，人机工程学既要研究人、机、环境各因素的属性，更要着重研究人-机-环境系统的总体属性，以及人、机、环境之间的相互关系的规律。

人机工程设计的对象是人机界面，涉及解剖学、生理学、心理学等人的因素，要达到的目标是生活、工作的舒适、安全、高效。

总体上，人机工程学由两个学术研究方向构成：

①通过研究和实验确定工程设计所需要的有关人的特征和特性的具体数据。

②在实际应用和工程中设计宜人化的用品、工具、机器、环境、作业程序、工作任务等。

人机系统的构成包括人、机、环境三个子系统，这三个子系统各自独立又两两交叉，统一为人-机-环境系统，如图1-6所示。由此也决定了人机工程学的基本研究内容，具体包括如下7个方面。

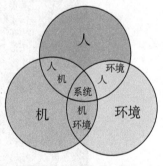

图1-6　人-机器-环境

①人的因素研究。

②机的因素研究。

③环境因素研究。

④人-机关系的研究。

⑤人-环境关系的研究。

⑥机-环境关系的研究。

⑦人-机-环境系统总体性能的研究。

对工业设计师来说，从事本学科研究的主要内容可概括为以下几个方面。

（1）人体特性的研究

人体特性研究的主要内容是在工业产品造型设计与环境设计中与人体尺度有关的问题，例如人体基本形态特征与参数、人的感知特性、人的运动特性、人的行为特性以及人在劳动中的心理活动和人为差错等。例如，高速公路标识就利用了人的视觉特性来提高标识信息的辨识度和识别速度，如图1-7所示。

该研究的目的是解决机器设备、工具、作业场所以及各种用具的设计如何适应人的生理和心理特点，为操作者或使用者创造安全、舒适、健康、高效的工作环境，例如，机床操作面板按钮按照不同的功能类别合理分区，重要按钮和紧急按钮使用代表危险的红色，如图1-8所示。

（2）工作场所设计

工作场所设计的合理与否，将对人的工作效率产生直接的影响。工作场所设计一般

图 1-7　高速公路的标识设计

图 1-8　机床操作面板设计

包括工作空间设计、座位设计、工作台或操纵台设计以及作业场所的总体布置等。这些设计都需要应用人体测量学和生物力学等知识和数据。研究作业场所设计的目的是保证物质环境适合于人体的特点，使人以无害于健康的姿势从事劳动，既能高效地完成工作，又感到舒适和不致过早产生疲劳。工作场所设计的合理性，对人的工作效率有直接影响，如图 1-9 所示。

（3）人机界面设计

人与机器以及环境之间的信息交流分为两个方面：显示器向人传递信息，控制器则接收人发出的信息。显示器研究包括视觉显示器、听觉显示器以及触觉显示器等各种类型显示器的设计，同时还要研究显示器的布置和组合等问题。

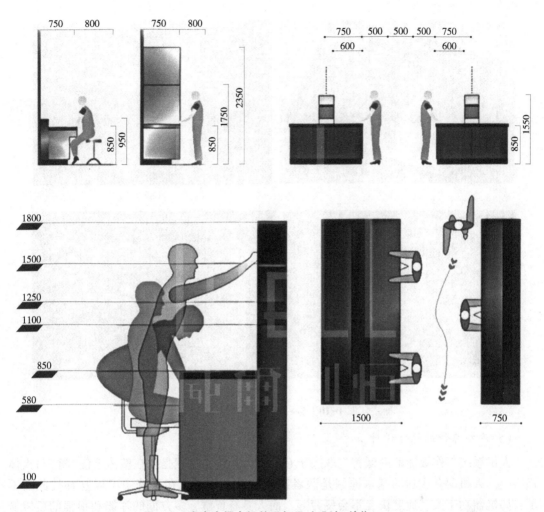

图1-9　室内空间人机关系与尺寸设计(单位：mm)

控制器设计则要研究各种操纵装置的形状、大小、位置以及作用力等在人体解剖学、生物力学和心理学方面的问题。在设计时，还需考虑人的定向动作和习惯动作等要素。如今进入信息化社会，产品人机界面也发生变化，现代产品已经被虚拟界面所包围，因此在图标的设计中要更多地考虑人的心理感受。如图1-10所示为各种产品操控界面设计。

(4)环境控制与安全保护设计

从广义上说，人机工程学所研究的效率，不仅指所从事的工作在短期内有效地完成，还指在长期内不存在对健康有害的影响，并使事故危险性降到最低限度。从环境控制方面应保证照明、微小气候、噪声和振动等常见作业环境条件适合操作人员的要求。

保护操作者免遭"因作业而引起的病痛、疾患、伤害或伤亡"也是设计者的基本任务。因而在设计阶段，安全防护装置就视为机械的一部分，应将防护装置直接接入机器内。此外，还应考虑在使用前对操作者的安全培训，研究在使用中增强操作者的个体防护等。

（a） （b）

（c） （d）

图1-10 各种产品操控界面设计

（5）人机系统的总体设计

人机系统工作效能的高低首先取决于它的总体设计，也就是要在整体上使"机"与人体相适应。人机配合成功的基本原因是两者都有自己的特点，在系统中可以互补彼此的不足，如机器功率大、速度快、不会疲劳等，而人具有智慧、多方面的才能和很强的适应能力。如果注意在分工中取长补短，则两者的结合就会卓有成效。显然，系统总体设计是人与机器之间的分工以及人与机器之间如何有效地交流信息等问题。

1.3.2 学科的研究方法

人机工程学的研究广泛采用了人体科学和生物科学等相关学科的研究方法及手段，也采取了系统工程、控制理论、统计学等其他学科的一些研究方法，且本学科的研究也建立了一些独特的新方法，以探讨人、机、环境要素间复杂的关系问题。

这些方法包括：测量人体各部分静态和动态数据；调查、询问或直接观察人在工作时的行为和反应特征；对时间和动作的分析研究；测量人在工作前后以及作业过程中的心理状态和各种生理指标的动态变化；观察和分析作业过程和工艺流程中存在的问题；分析差错和意外事故的原因；进行模型实验或用计算机进行模拟实验；运用数学和统计学的方法找出各种变量之间的相互关系，以便从中得出正确的结论或发展成有关理论。

目前常用的研究方法有以下几种。

（1）观察法

为了研究系统中的人和机器的工作状态，常采用各种各样的观察方法。例如，对工人操作动作的观察、功能观察和工艺流程观察等。

（2）实测法

实测法是一种借助仪器设备进行测量的方法。例如，对人体静态与动态参数的测量，对人体生理参数的测量或者对系统参数、作业环境参数的测量等。

（3）实验法

当实测法受到限制时，可以采用实验法，一般在实验室进行，也可以在作业现场进行。例如，为了获得人对各种不同显示仪表的认读速度和差错率的数据，一般在实验室采用这种方法；如需了解色彩环境对人的心理、生理和工作效率产生的影响，也可以采用这种方法，由于需要进行长时间和多人次的观测才能获得比较真实的数据。它通常用于研究心理过程和某些心理活动的生理机制等方面的问题。如图1-11所示，图中是利用眼动仪、心率仪测量人在驾驶过程中行为决策时的生理参数的变化。

（4）模拟和模型试验法

由于机器系统一般比较复杂，因而在进行人机系统研究时常采用模拟方法。模拟方法包括各种技术和装置的模拟，如操作训练模拟器、机械的模型以及各种人体模型等。通过这类模拟方法可以对某些操作系统进行逼真的试验，得到更符合实际的真实数据。因为模拟器或模型通常比它所模拟的真实系统价格便宜得多，但又可以进行符合实际的研究，所以得到较多的应用。汽车碰撞试验中使用人体模型来观察汽车的安全防护设计是最常见的应用，如图1-12所示。

图1-11 驾驶试验　　　　　　图1-12 汽车碰撞试验

（5）计算机数值仿真法

由于人机系统中的操作者是具有主观意志的生命体，用传统的物理模拟和模型方法研究人机系统，往往不能完全反映系统中生命体的特征，其结果与实际相比必有一定误差。另外，随着现代人机系统越来越复杂，采用物理模拟和模型方法研究复杂人机系统，不仅成本高、周期长，而且模拟和模型装置一旦定型，就很难做修改变动。为此，一些更为理想而有效的方法逐渐被研究创建并得以推广，其中的计算机数值仿真法已成为人机工程学研究的一种现代方法。

数值仿真是在计算机上利用系统的数学模型进行仿真性实验研究。研究者可对尚处于设计阶段的未来系统进行仿真，并就系统中的人、机、环境三要素的功能特点及其相互间的协调性进行分析，从而预知所设计产品的性能，并进行改进设计。应用数值仿真研究，能大大缩短设计周期，并降低成本。图1-13为通过计算机仿真对驾驶员舒适性进行研究。

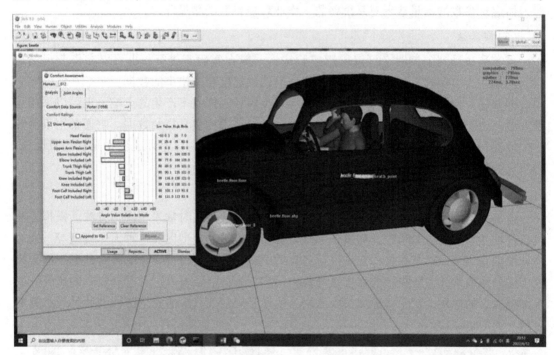

图1-13　计算机数值研究人机系统特性

（6）调查研究法

调查研究法是针对所存在的问题有目的、有计划、系统地进行调查研究，抽样分析操作者或使用者的意见和建议的研究方法。包括简单的访谈、专门调查、精细的评分、心理和生理学分析判断，以及间接意见与建议分析等。

1.4　人机工程学应用实例

从设计所包含的内容来看，大到航天系统、城市规划、机械设备、交通工具、建筑设施，小至服装、家具以及日常生活用品。总之，为人类各种生产与生活所创造的一切产品，都必须把人的因素作为一个重要的衡量标准。因此，在设计中研究和运用人机工程学的理论和方法就成为设计的必要手段。人机工程与设计的关系主要体现在以下四个方面：

①人机工程学为设计提供了理论依据。

②为设计中的环境因素提供设计准则。

③为产品设计提供科学依据。

④树立以人为本的设计思想。

人机工程与设计相关的研究领域见表1-1。

表1-1　人机工程与设计相关的研究领域

领域	对象	实例
设施或产品的设计	航天系统	火箭、人造卫星、宇宙飞船
	建筑设施	城市规划、工业设施、工业与民用建筑
	机械设备	机床、建筑机械、矿山机械、农业机械、渔业机械、林业机械、轻工机械、动力设备以及点击计算机
	交通工具	飞机、火车、汽车、电车、船舶、摩托车、自行车
	仪器设备	计量仪表、显示仪表、检测仪表、医疗器械、照明器具、办公事务器械以及家用电器
日用品的设计	器具	家具、工具、文具、玩具、体育用品、生活日用品
	服装	劳保服、生活用服、安全帽、劳保鞋
作业的设计	作业姿势、作业方法、作业量以及工具的选用和配置等	工厂生产作业、监视作业、车辆驾驶作业、物品搬运作业、办公室作业、非职业活动作业
环境的设计	声环境、光环境、热环境、色彩环境、振动、尘埃以及有毒气体环境	工厂、车间、控制中心、计算机房、办公室、车辆驾驶室、交通工具的乘坐空间、生活用房

人机工程学不仅是在不同的设计生产中非常重要，而且在日常生活中也扮演着重要角色。一款产品的成败在很多时候取决于产品符不符合人机工程学原理。

草坪的石板路的石板间距应与中等身材者的休闲步距大体相符。图1-14(a)所示为公园的一条石板路的石板间距超过0.7m，是一步嫌大两步嫌小的距离。行人要么费劲"跨大步"，一步一个石板，要么在石板上"碎步"前行，有一步不得不踏在草地上，如图1-14(b)。这种石板间距不合理的设计对于老年人和身体不便的行人更加难走。所以说，优秀的设计往往体现在细节上。

罗布森广场从建成之日起就是加拿大温哥华和不列颠哥伦比亚省的标志建筑之一。罗布森广场的设计亮点是艾里克森和梅斯首创的台阶与坡道的结合。坡道的介入，打破了传

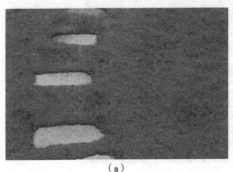
（a）

（b）

图1-14　公园石板路

统台阶设计的生硬感；作为公共区域的无障碍设计，又摆脱了传统坡道的突兀，如图 1-15 和图 1-16 所示。此做法也被后世广为借鉴，如图 1-17 怀特布洛克画廊（White Block Gallery）的台阶设计。

图 1-15　罗布森广场坡道 1

图 1-16　罗布森广场坡道 2

图 1-17　怀特布洛克画廊（White Block Gallery）的台阶

　　椅子沙发是一款常见的家具，也是许多设计师表达自身设计理念和设计水准的设计领域。许多椅子设计因为特别符合人机工程学原理，被奉为人机工程学和设计研究、教学的经典。巴塞罗那椅（Barcelona chairs），是 1929 年巴塞罗那世界博览会上由提出"少即是多"理念的密斯·凡·德罗（Mies van der Rohe）设计，纽约现代艺术博物馆收藏展出，之后在美国诺尔公司（Knoll）限量出产，这是世界现代设计最经典的作品之一。巴塞罗那椅由呈弧形交叉状的不锈钢构架支撑真皮皮垫，非常优美而且功能化。两块长方形皮垫组成座面（坐垫）及靠背。椅子当时是全手工磨制，外形美观，功能实用。巴塞罗那椅的设计在当时引起轰动，地位类似于现在的概念产品。这些椅腿的书写体"X"形结构造成了一个优美的轮廓，成为这把椅子永恒的标志。从侧面看这把椅子的靠背、支架契合在不同比例的优美曲线中，如图 1-18 所示。

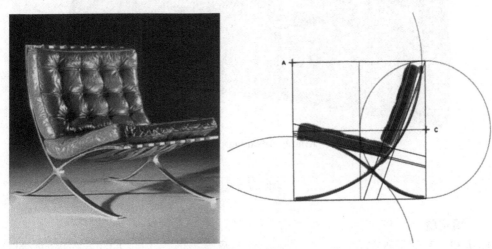

图 1-18　巴塞罗那椅

　　人机工程学的不断发展对提高人的工作效率，增加对人的关怀方面也有了更多的突破。菲齐克品牌的自行车鞍座，专为骑公路自行车的人设计。由于它的结构轻，表面光滑，弧度符合人体工程学，以及后部有凝胶区，因此它十分满足需要长时间与高要求的自行车比赛的要求，使得自行车运动员能够突破自己的极限，如图 1-19 所示。Kinesis Advantage 人体工程学键盘把按键从中间分成两大区，双手可以自然向前而不用像使用传统键盘时扭曲手

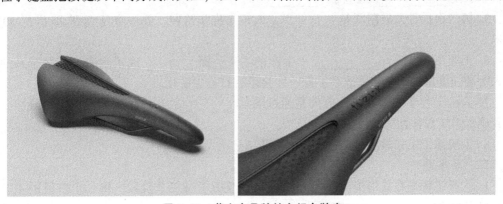

图 1-19　菲齐克品牌的自行车鞍座

腕，可以降低长期使用键盘时手腕的疲劳感。键位有长有短，是根据手指长度比例设计的，例如中指最长，所以中指键位最深，小指最短，小指键位最浅，有效避免手指长度不够而需要抬起手腕打字的情况。键位整体是下凹设计，使得手指大多数情况下处于自然舒展状态，解决了手指长时间蜷缩带来的不适感。大拇指处设计了许多快捷键，有效提高了输入文本时的工作效率，如图1-20所示。

图 1-20 Kinesis Advantage 人体工程学键盘

练习题

一、填空题

1. 人机工程学是研究_____、_____及_____之间相互作用的学科。

2. _____是世界上开展人机工程学研究最早的国家。因此，人机工程学有"起源于欧洲，形成于美国"之说。

3. 人机工程学在其形成与发展史中，大致经历了_____、_____和_____三个阶段。

4. 在科学人机工程学阶段，学科发展的主要特点是：重视工业与工程设计中人的因素，力求使_____适应于_____。

5. 第二次世界大战期间是_____人机工程学阶段，并一直延续到20世纪50年代末。

6. 工业革命以后，_____成了生产的主宰，而_____成了附庸。随之带来的是工人劳动强度增加，工伤事故率上升，社会矛盾日益尖锐化。

7. 人机工程学的根本研究方向是通过揭示_____之间相互关系的规律，以达到确保系统总体性能的最优化。

8. 人机系统工作效能的高低首先取决于_____。

二、简答题

1. 人机工程学在其形成与发展史中，大致经历了哪三个阶段？每一个阶段的主要特点分别是什么？

2. 人机工程学研究的内容及方法有哪些?

3. 对工业设计师来说,从事人机工程学研究的主要内容可概括为哪几个方面?

三、讨论题

以你熟悉的某个/类产品为例,讨论目前人机工程学应用的特点和未来发展方向,最终形成 500 字的讨论小结(2~3 点)。

第 2 章　人体测量与数据应用

2.1　人体测量的基本知识

人体测量学是人机工程学的重要组成部分。在进行工业设计以及其他设计活动时，要使人与产品或设施相互协调，就必须对产品、设施与人相关的各种装置进行设计，使其符合人体形态、生理以及心理特点，让人在使用过程中处于安全舒适的状态。为此，设计师必须掌握人体形态特征及各项测量数据，其中包括人体高度、重量、各部分长度、厚度、比例及活动范围等。

2.1.1　产品设计与人体尺度

人体测量学是通过测量人体各部位尺寸来确定个体和群体之间在人体尺寸上的差别，用以研究人的形态特征，从而为各种工业设计和工程设计提供人体测量数据。尺寸是指沿某一方向、某一轴向或围径测量的值。人体尺寸指用专用仪器在人体上的特定起点、止点或经过点沿特定测量方向测得的尺寸。尺度是基于人体尺寸的一种关于物体大小或空间大小的心理感受，也可以说尺度是一种心理尺寸。尺度是一个相对的概念，一种相对的感觉，或者一种比例上的关系。尺寸是客观的，是物理层面的人体工程学问题；而尺度是主观的，是认知和感性层面的人体工程学问题。

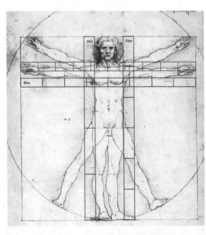

图 2-1　达·芬奇人体绘画

人体测量学并不是一门新兴的学科，它具有古老的渊源。早在公元前 1 世纪，罗马建筑师就已经从建筑学的角度对人体尺度做出了全面的论述，他们从人体各个部位的关系中，发现人体基本上以肚脐为圆心。例如，一个站立的男人双手侧向平伸的长度恰好就是其高度，双足趾和双手指尖恰好在以肚脐为中心的圆周上。达·芬奇的传世经典《维特鲁威人》就表现了古人对于完美人体比例关系的认识，达·芬奇人体绘画如图 2-1 所示。

各种机械、设备、设施和工具的设计，首要问题是如何让机器适合于人的形态和功能范围的限度。机器和环境合理的尺寸布局让人能够舒适地工作，不合理的设计会导致人们不自然、易疲劳的操作，所以合理的尺寸布局将影响设计的成果与使用状态。公交车内部座位和站立把手要方便大多数人乘坐使用，过高过低的把手横杆都会让人在长时间乘车抓握时产生疲劳，公交车内部设计如图 2-2 所示。

图 2-2 公交车内部设计

为了使各种与人体尺度有关的设计对象能符合人的生理特点，让人在使用时处于舒适的状态和适宜的环境之中，就必须在设计中充分考虑人体的各种尺度，因而也就要求设计者了解一些人体测量学方面的基本知识，并熟悉有关设计所必需的人体测量基本数据的性质和使用条件。

2.1.2 人体测量主要方法

人体测量是测量人体各部分的尺寸和人体的体积、重量等其他物理特征来确定个体之间和群体之间的特点和差异，用以研究人的形态特征，测量的基本目的是为设计提供设计参数。人机工程学范围内的人体体态测量数据主要有两类，即人体构造尺寸和功能尺寸的测量数据。人体构造尺寸是指静态尺寸；人体功能尺寸是指动态尺寸，包括人在工作姿势下或在某种操作活动状态下测量的尺寸。人体测量方法主要有以下三种：普通测量法、摄影法和三维数字化人体测量法。

（1）普通测量法

普通测量法是采用直接接触式测量工具，通过所定义的人体标准姿势、标准方向、人体测量点测量人体尺寸。测量工具以人体测高仪、人体测量用直角规、人体测量用弯角规为主，各类测量仪器如图 2-3 所示。人体测高仪主要用来测量身高、眼高、坐高、向上伸手高度等人体尺寸。直角规用来测量两点间的直线距离，特别是距离较短的、不规则部位的宽度、直径，如脸宽、眼宽、耳宽、手足部位的测量。弯角规用于不能直接用直尺测量的两点间距离，如肩宽、胸厚。此外，还有人体测量用三脚平行规、量足仪、软卷尺以及医用磅秤等。

此种测量方式耗时耗力，数据处理容易出错，数据应用不灵活，但成本低廉，具有一定的适用性。

（2）摄影法

摄影法是一种非直接测量法，原理是使用照相机或摄像机拍摄画面，当相机的位置与投影板的距离大于被测者身高的十倍以上时可以将投射光线看作平行光，人在带有光源和投影板的环境下产生投影，从拍摄照片上读取投影板的刻度就能间接得出人体的尺寸，如图 2-4 所示。

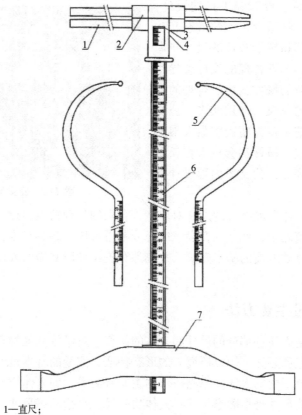

1—直尺；
2—固定尺座；
3—管型尺框；
4—活动尺座；
5—弯尺；
6—主尺杆；
7—底座。

（a）

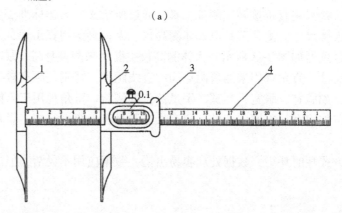

1—固定直脚；
2—活动直脚；
3—尺框；
4—主尺。

（b）

图 2-3　人体测量的常用仪器

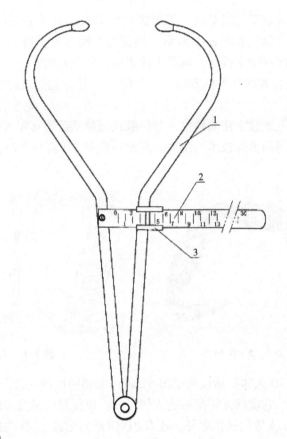

1—弯脚；
2—主尺；
3—尺框。

图2-3　人体测量的常用仪器(续)

(a—人体测高仪；b—人体测量用直脚规；c—人体测量用弯脚规)

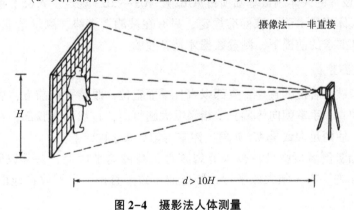

图2-4　摄影法人体测量

（3）三维数字化人体测量法

三维数字化人体测量分为接触式、非接触式等，最终可以根据所需速度、精度和价格确定合适的方式。

①接触式三维数字化测量仪　美国佛罗里达 Faro 技术公司的 Faro Arm 是典型的手动接触式数字化测量仪，如图 2-5 所示。测量时，操作者手持 Faro 手臂，其末端的探针接触被测人体的表面时按下按钮。测量人体表面点的空间位置。三维数据信息记录探针所测点的 X、Y、Z 坐标和探针手柄方向，并采用 DSP 技术通过 RS232 串口线连接到各种应用软件包上。

②非接触式三维数字化测量仪　非接触式测量是运用真实人体数据的技术。随着计算机技术和三维空间扫描仪技术的发展，高解析度的 3D 资料足以描述准确的人体模型，如图 2-6 所示。

图 2-5　Faro Arm

图 2-6　人体扫描仪

VITUS 全身 3D 人体扫描仪是德国 Vitronic 公司的最新一代产品，由于体积小，可以将它放在更衣室中。它能够提供足够的人体尺寸，以便进行量身定做和大规模定制。

除了全身 3D 人体扫描仪之外，还有 3D 脚部扫描仪、3D 头部扫描仪，目前这些仪器已经在大规模人体测量、汽车驾驶研究等方面得到了应用。

2.1.3　人体测量基本术语

《用于技术设计的人体测量基础项目》GB/T 5703—2023 规定了人机工程学使用的成年人和青少年的人体测量术语。该标准规定，只有在被测者姿势、测量基准面、测量方向、测点等符合下列要求的前提下，测量数据才是有效的。

(1)被测者姿势

①立姿　指被测者挺胸直立，头部以眼耳平面定位，眼睛平视前方，肩部放松，上肢自然下垂，手伸直，手掌朝向体侧，手指轻贴大腿侧面，自然伸直膝部，左、右足后跟并拢，前端分开，使两足大致呈 45°夹角，体重均匀分布于两足。

②坐姿　指被测者挺胸坐在被调节到腓骨头高度的平面上，头部以眼耳平面定位，眼睛平视前方，左、右大腿大致平行，膝弯曲大致呈直角，足平放在地面上，手轻放在大腿上。

(2)测量基准面

人体测量基准面的定位是由三个互为垂直的轴(铅垂轴、纵轴和横轴)来决定的。人体测量中设定的轴线和基准面如图 2-7 所示。

①矢状面　通过铅垂轴和纵轴的平面及与其平行的所有平面都称为矢状面。在矢状面

中，把通过人体正中线的矢状面称为正中矢状面。正中矢状面将人体分成左右对称的两部分。

②冠状面　通过铅垂轴和横轴的平面及与其平行的所有平面都称为冠状面，冠状面将人体分成前、后两部分。

③横断面　与矢状面及冠状面同时垂直的所有平面都称为横断面。横断面将人体分成上、下两部分。

④眼耳平面　通过左、右耳屏点及右眼眶下点的水平面称为眼耳平面或法兰克福平面。

（3）测量方向

测量中人体的上下方向，上方称为头侧端，下方称为足侧端。测量中人体的左右方向，靠近正中矢状面的部位称为内侧，远离正中矢状面的部位称为外侧。测量中靠近四肢的部位称为近位，远离四肢的部位称为远位。在上肢上，桡骨侧称为桡侧，尺骨侧称为尺侧。在下肢上，胫骨侧称为胫侧，腓骨侧称为腓侧。

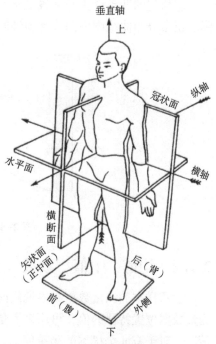

图2-7　人体测量基准面

（4）支承面和衣着

在坐姿或立姿测量时，座椅的平面和站立的平面应该是水平的、稳固的和不可压缩变形的。并且被测量者应该尽量少着装，以获取更加准确的人体结构尺寸。

2.2　人体测量中的主要统计函数

由于群体中个体与个体之间存在着差异，一般来说，某一个体的测量尺寸不能作为设计的依据。为使产品适合于一个群体的使用，设计中需要的是一个群体的测量尺寸。然而，全面测量群体中每个个体的尺寸又是不现实的。通常是通过测量群体中较少量个体的尺寸，经数据处理后而获得较为精确的所需群体尺寸。

在人体测量中所得到的测量值都是离散的随机变量，因而可根据概率论与数理统计理论对测量数据进行统计分析，从而获得所需群体尺寸的统计规律和特征参数。

2.2.1　正态分布

进行人身尺寸数据的测量，通过对大量人员的测量后的测量结果，是中等身高的人数量最大，离平均值越少，形成了一个中间大、两头小的曲线，这种规律称为正态分布。

人体尺寸的正态分布曲线（图2-8）有以下三个图形特征：

①集中性正态曲线的高峰位于正中央，也就是均值所处的位置。

②对称性正态曲线以均值为中心左右对称，曲线的两端不与横轴相交。

③均匀的变动性正态曲线是从均值开始分别向左、右两侧逐渐地、平滑而均匀地下降。正态分布曲线图中曲线与横轴间的面积等于1。

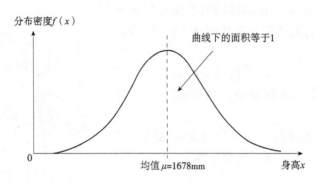

图 2-8　人体尺寸的正态分布曲线

2.2.2　均值、中值、众数

表示样本的测量数据集中地趋向某一个值，该值称为平均值，简称均值。均值是描述测量数据位置特征的值，可用来衡量一定条件下的测量水平和概括地表现测量数据的集中情况，对于有 n 个样本的测量值 x_1，x_2，$\cdots$，x_n，其均值为：

$$\bar{x} = \frac{x_1 + x_2 + \cdots + x_n}{n} = \frac{1}{n}\sum_{i=1}^{n} x_i$$

中值表示全部受测人数有一半身高在这个数值以上，另一半在这个数值以下。

众数表示人数最多的那个身高尺寸，即曲线的顶点。

在标准正态分布中，均值、中值和众数非常接近，常把它们看作一个数值，统一用 M 表示。

2.2.3　方差

描述测量数据在中心位置（均值）上下波动程度差异的值叫均方差，通常称为方差，方差表明样本的测量值是变量，既趋向均值而又在一定范围内波动。对于均值为 $\bar{x}$ 的 n 个样本测量值 x_1，x_2，$\cdots$，x_n，其方差 S^2 的定义为：

$$S^2 = \frac{1}{n-1}\left[(x_1 - \bar{x})^2 + (x_2 - \bar{x})^2 + \cdots + (x_n - \bar{x})^2\right] = \frac{1}{n-1}\sum_{i=1}^{n}(x_i - \bar{x})^2$$

用上式计算方差，其效率不高，因为它要用数据做两次计算，即首先用数据算出 $\bar{x}$，再用数据去算出 S^2。推荐一个在数学上与上式等价，计算起来又比较有效的公式，即：

$$S^2 = \frac{1}{n-1}(x_1^2 + x_2^2 + \cdots + x_n^2 - n\bar{x}^2)$$

如果测量值 x_i 全部靠近均值 $\bar{x}$，则优先选用这个等价的计算式来计算方差。

2.2.4 标准差

由方差的计算公式可知，方差的量纲是测量值量纲的平方，为使其量纲和均值相一致，则取其均方根差值，即标准差来说明测量值对均值的波动情况。所以，方差的平方根 S_D 称为标准差，对于均值为 $\bar{x}$ 的 n 个样本测量值 x_1，x_2，$\cdots$，x_n，其标准差 S_D 的一般计算式为：

$$S_D = \frac{1}{n-1} \left[\left(\sum_{i=1}^{n} x_i^2 - n\bar{x}^2 \right) \right]^{\frac{1}{2}}$$

2.2.5 抽样误差

抽样误差又称标准误差，即全部样本均值的标准差。在实际测量和统计分析中，总是以样本推测总体，而在一般情况下，样本与总体不可能完全相同，其差别就是由抽样引起的。抽样误差数值大，表明样本均值与总体均值的差别大；反之，说明其差别小，即均值的可靠性高。

概率论证明，当样本数据列的标准差为 S_D，样本容量为 n 时，则抽样误差 $S_{\bar{x}}$ 的计算式为：

$$S_{\bar{x}} = \frac{S_D}{\sqrt{n}}$$

由上式可知，均值的标准差 $S_{\bar{x}}$ 要比测量数据列的标准差 S_D 小 $\sqrt{n}$ 倍。当测量方法一定时，样本容量越多，则测量结果精度越高。因此，在可能范围内增加样本容量，可以提高测量结果的精度。

2.2.6 百分位数

人体测量的数据常以百分位数 PK 作为一种位置指标、一个界值。一个百分位数将群体或样本的全部测量值分为两部分，有 $K\%$ 的测量值等于和小于它，有 $(100-K)\%$ 的测量值大于它。例如，在设计中最常用的是 P5、P50、P95 三种百分位数。其中第 5 百分位数代表"小"身材，是指有 5% 的人群身材尺寸小于此值，而有 95% 的人群身材尺寸均大于此值；第 50 百分位数表示"中"身材，是指大于和小于此人群身材尺寸的各为 50%；第 95 百分位数代表"大"身体，是指有 95% 的人群身材尺寸均小于此值，而有 5% 的人样身材尺寸大于此值。

在一般的统计方法中，并不一一罗列出所有百分位数的数据，而往往以均值 $\bar{x}$ 和标准差 S_D 来表示。虽然人体尺寸并不完全是正态分布，但通常仍可使用正态分布曲线来计算。因此，在人机工程学中可以根据均值 $\bar{x}$ 和标准差 S_D 来计算某百分位数人体尺寸，或计算某一人体尺寸所属的百分位数。

当已知某项人体测量尺寸的均值为 $\bar{x}$，标准差为 S_D，需要求任一百分位的人体测量尺寸 x 时，可用下式计算：

$$x = \bar{x} \pm (S_D \times K)$$

式中，K 为变换系数，设计中常用的百分比值与变换系数 K 的关系见表 2-1。

表 2-1 百分比与变换系数

百分比/%	K	百分比/%	K
0.5	2.576	60	0.25
1.0	2.326	70	0.524
2.5	1.960	75	0.674
5	1.645	80	0.842
10	1.282	85	1.036
15	1.036	90	1.282
20	0.842	95	1.645
25	0.674	97.5	1.960
30	0.524	98	2.05
40	0.25	99.0	2.326
50	0.000	99.5	2.576

当求 1%~50% 的数据时，式中取"-"号；当求 50%~99% 的数据时，式中取"+"号。

求数据所属百分率：当已知某项人体测量尺寸为 x_i，其均值为 $\bar{x}$，标准差为 S_D，需要求该尺寸 x_i 所处的百分率 P 时，可按下列方法求得 $z=(x_i-\bar{x})/S_D$ 计算出 z 值，根据 z 值在有关手册中的正态分布概率数表上查得对应的概率数值 p，则百分率 P 按下式计算为：

$$P=0.5+p$$

2.2.7 满足度

满足度是产品尺寸所适合的使用人群占总使用人群的百分比。

一般而言，产品设计希望达到较大的满足度，否则产品只适合少数人使用，这当然不好。但并非满足度越大越好，因为过大的满足度，必然带来其他方面的不合理（如成本提高等）。

2.3 常用的人体测量数据

2.3.1 人体尺寸的差异

①国家地区差异 不同的国家，不同的种族，因地理环境、生活习惯、遗传特质的不同，人体尺寸的差异是十分明显的，见表 2-2。

表 2-2 不同国家人体尺寸差异
cm

人体尺寸（均值）	德国	法国	英国	美国	瑞士	亚洲国家
身高	172	170	171	173	169	168
身高（坐姿）	90	88	85	86	—	—

（续）

人体尺寸（均值）	德国	法国	英国	美国	瑞士	亚洲国家
肘高	106	105	107	106	104	104
膝高	55	54	—	55	52	—
肩高	45	—	46	45	44	44
臀高	35	35	—	35	34	—

同一国家不同地区之间也会产生一定的尺寸差异，在设计时要考虑到产品投放的市场位置和使用人群对产品尺寸的影响。GB 10000—2023 关于中国六个区域男女人体数据统计见表2-3。

表2-3 中国六个区域人体尺寸差异（男）

项目	东北、华北区		中西部区		长江下游区		长江中游区		两广福建区		云贵川区	
	均值 M	标准差 S_D	均值 M	标准差 S_D	均值 M	标准差 S_D	均值 M	标准差 S_D	均值 M	标准差 S_D	均值 M	标准差 S_D
体重/kg	71	11.9	69	11.3	68	11.0	67	10.4	67	10.9	65	10.5
身高/mm	1702	67.3	1686	64.8	1694	67.4	1673	65.8	1684	72.2	1663	68.5
胸围/mm	949	80.0	930	80.3	929	75.5	920	74.8	915	74.1	913	73.7

表2-3 中国六个区域人体尺寸差异（女）

项目	东北、华北区		中西部区		长江下游区		长江中游区		两广福建区		云贵川区	
	均值 M	标准差 S_D	均值 M	标准差 S_D	均值 M	标准差 S_D	均值 M	标准差 S_D	均值 M	标准差 S_D	均值 M	标准差 S_D
体重/kg	60	9.8	60	9.6	57	8.5	56	7.9	55	8.4	56	8.5
身高/mm	1584	61.9	1577	58.7	1582	59.7	1564	54.7	1564	60.6	1548	58.6
胸围/mm	908	86.0	915	81.0	896	76.7	892	73.6	882	72.9	908	77.2

②世代差异　过去一百年中生长加快是一个普遍现象，子女们一般比父母长得高，这个现象在总人口的身高平均值上也可以得到证实。欧洲的居民预计每10年身高增加10~14mm。

③年龄差异　体形随着年龄变化最为明显的时期是青少年期。人体尺寸的增长过程，女子在18岁结束，男子在20岁结束。人体尺寸随年龄的增加而缩减，体重、宽度尺寸却随年龄的增长而增加。在进行家居设计时，要考虑到老年人的身体尺度和活动能力，避免设计过高过低的储物柜等。男性、女性力量和身高随年龄变化如图2-9所示。其中，图2-9（a）为男/女力量随年龄变化图，图2-9（b）为男/女身高随年龄变化图。

④性别差异　3~10岁这一年龄阶段男女的差别极小，同一数值对两性均适用，两性身体尺寸的明显差别从10岁开始。一般女子的身高比男子低10cm左右，但不能把女子按较矮的男子来处理，妇女与身高相同的男子相比，身体比例是不同的，妇女臀部较宽、肩窄，躯干较男子长，四肢较短。在设计中应注意这种差别。

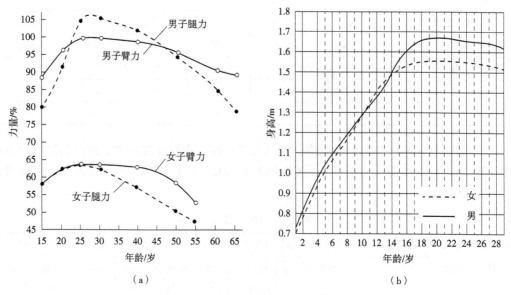

图 2-9 男/女力量随年龄变化图

2.3.2 我国成年人人体结构尺寸

GB/T 10000—2023 是 2024 年 3 月开始实施的我国成年人人体尺寸国家标准。该标准根据人机工程学要求提供了我国成年人人体尺寸的基础数据,它适用于工业产品设计、建筑设计、军事工业以及工业的技术改造、设备更新及劳动安全保护。

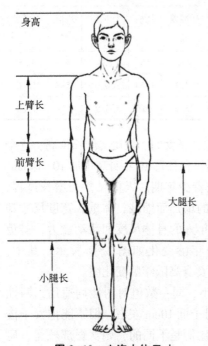

图 2-10 立姿人体尺寸

该标准提供了七类共 47 项人体尺寸基础数据,标准中所列出的数据是代表从事工业生产的法定中国成年人(男 18～70 岁,女 18～70 岁)人体尺寸,并按男、女性别分开列表。在各类人体尺寸数据表中,除了给出工业生产中法定成年人年龄范围内的人体尺寸,同时还将该年龄范围分为三个年龄段:18～25 岁(男、女);26～35 岁(男、女);36～60 岁(男、女);61～70(男、女),且分别给出这些年龄段的各项人体尺寸数值。为了应用方便,各类数据表中的各项人体尺寸数值均列出其相应的百分位数。但限于篇幅,仅引用了工业生产中法定成年人年龄范围内的人体尺寸,其他三个年龄段的人体尺寸从略。

(1)人体主要尺寸

GB/T 10000—2023 给出身高、体重、上臂长、前臂长、大腿长、小腿长共 6 项人体主要尺寸数据,除体重外,其余 5 项主要尺寸的部位如图 2-10,表 2-4 为我国成年人人体主要尺寸。

表 2-4　我国成年人人体主要尺寸

项目	男（18~70岁）							女（18~70岁）						
	百分位数/%							百分位数/%						
	1	5	10	50	90	95	99	1	5	10	50	90	95	99
身高/mm	1528	1578	1604	1687	1773	1800	1860	1440	1479	1500	1572	1650	1673	1725
体重/kg	47	52	55	68	83	88	100	41	45	47	57	70	75	84
上臂/mm	277	289	296	318	339	347	358	256	267	271	292	311	318	332
前臂/mm	199	209	216	235	256	263	274	188	195	202	219	238	245	256
大腿/mm	403	424	434	469	506	517	537	375	395	406	441	476	487	508
小腿/mm	320	336	345	374	405	415	434	297	311	318	345	375	384	401

（2）立姿人体尺寸

该标准中提供的成年人立姿人体尺寸有：眼高、肩高、肘高、手功能高、会阴高、胫骨点高，这六项立姿人体尺寸的部位如图2-11所示，我国成年人立姿人体尺寸见表2-5。

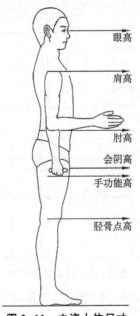

图 2-11　立姿人体尺寸

表 2-5　我国成年人立姿人体尺寸

项目	男（18~70岁）							女（18~70岁）						
	百分位数/%							百分位数/%						
	1	5	10	50	90	95	99	1	5	10	50	90	95	99
眼高/mm	1416	1464	1486	1566	1651	1677	1730	1328	1366	1384	1455	1531	1554	1601
肩高/mm	1237	1279	1300	1373	1451	1474	1525	1161	1195	1212	1276	1345	1366	1411
肘高/mm	921	957	974	1037	1102	1121	1161	867	895	910	963	1019	1035	1070

（续）

项目	男（18~70岁）							女（18~70岁）						
	百分位数/%							百分位数/%						
	1	5	10	50	90	95	99	1	5	10	50	90	95	99
手功能高/mm	649	681	696	750	806	823	854	617	644	658	705	753	767	797
会阴高/mm	628	655	671	729	790	807	849	618	641	653	699	749	765	798
胫骨点高/mm	389	405	415	445	477	488	509	358	373	381	409	440	449	468

（3）坐姿人体尺寸

标准中的成年人坐姿人体尺寸包括坐高、坐姿颈椎点高、坐姿眼高、坐姿肩高、坐姿肘高、坐姿大腿厚、坐姿膝高、坐姿腘高、坐姿臀-腘距、坐姿臀-膝距和坐姿下肢长共11项，坐姿尺寸部位如图2-12所示，表2-6为我国成年人坐姿人体尺寸。

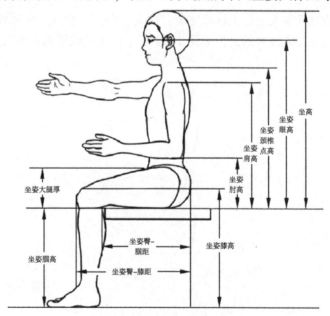

图2-12　坐姿人体尺寸

表2-6　我国成年人坐姿人体尺寸

项目	男（18~70岁）							女（18~70岁）						
	百分位数/%							百分位数/%						
	1	5	10	50	90	95	99	1	5	10	50	90	95	99
坐高/mm	827	856	870	921	968	979	1007	780	805	820	863	906	921	943
坐姿颈椎点高/mm	599	622	635	675	715	726	747	563	581	592	628	664	675	697
坐姿眼高/mm	711	740	755	798	845	856	881	665	690	704	745	787	798	823
坐姿肩高/mm	534	560	571	611	653	664	686	500	521	531	570	607	617	636
坐姿肘高/mm	199	220	231	267	303	314	336	188	209	220	253	289	296	314

（续）

项目	男（18~70岁）							女（18~70岁）						
	百分位数/%							百分位数/%						
	1	5	10	50	90	95	99	1	5	10	50	90	95	99
坐姿大腿厚/mm	112	123	130	148	170	177	188	108	119	123	137	155	163	173
坐姿膝高/mm	443	462	472	504	537	547	567	418	433	440	469	501	511	531
坐姿腘高/mm	361	378	386	413	442	450	469	341	351	356	380	408	418	439
坐姿臀-腘距/mm	407	427	438	472	507	518	538	396	416	426	459	492	503	524
坐姿臀-膝距/mm	509	526	535	567	601	613	635	489	506	514	544	577	588	607
坐姿下肢长/mm	830	873	892	956	1025	1045	1086	792	833	849	904	960	977	1015

（4）人体水平尺寸

标准中提供的人体水平尺寸是指胸宽、胸厚、肩宽、最大肩宽、臀宽、坐姿臀宽、坐姿两肘间宽、胸围、腰围、臀围共十项，其部位如图2-13所示，我国成年人人体水平尺寸见表2-7。

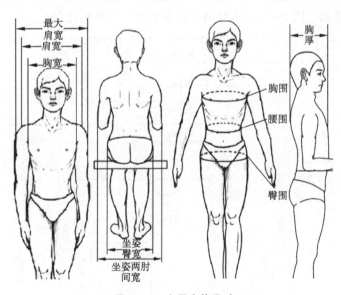

图2-13 水平人体尺寸

表2-7 我国成年人人体水平尺寸

项目	男（18~70岁）							女（18~70岁）						
	百分位数/%							百分位数/%						
	1	5	10	50	90	95	99	1	5	10	50	90	95	99
胸宽/mm	236	254	265	299	330	339	356	233	247	255	283	312	319	335
胸厚/mm	172	184	191	218	246	254	270	168	180	186	212	240	248	265
肩宽/mm	339	354	361	386	411	419	435	308	323	330	354	377	383	395

（续）

项目	男（18~70 岁）							女（18~70 岁）						
	百分位数/%							百分位数/%						
	1	5	10	50	90	95	99	1	5	10	50	90	95	99
肩最大宽/mm	398	414	421	449	481	490	510	366	377	384	409	440	450	470
臀宽/mm	291	303	309	334	359	367	382	281	293	299	323	349	358	375
坐姿臀宽/mm	292	308	316	346	379	388	410	293	308	317	348	382	393	414
坐姿两肘间宽/mm	352	376	390	445	505	524	566	317	338	352	410	474	491	529
胸围/mm	770	809	832	927	1032	1064	1123	746	783	804	895	1009	1042	1109
腰围/mm	642	687	713	849	986	1023	1096	599	639	663	781	923	964	1047
臀围/mm	810	845	864	938	1018	1042	1098	802	837	854	921	1009	1040	1111

（5）由身高计算各部分尺寸

对于设计中所需的人体数据，当无条件测量时，或直接测量有困难时，或者是为了简化人体测量的过程时，可根据人体的身高、体重等基础测量数据，利用经验公式计算出所需的其他各部分数据，图 2-14 是人体各个部位相对于身高的比例。

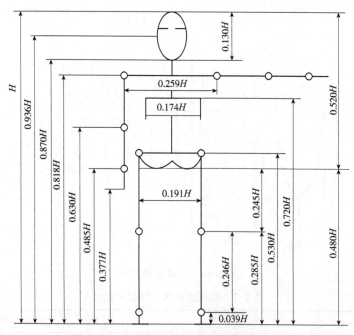

图 2-14　人体各个部位相对于身高的比例

2.3.3　我国成年人人体功能尺寸

人在各种工作时都需要有足够的活动空间。工作位置上的活动空间设计与人体的功能尺寸密切相关。根据 GB/T 10000—2023 标准中的人体测量基础数据，分析了几种主要作业姿势活动空间设计的人体尺度，以供设计参考。

由于活动空间应尽可能适应于绝大多数人的使用，设计时应以高百分位人体尺寸为依据。所以，在以下的分析中均以我国成年男子第95百分位身高（1800mm）为基准。

在工作中常取站、坐、跪（如设备安装作业中的单腿跪）、卧（如车辆检修作业中的仰卧）等作业姿势，现从各个角度对其活动空间进行分析说明，并给出人体尺度图。

①立姿的活动空间　立姿时人的活动空间不仅取决于身体的尺寸，而且也取决于保持身体平衡的微小平衡动作，为保持平衡必须限制上身和手臂能达到的活动空间。在此条件下，立姿活动空间的人体尺寸如图2-15所示。（a）为正视图，零点位于正中矢状面上（从前向后通过身体中线的垂直平面）。（b）为侧视图，零点位于人体背点的切线上，在贴墙站直时，背点与墙相接触，以垂直切线与站立平面的交点作为零点。

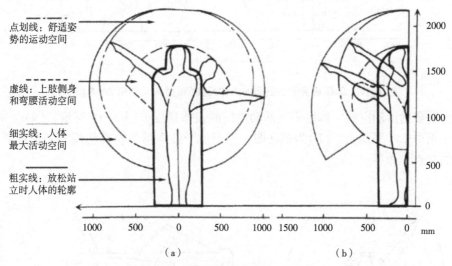

图2-15　立姿活动空间的人体尺度

②坐姿的活动空间　根据立姿活动空间的条件，坐姿活动空间的人体尺寸如图2-16所示。（a）为正视图，零点在正中矢状面上。（b）为侧视图，零点在经过臀点的直线上，并以该垂线与脚底平面的交点作为零点。

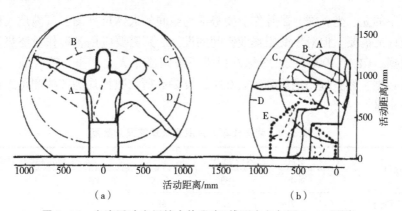

图2-16　坐姿活动空间的人体尺度（线型含义与图2-15相同）

③单腿跪姿的活动空间　根据立姿活动空间的条件，单腿跪姿活动空间的人体尺度如图2-17所示。取跪姿时，承重膝常更换，由一膝换到另一膝时，为确保上身平衡，要求活动空间比基本位置大。(a)为正视图，其零点在正中矢状面上。(b)为侧视图，其零点位于人体背点的切线上，以垂直切线与跪平面的交点作为零点。

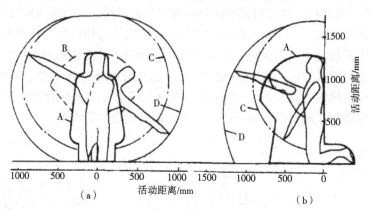

图2-17　单腿跪姿活动空间的人体尺度(线型含义与图2-15相同)

④仰卧姿的活动空间　仰卧姿的活动空间的人体尺度如图2-18所示。(a)为正视图，零点位于正中中垂平面上。(b)为侧视图，零点位于经头顶的垂直切线上，垂直切线与仰卧平面的交点作为零点。

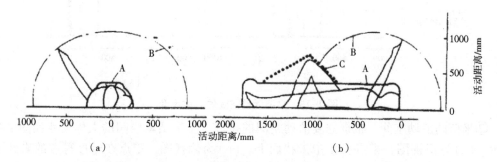

图2-18　仰卧姿的活动空间的人体尺度(线型含义与图2-15相同)

前述常用的立、坐、跪、卧等作业姿势活动空间的人体尺寸图，可满足人体一般作业空间概略设计的需要。但对于受限作业空间的设计，则需要应用各种作业姿势下人体功能尺寸测量数据。GB/T 10000—2023标准提供了我国成年人立、坐、跪、卧、爬等常取姿势功能尺寸数据，经整理归纳后列于表2-8。表2-8所列数据均为裸体测量结果，使用时应增加修正余量。

表2-8　我国成年人常取姿势功能尺寸数据　　　　　　　　　　mm

项目	男(18~70岁)			女(18~70岁)		
	P5	P50	P95	P5	P50	P95
上肢前伸长	760	822	888	693	755	820
上肢功能前伸长	654	710	774	595	653	715

（续）

项目	男（18~70 岁）			女（18~70 岁）		
	P5	P50	P95	P5	P50	P95
前臂加手前伸长	418	451	486	386	416	448
前臂加手功能前伸长	308	340	374	284	313	346
两臂展开宽	1594	1698	1806	1472	1560	1655
两臂功能展开宽	1378	1475	1582	1267	1354	1452
两肘展开宽	827	878	931	770	813	859
中指指尖点上举高	1948	2104	2266	1808	1939	2081
双臂功能上举高	1845	1993	2150	1709	1836	1974
坐姿中指指尖点上举高	1242	1348	1456	1137	1234	1329
直立跪姿体长	612	679	749	621	647	674
直立跪姿体高	1200	1274	1351	1131	1198	1271
俯卧姿体长	1982	2115	2253	1872	1982	2101
俯卧姿体高	351	374	404	351	362	379
爬姿体长	1161	1233	1308	1117	1164	1215
爬姿体高	765	813	864	720	753	789

2.4 人体测量数据的应用

人体测量尺寸在设计应用中不可以直接使用，人体测量尺寸并不等于设计尺寸。在设计实践中要根据实际情况对人体测量尺寸进行适当的调整。采取适当的方法对国家标准和人群调研中所获得的人体尺寸进行修正以适应设计的需要，这对于设计而言是十分重要的。所以，作为设计，不仅要知道人体尺寸测量、采集和计算的方法，更重要的是要清楚在不同条件下，怎样利用人体尺寸来完成高品质的设计。

2.4.1 人体尺寸设计应用中的概念术语

（1）使用者群体

使用者群体是指使用产品、服务或技术的全部人员。

（2）用户

用户是每种产品、服务或技术的使用者。用户是设计产品的使用者对象，也是设计所服务的目标。用户这个概念既抽象又具体。所谓抽象是因为每个人都可以是用户，所谓具体是由于特定设计产品的用户是明确的。一般的设计流程都是从用户研究开始的，只有对用户的需求特点和特征足够清楚和了解才能设计出受欢迎的产品。需要注意的是，设计中所指的用户并不同于使用人群。用户是指具体的使用者，是个体的人，而使用人群反映的是群体的部分突出特征。两个概念有着密切的联系，在不同的条件下各有使用优势。在艾伦·库伯(Alan Cooper)《交互设计精髓》一书中对用户的概念做了较为详细的论述，读者可以扩展阅读一下。

（3）用户体验满意度

用户体验满意度是用户期望值与体验值的匹配程度。它取决于用户对设计产品的预期与实际获得的感受的关系。设计尺寸给用户带来的满意度反应十分直接，微小的尺寸差别都会带来不同的用户体验感受。

（4）功能修正量

依据人体测量尺寸，为保证设计产品等能够有效满足实际使用中的特定功能，而对相应人体尺寸做出的尺寸修正。例如，着装尺寸修正，身体运动尺寸修正，操作设备条件影响修正等。功能修正后的尺寸一般分为以下两种：

①最小功能尺寸　是指为了保证实现产品的某项功能而设定的产品最小尺寸。

②最佳功能尺寸　是指为了方便地实现产品的某项功能而设定的产品尺寸。

需要注意的是设计实践中是选择最小功能尺寸还是最佳功能尺寸，除了要基于人体测量外还需要考虑多种因素，如功能、材料、技术、成本等都有可能对设计对象的尺寸大小产生一定的影响。例如，对于门洞宽度的设计，同样能够供人通行，却有 600mm、700mm、800mm、1200mm、2000mm 等多种数据，1200mm 宽度很方便人们通行，但如果作为卧室门的宽度就不合适，而 600mm 宽度对于通行显然比较勉强，但在一些房车设计中可能就更加适合。

（5）心理修正量

人们在不同的外部环境条件下心理状态是不一样的。当需要消除产品使用中的各种压抑、恐惧等心理，或者为达到更高层次的审美性追求时，心理修正是必要的。例如，电梯轿厢会给部分人群带来压迫感，为了缓解空间的压抑性，设计师使用了很多有效的方法：通过饰面材料的统一减轻候梯厅和电梯颜色变化过大带来的心理厌烦情绪，或者电梯内部采用半反光的镜面材料，在拓展视觉空间的同时又避免了视线碰撞，减小尴尬的心理。

2.4.2　人体尺寸与设计尺寸

GB/T 10000—2023 给出了 47 项常用的人体尺寸数据，而且每项人体尺寸都给出了个不同百分位的数据：第 1、5、10 小百分位的人体尺寸数据，第 50 百分位的人体尺寸数据，以及第 90、95、99 高百分位的人体尺寸数据。在设计中，多数情况下所涉及的人体尺寸通常是唯一的，如桌子的高度，椅子的宽度、深度等，如果这些设备不具有尺寸可调性功能，那么它的尺寸将是唯一的。而且这种唯一的尺寸还要尽可能地去满足绝大部分人的使用，那么这就存在怎样从人体测量数据中选择最合适的尺寸来作为设计尺寸的问题。

GB/T 10000—2023 公布的人体尺寸数据是在人处于未着装、不穿鞋的立姿和坐姿下测得的。这样的尺寸与真实工作和生活中的人体尺寸不一致，这意味着在实际设计时应当对这些人体测量数据进行适当的修正。

以公交车座椅宽度设计为例，设计时需要协调最小尺寸和最佳尺寸的关系。一般情况下的座椅宽度是450mm左右，但是为了能够服务更多的人，我国的不少公交车座椅尺寸设置为420mm左右。这是为了协调保证乘坐的最小功能尺寸与承载更多乘客之间的关系。

（1）设计尺寸选择

GB/T 10000—2023给出的人体尺寸有大、中、小三种类型。什么情况下选择大尺寸？什么情况下选择小尺寸？什么情况下选择平均尺寸？这要根据实际情况来具体分析。《在产品设计中应用人体尺寸百分位数的通则》（GB/T 12985—1991）把产品设计所涉及的尺寸分为以下几种类型：

①Ⅰ型设计尺寸　所谓的Ⅰ型产品设计尺寸是指在设计中需要两个人体尺寸百分位数来作为设计尺寸的上限值和下限值的产品设计尺寸。这种尺寸一般多用在尺寸可调节的产品设计中。Ⅰ型产品设计尺寸又称为双限值设计尺寸。现在很多基于人机工程学设计的可调节式家具就属于此类产品，家具能够根据使用者的人体尺寸进行自由调节，如可调节桌面高度的办公桌（图2-19）。

②Ⅱ型设计尺寸　Ⅱ型设计尺寸只需要一个人体尺寸百分位数作为尺寸的上限值或下限值。这种类型的设计尺寸在日常生活中以及设计里是最为常见的。

图2-19　可调节高度的办公桌

Ⅱ型产品设计尺寸又称为单限值设计尺寸。同时Ⅱ型产品尺寸根据上、下限尺寸限制分为两种：

ⅡA型设计尺寸是大尺寸的设计，也称为包容空间设计尺寸。

ⅡA型设计尺寸根据人体尺寸百分位数中的大尺寸即第90、95或99百分位所对应的数据来作为设计的尺寸依据。例如，过道的高度和宽度显然就要根据大尺寸来进行确定，使得身材高大的人也能够顺利通过。又如，座椅的宽度尺寸依据大尺寸来确定，所能适应的人群范围会更广，如图2-20所示。

ⅡB型设计尺寸是小尺寸设计，也称为可及距离设计尺寸。

ⅡB型设计尺寸根据人体尺寸百分位数中的小尺寸即第1、5或10百分位所对应的数据来作为设计的尺寸依据。例如，书柜高度确定时，依据相对小的人体尺寸来确定设计尺寸会更合理。如果个子矮的人都能够顺利地拿到书柜高层的图书，那么个子高的人拿书也就相对更加容易。汽车驾驶室人机操作界面设计多数尺寸都属于ⅡB型设计尺寸。

无论是ⅡA型设计尺寸还是ⅡB型设计尺寸，在设计实践中所受到的限制条件都是很多的。例如，对于公交车立姿抓握横杆的尺寸高度，理论上应该选择小尺寸作为设计尺寸，但是过低的横杆高度对于乘客通行会造成影响，这就需要进行尺寸修正。同时可通过设置其他类型的扶手来进行补充。所以在具体设计中，对于设计尺寸的应用需要进行系统性的分析和设计。

（a）走廊空间尺寸 （b）地铁座椅宽度

图2-20 设计尺寸示例

③Ⅲ型设计尺寸 Ⅲ型设计尺寸也称为平均设计尺寸。Ⅲ型设计尺寸以人体尺寸百分位数中的第50百分位所对应的数据作为设计的尺寸依据。例如，在设计门的把手、电源开关等尺寸时，通常情况下我们都以平均尺寸来进行设计。在确定握柄把手的直径尺寸时，直径太小会握不牢，而直径太大又没法握，这种情况下使用Ⅲ型设计尺寸会更合适。

（2）设计尺寸的修正

①功能修正设计尺寸 GB/T 10000—2023 等标准中给出的都是裸体（或少量着装）、不穿鞋的条件下测得的结果。当在设计中采用这些尺寸时，要考虑到人着装、穿鞋等引起的身高、体厚等方面的尺寸变化。另外，还应该考虑，在实际工作和生活中，人并不是处于挺直状态下的，而是处于自然、放松的姿势状态，因此要考虑由于姿势的不同而形成的人体尺寸相应变化。将各种修正量进行整合考虑，形成设计的功能修正尺寸，以保证设计尺寸满足功能的需要。

例如，一般情况下着装后人体的坐高、眼高、肩高和肘高要增加6mm，而胸厚会增加10mm，臀膝距要增加20mm，在穿鞋的状态下身高、眼高、肩高和肘高男性会增加25mm，女性增加20mm。这里所谈到的穿鞋和着装的修正量指的是平均着装和修正量，其中并没有考虑到更复杂的要素，如季节的变化，南北方的不同情况，着装类型的不同等。实际的设计中要根据产品设计的具体情况进行具体的考虑。着装和穿鞋的修正量可参照表2-9中的数据确定。

表2-9　正常人着装身材尺寸修正值

项目	尺寸修正量/mm	修正原因	项目	尺寸修正量/mm	修正原因
站姿高	25~38	鞋高	两肘间宽	20	
坐姿高	3	裤厚	肩-肘	8	手臂弯曲时，肩肘部衣物压紧
站姿眼高	36	鞋高	臂-手	5	
坐姿眼高	3	裤厚	叉腰	8	
肩宽	13	衣	大腿厚	13	
胸宽	8	衣	膝宽	8	
胸厚	18	衣	膝高	33	
腹厚	23	衣	臀-膝	5	
立姿臀宽	13	衣	足高	13~20	
坐姿臀宽	13	衣	足长	30~38	
肩高	10	衣(包括坐高3及肩7)	足后跟	25~38	

通常情况下，根据国标所提供的人体尺寸数据进行相应的着装和穿鞋尺寸修正后，还应该考虑日常生活中，人体处在放松状态，尺寸会比国标尺寸偏小。例如，在立姿状态下身高和眼高一般会减小10mm，在坐姿的情况下身高和眼高会减小44mm。

对于操纵设备位置的确定，要以上肢的伸展尺度为依据，这个距离对于操作按键、按钮相对位置的确定有着非常直接的作用，但是由于人手臂处于略微弯曲状态，其工作效能和操作舒适度会更高，所以一般对这个尺寸会做适当的调整。例如，按键离人体的距离比前臂前伸尺寸减小12mm左右，推、拉等操作的设计尺寸比手握功能尺寸减小25mm左右会更好。

手的功能高度较大程度上决定着工作台面的高度。需要用力操作的工作台面，一般性工作的操作台面，精细操作的工作台面其高度都会不同。亨利·德雷福斯研究得出，一般性工作台面，如厨房工作台等的高度设置应该按照人的肘高来确定，略低于肘高76mm左右的台面高度更加有利于人们操作。

②心理修正设计尺寸　除了功能修正以外还应该考虑的是设计的心理修正量。心理尺寸修正量相对于功能修正尺寸而言并不那么明确，但是依然很重要。例如，人们站在二层楼的阳台上所需要扶手的高度，与站在二十层楼的阳台上所需要的扶手高度肯定是不一样的。从理论上讲，扶手的高度只要高过人体总重心就可以确保安全，也就是扶手高度略高于肚脐便可，如图2-21所示。但在实际设计中，如果高层建筑采用这样的尺寸显然是不合适的，高层建筑扶手略过肚脐依旧会让人产生恐惧感。心理感受因人因事因时的变化性很大，所以在设计中需要根据每一个具体的设计进行使用人群和用户特征分析。

图2-21　扶手高度心理修正量

2.4.3 主要人体尺寸的应用原则

为了使人体测量数据能有效地为设计者利用，从以上各节所介绍的大量人体测量数据中，精选出部分工业设计常用的数据，如图 2-22 所示。将这些数据的定义、应用条件、选择依据等列于表 2-10。

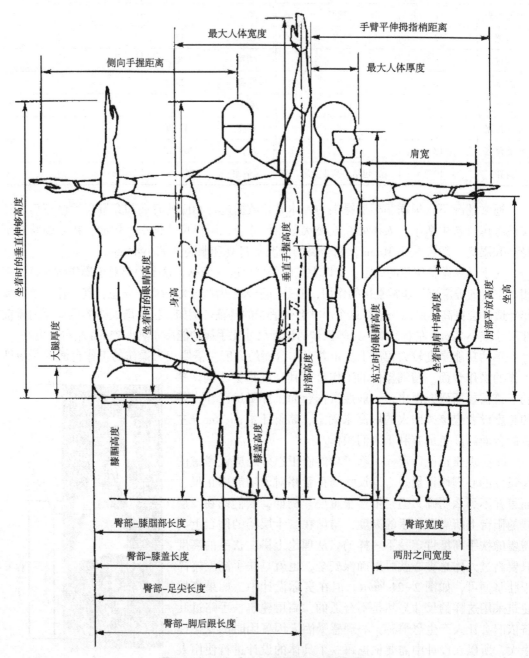

图 2-22 工业设计中常用的人体测量尺寸

表2-10 主要人体尺寸的应用原则

人体尺寸	应用条件	百分位选择	注意事项
身高	用于确定通道和门的最小高度。然而,一般建筑规范规定的和成批生产制作的门和门框高度都适用于99%以上的人,所以,这些数据可能对于确定人头顶上的障碍物高度更为重要	由于主要的功用是确定净空高度,所以应该选用高百分位数据。因为天花板高度一般不是关键尺寸,设计者应考虑尽可能地适应100%的人	身高一般是不穿鞋测量的,故在使用时应给予适当补偿
立姿眼高	可用于确定在剧院、礼堂、会议室等处人的视线,用于布置广告和其他展品,用于确定屏风和开放式大办公室内隔断的高度	百分位选择将取决于关键因素的变化。例如:如果设计中的问题是决定隔断或屏风的高度,以保证隔断后面人的秘密性要求,那么隔离高度就与较高人的眼睛高度有关(第95百分位或更高)。其逻辑是假如高个子人不能越过隔断看过去,那么矮个子人也一定不能。反之,假如设计问题是允许人看到隔断里面,则逻辑是相反的,隔断高度应考虑较矮人的眼睛高度(第5百分位或更低)	由于这个尺寸是光脚测量的,所以还要加上鞋的高度,男子大约需加2.5cm,女子大约需加7.6cm。这些数据应该与脖子的弯曲和旋转以及视线角度资料结合使用,以确定不同状态、不同头部角度的视觉范围
肘部高度	对于确定柜台、梳妆台、厨房案台、工作台以及其他站着使用的工作表面的舒适高度,肘部高度数据是必不可少的。通常,这些表面的高度都是凭经验估计或是根据传统做法确定的。然而,通过科学研究发现最舒适的高度是低于人的肘部高度7.6cm。另外,休息平面的高度应该低于肘部高度2.5~3.8cm	假定工作面高度确定为低于肘部高度约7.6cm,那么从96.5cm(第5百分位数据)到111.8cm(第95百分位数据)这样一个范围都将适合中间的90%的男性使用者。考虑到第5百分位的女性肘部高度较低,这个范围应为88.9~11.8cm,才能对男女使用者都适应。由于其中包含许多其他因素,如存在特别的功能要求和每个人对舒适高度见解不同,等等,所以这些数值也只是假定推荐的	确定上述高度时必须考虑活动的性质,有时这一点比推荐的低于肘部高度7.6cm还重要
挺直坐高	用于确定座椅上方障碍物的允许高度。在布置双层床时。搞创新的节约空间设计时,例如,利用阁楼下面的空间吃饭或工作都要由这个关键的尺寸来确定其高度。确定办公室或其他场所的低隔断要用到这个尺寸,确定餐厅和酒吧里的火车座隔断也要用到这个尺寸	由于涉及间距问题,采用第95百分位的数据是比较合适的	座椅的倾斜、座椅软垫的弹性、衣服的厚度以及人坐下和站起来时的活动都是要考虑的重要因素

（续）

人体尺寸	应用条件	百分位选择	注意事项
放松坐高	可用于确定座椅上方障碍物的最小高度。布置双层床时，搞创新的节约空间设计时，例如，利用阁楼下面的空间吃饭或工作，都要根据这个关键放松坐高尺寸来确定其高度。确定办公室和其他场合的低隔断要用到这个尺寸，确定餐厅和酒吧里的火车座隔断也要用到这个尺寸	由于涉及间距问题，采用第95百分位的数据比较合适	座椅的倾斜、坐垫的弹性、衣服的厚度以及人坐下和站起来时的活动都是要考虑的重要因素
坐姿眼高	当视线是设计问题的中心时，确定视线和最佳视区要用到这个尺寸，这类设计对象包括剧院、礼堂、教室和其他需要有良好视听条件的室内空间	假如有适当的可调节性，就能适应从第5百分位到第95百分位或者更大的范围	应该考虑本教材中其他地方所论述的头部与眼睛的转动范围、座椅软垫的弹性、座椅面距地面的高度和可调座椅的调节范围
坐姿的肩中部高度	大多数用于机动车辆中比较紧张的工作空间的设计中，很少被建筑师和室内设计师所使用。但是，在设计那些对视觉听觉有要求的空间时，这个尺寸有助于确定出妨碍视线的障碍物，也许在确定火车座的高度以及类似的设计中有用	由于涉及间距问题，一般使用第95百分位的数据	要考虑座椅软垫的弹性
肩宽	肩宽数据可用于确定环绕桌子的座椅间距和影剧院、礼堂中的排椅座位间距，也可用于确定公用和专用空间的通道间距	由于涉及间距问题，应使用第95百分位的数据	使用这些数据要注意可能涉及的变化。要考虑衣服的厚度，对薄衣服要附加7.9mm，对厚衣服要附加7.6cm。还要注意，由于躯干和肩的活动，两肩之间所需的空间会加大
两肘之间宽度	可用于确定会议桌、餐桌、柜台和牌桌周围座椅的位置	由于涉及间距问题，应使用第95百分位的数据	应该与肩宽尺寸结合使用
臀部宽度	这些数据对于确定座椅内侧尺寸和设计酒吧、柜台和办公座椅极为有用	由于涉及间距问题，应使用第95百分位的数据	根据具体条件，与两肘之间宽度和肩宽结合使用
肘部平放高度	与其他一些数据和考虑因素联系在一起，用于确定椅子扶手、工作台、书桌、餐桌和其他特殊设备的高度	肘部平放高度既不涉及间距问题也不涉及伸手够物的问题，其目的只是能使手臂得到舒适的休息即可。选择第50百分位左右的数据是合理的。在许多情况下，这个高度在14~27.9cm，这样一个范围可以适合大部分使用者	座椅软垫的弹性、座椅表面的倾斜以及身体姿势都应予以注意

（续）

人体尺寸	应用条件	百分位选择	注意事项
大腿厚度	是设计柜台、书桌、会议桌、家具及其他一些室内设备的关键尺寸，而这些设备都需要把腿放在工作面下面。特别是有直拉式抽屉的工作面。要使大腿与大腿上方的障碍物之间有适当的间隙，这些数据是必不可少的	由于涉及间距问题，应使用第95百分位的数据	在确定上述设备的尺寸时，其他一些因素也应该同时予以考虑，例如腿弯高度和座椅软垫的弹性
膝盖高度	是确定从地面到书桌、餐桌和柜台底面距离的关键尺寸，尤其适用于使用者需要把大腿部放在家具下面的场合。坐着的人与家具底面之间的靠近程度，决定了膝盖高度和大腿厚度是否是关键尺寸	要保证适当的间距，故应选用第95百分位的数据	要同时考虑座椅高度和坐垫的弹性
腿弯高度	是确定座椅面高度的关键尺寸，尤其对于确定座椅前缘的最大高度更为重要	确定座椅高度，应选用第5百分位的数据，因为如果座椅太高，大腿受到压力会使人感到不舒服。例如，一个座椅高度能适应身材矮小，也就能适应身材高大	选用这些数据时必须注意坐垫的弹性
臀部至腿弯长度	这个长度尺寸用于座椅的设计中，尤其适用于确定腿的位置、确定长凳和靠背椅等前面的垂直面以及确定椅面的长度	应该选用第5百分位的数据，这样能适应最多的使用者——臀部-膝腘部长度较长和较短的人。如果选用第95百分位的数据，则只能适合这个长度较长的人，而不适合这个长度较短的人	要考虑椅面的倾斜度
臀部至膝盖长度	用于确定椅背到膝盖前方的障碍物之间的适当距离，例如，用于影剧院、礼堂和做礼拜的固定排椅设计中	由于涉及间距问题，应选用第95百分位的数据	这个长度比臀部—足尖长度要短，如果座椅前面的家具或其他室内设施没有放置足尖的空间，就应该使用臀部—足尖长度
臀部至足尖长度	用于确定椅背到膝盖前方的障碍物之间的适当距离，例如，用于影剧院、礼堂和做礼拜的固定排椅设计中	由于涉及间距问题，应选用第95百分位的数据	如果座椅前方的家具或其他室内设施有放脚的空间，而且间隔要求比较重要，就可以使用臀部膝盖长度来确定合适的间距

（续）

人体尺寸	应用条件	百分位选择	注意事项
臀部至脚后跟长度	对于室内设计人员来说，使用是有限的，当然可以利用它们布置休息室座椅或不拘礼节地就坐座椅。另外，还可用于设计搁脚凳、理疗和健身设施等等综合空间	由于涉及间距问题，应选用第95百分位的数据	在设计中，应该考虑鞋、袜对这个尺寸的影响，一般，对于男鞋要加上2.5cm，对于女鞋则加上7.6cm
坐姿垂直伸手高度	主要用于确定头顶上方的控制装置和开关等等的位置，所以较多地被设备专业的设计人员所使用	选用第5百分位的数据是合理的，这样可以同时适应身材矮小和身材高大	要考虑椅面的倾斜度和椅垫的弹性
立姿垂直手握高度	可用于确定开关、控制器、拉杆、把手、书架以及衣帽架等的最大高度	由于涉及伸手够东西的问题，如果采用高百分位的数据就不能适应身材矮小，所以设计出发点应该基于适应身材矮小，这样也同样能适应身材高大	尺寸是不穿鞋测量的，使用时要给予适当地补偿
立姿侧向手握距离	有助于设备设计人员确定控制开关等装置的位置，它们还可以为建筑师和室内设计师用于某些特定的场所，例如，医院、实验室等。如果使用者是坐着的，这个尺寸可能会稍有变化。但仍能用于确定人侧面的书架位置。	由于主要的功用是确定手握距离，这个距离应能适应大多数人，因此，选用第5百分位的数据是合理的	如果涉及的活动需要使用专门的手动装置、手套或其他某种特殊设备，这些都会延长使用者的一般手握距离，对于这个延长量应予以考虑
手臂平伸手握距离	有时人们需要越过某种障碍物去够一个物体或者操纵设备，这些数据可用来确定障碍物的最大尺寸。本教材中列举的设计情况是在工作台上方安能适应大多数人手握距离装搁板或在办公室工作桌前面的低隔断上安装小柜	选用第5百分位的数据，这样能适应大多数人	要考虑操作或工作的特点
人体最大厚度	尽管这个尺寸可能对设备设计人员更为有用，但它们也有助于建筑师在较紧张的空间里考虑间隙或在人们排队的场合下设计所需要的空间	应该选用第95百分位的数据	衣服的厚薄、使用者的性别以及一些不易察觉的因素都应予以考虑
人体最大宽度	可用于设计通道宽度、走廊宽度、门和出入口宽度以及公共集会场所等等	应该选用第95百分位的数据	衣服的厚薄、人走路或做其他事情时的影响以及一些不易察觉的因素都应予以考虑

2.5　人体模型

2.5.1　人体模型的分类

　　人体模型以人体的几何尺寸与生理参数为基础构建，是研究人机系统的重要工具。人体是复杂的柔性体，对人体建模的难度大，而模型的具体功能、结构形式和用途有所不同。按人体模型的建构方法，分为实物仿真模型和虚拟仿真模型两类。按人体模型的用途，分为设计用人体模型、作业姿势分析用人体模型、运动学分析用人体模型、动力学分析用人体模型、人-机界面评价用人体模型和人机系统试验用人体模型等多种类别。

2.5.2　二维人体模板

　　二维人体模板是人机系统设计的一种传统的物理仿真模型，是根据人体测量数据进行处理和选择而得到的标准人体尺寸，利用塑料板材等材料，按照 1∶1、1∶5、1∶10 等工程设计中常用的制图比例制成人体各关节均可活动的人体模型，其侧视图如图 2-23 所示。将人体模板放置于实际作业空间或设计图纸的相关位置上，可用以校核设计的可行性与合理性。

　　图 2-23 中人体各部分肢体上标出的基准线是用来确定关节调节角度的，这些角度可从人体模板相应部位所设置的刻度盘上读出来。头部标出的标准眼轴线标识正常视线，相当于眼耳平面向下倾斜 15° 的方向。鞋上标出的基准线表示人的鞋底。

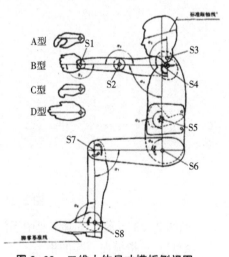

图 2-23　二维人体尺寸模板侧视图

　　人体模板可以在侧视图上演示关节的多种功能，但不能演示侧向外展和转动运动。人体模板上的关节有一部分是铰链结构（肘、手、头、髋、足），有一部分是根据经验设计的关节结构（肩、腰、膝）。模板上带有角刻度的人体关节调节范围，是指功能技术测量系统的关节角度，包括健康人韧带和肌肉不超负荷的情况下所能达到的位置，不考虑那些虽然可能但对劳动姿势来说超出了生理舒适界限的活动。表 2-11 列出人体模板关节角度的调节范围。

表 2-11　人体模板关节角度的调节范围

身体关节	调节范围					
	侧视图		俯视图		正视图	
S_1，D_1，V_1 腕关节	α_1	140°~200°	β_1	140°~200°	γ_1	140°~200°
S_2，D_2，V_2 肘关节	α_2	60°~180°	β_2	60°~180°	γ_2	60°~180°

（续）

身体关节	调节范围					
	侧视图		俯视图		正视图	
S_3，D_3，V_3 头/颈关节	α_3	130°~225°	β_3	55°~125°	γ_3	155°~205°
S_4，D_4，V_4 肩关节	α_4	0°~135°	β_4	0°~110°	γ_4	0°~120°
S_5，D_5，V_5 腰关节	α_5	168°~195°	β_5	50°~130°	γ_5	155°~205°
S_6，D_6，V_6 髋关节	α_6	65°~120°	β_6	86°~115°	γ_6	75°~120°
S_7，D_7，V_7 膝关节	α_7	75°~180°	β_7	90°~104°	γ_7	—
S_8，D_8，V_8 踝关节	α_8	70°~125°	β_8	90°	γ_8	165°~200°

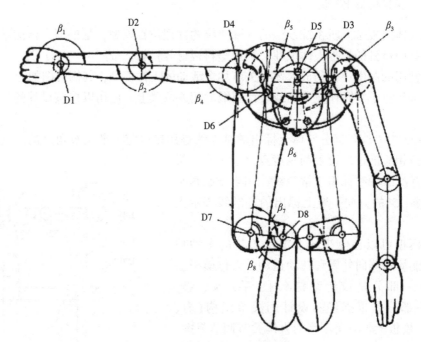

图 2-24　二维人体尺寸模板俯视图

如图 2-23 所示，根据作业中手的姿势的不同需要，有 4 种手的模板可供选用。

A 型：三指捏在一起的手。

B 型：握住圆棒的手，手的横轴位于垂直面。

C 型：握住圆棒的手，手的横轴位于水平面。

D 型：伸开的手。

人体模板的设计和制造，主要根据不同的目的选用人体测量尺寸的百分位数来确定模板的基本尺寸。对于安全设施，应尽可能按极端的百分位数设计，如选用第 1 和第 99 百分位，以适应绝大部分人的要求。对于一般设施，所选百分位数可适当偏离极端数值，如第 10 和第 90 百分位，这样可简化结构、降低成本。

鉴于工程设计中最常用的是第 5、第 50、第 95 百分位的人体尺寸，因此以 GB 10000—

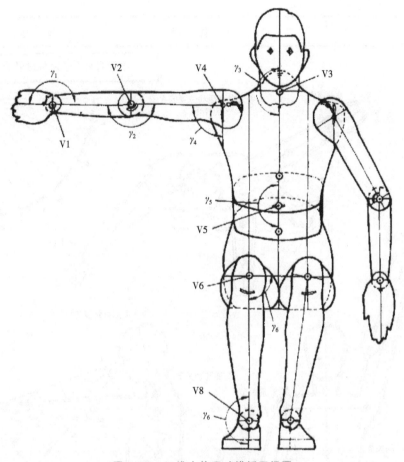

图 2-25 二维人体尺寸模板正视图

2023 提供的人体数据为基准加上鞋高尺寸（男鞋高 25mm、女鞋高 20mm），将标准人体模板分为四个身高等级：矮身材女子、中等身材女子/矮身材男子、高身材女子/中等身材男子、高身材男子。四个等级的人体尺寸模板方便了人机实验探究的直接应用，中等身材女子/矮身材男子的人体模板如图 2-26 所示。

2.5.3 三维人体模型

相对于二维人体模板，三维人体模型更接近于真实的人体特征，从三维空间尺度考察产品设计。随着计算机模拟技术的发展，三维人体模型的制作和应用日益广泛。

物理实体模型包括各种百分位比例的人体模型，可以用于航空航天、汽车、机械制造、建筑、医疗、体育和服装行业的人机工程设计评价、安全试验、医学研究等，如航天飞机的假人模型、汽车碰撞的假人模型、医学假人、服饰模特等。美国国家航空航天局（NASA）于 2020 年将两具"幻影女性"人体模型送上绕月轨道，测试太空辐射对宇航员的影响。这些模型由塑料制成，能够模仿包括不同的骨密度、软组织以及其他器官在内的人体组织。每个模型装有 5600 个传感器，用于测量辐射对皮肤及内部器官的影响，航天人体模型如图 2-27 所示。

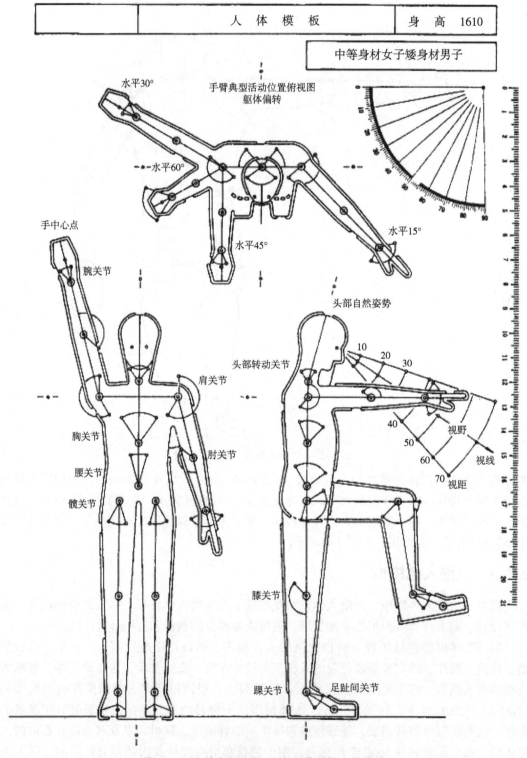

图 2-26　中等身材女子/矮身材男子的人体模板

图 2-27　NASA 航天人体模型

人机系统仿真软件都是基于虚拟人体模型开展设计分析评价。计算机人体模型能够快速、方便、及早地发现设计的尺寸缺陷，快速确定与身体尺寸相关限制操作的关键尺寸，如限定空间中的匹配问题、可达性问题。人机工程的计算机仿真软件依据真实人体数据构建了丰富的人体模型，并且可以进行视域、可达域、舒适性的分析，人机工程仿真分析若使用得当，可以加快设计进程，节省设计成本。

2.5.4　人体模型的应用

人机系统设计时，可借助人体模板进行辅助制图、辅助设计、辅助演示或辅助测试。应用人体模板进行辅助设计、演示和测试评价时，正确选择人体模板百分位是非常关键的问题，必须根据设计对象的结构特点和设计参数来选用适当百分位的人体模板。通常，确定人机系统的可达性尺寸，如手臂活动的可达范围、脚踏板的位置等，宜选用"小"身材的人体模板（如女子第 5 百分位/矮身材女子）；确定活动空间尺寸，如腿、脚活动的占有空间，人体、头部的通过空间等，宜选"高"身材的人体模板（如男子第 95 百分位/高身材男子）。

在进行汽车、飞机、轮船、工程车辆、轨道车辆等设备的驾驶室、驾驶座椅及乘客座椅设计时，其相关尺寸是由人体尺寸及操作姿势或舒适坐姿的要求来确定的，这种情况应用二维人体模板能够快速验证设计是否合理。

汽车的设计面向的是大多数群体和用户，因此汽车的尺寸特点是通用，对不同身高、体重、体质的人都适用，这也决定了设计的难度。于是，设计者发明了很多汽车设计好方法。汽车设计用人体模型是最基本的汽车设计工具，包括 H 点三维人体模型和二维人体模型。H 点三维人体模型如图 2-28 所示，可以用来确定汽车实际 H 点，还可用来检验汽车座椅设计的合理性。汽车车身设计种也采用二维人体模板来确定或校核车内尺寸，如图 2-29 所示。

作业区域中的工作面高度、座椅平面高度、

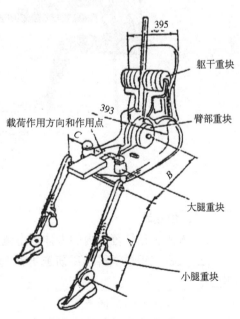

图 2-28　H 点三维人体模型

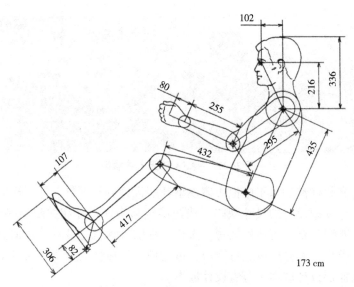

图 2-29　汽车二维人体模型

脚踏板高度是一个系统中相互关联的尺寸，他们主要取决于人体尺寸和操作姿势，利用二维人体模板可以很方便地得出人体适宜姿势下的工作台、座椅和人机界面的设计方案，如图 2-30 所示。

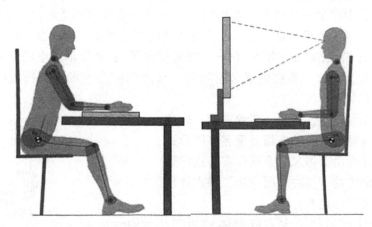

图 2-30　二维人体模板

练习题

一、填空题

1. 人机工程学范围内的人体形态测量数据主要有＿＿＿＿＿＿和＿＿＿＿＿＿两类。

2. 人机工程学学科常用研究方法包括观察法、实测法、＿＿＿＿＿＿、模拟和模型试验法、＿＿＿＿＿＿、＿＿＿＿＿＿。

3. 人体测量基准面的定位是由＿＿＿＿＿、＿＿＿＿＿、＿＿＿＿＿来决定的。

4. 普通人体测量仪器主要用来＿＿＿＿＿＿＿＿＿＿＿＿＿＿＿＿。

5. 人机工程学范围内的人体形态测量数据主要有两类，即人体__和__的测量数据。

6. 第5百分位表示有_____的人群身材尺寸小于此值，而有_____的人群身材尺寸大于此值。第95百分位表示有_____的人群身材尺寸小于此值，而有_____的人群身材尺寸大于此值。第50百分位表示有_____的人群身材尺寸小于此值，而有_____的人群身材尺寸大于此值。

7. 描述测量数据在中心位置(均值)上下波动程度差异的值叫_____。

8. 在确定通道和门的最小高度时，应采用_____百分位数据。

9. 进行人身尺度数据的测量，通过对大量人员的测量后的测量结果，是中等身高的人数量最大，离平均值愈少，形成了一个中间大两头小的曲线，这种规律叫"_____"。

二、简答题

1. 简述人体测量对产品设计的意义。

2. 如何获得较为精确的所需群体尺寸？

3. 第5百分位、第50百分位及第95百分位分别适合哪些场合？请举例。

4. 人体尺寸的差异有哪些特点？

三、计算题

1. 分析图中学生宿舍床铺的尺寸，并给出尺寸计算依据。（头顶心里修正100mm，床垫厚120mm，衣裤厚度修正量取8mm；鞋跟修正量取25mm）

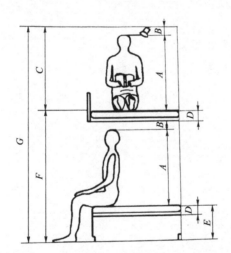

2. 某公司拟研发一种可同时供24人用餐的酒店用豪华餐桌，要求按人机工程学原理和原则进行人性化设计。假设：（1）人上臂与躯干间夹角$\beta=5°$；（2）人着装厚度为0.3cm；（3）心理距离为2cm。试确定其合理的直径D。（请写明设计和计算的每一个步骤），已知$\sin 5°=0.08715$。

3. 计算公共汽车顶棚扶手横杆的高度，并对比"抓得住"与"不碰头"两个要求是否可以同时满足。如无法同时满足，如何解决？

4. 依据人机工程学原理，试设计计算机座椅高度(H)；若上述座椅设计成高度可调式的，试计算座椅座面高度的上下限各是多少？（衣裤厚度修正量取8mm；鞋跟修正量取25mm）

5. 适用于中国人使用的车船卧铺上下铺净空高度为多少？

四、实验题(分组进行)

实验1：公交公司实地测量公共汽车顶棚扶手横杆、手环尺寸。

实验2：制作人体坐姿模板侧视图。

(1)实验目的

掌握人体模板、百分位的概念；掌握国家标准中关于人体模板的规定。

(2)实验内容

制作一套女性 P5 百分位或一男性 P50 百分位侧面坐姿人体模板。

(3)实验步骤

(1)查找《GB/T 15759—2023》《GB 10000—2023》，将自己做的女性 P5 百分位和男性 P50 百分位的侧面坐姿人体模板的相关数据查出并记录下来。

(2)按照以上标准中的尺寸，进行人体模板的剪裁，比例为 1：10。

(3)按照以上标准中上的各个关节的活动范围，制作模板上限制关节的运动范围。

第3章 人的心理与信息处理

3.1 心理活动与行为构成

3.1.1 心理活动

人的心理活动具有普遍性和复杂性。普遍性是因为它始终存在于人的日常生活与完成工作任务的全过程。复杂性则体现在它既有有意识的自觉反映形式，又有无意识的自发反映形式；既有个体感觉与行为水平上的反映，又有群体社会水平上的反映。总的概括起来，人的心理特性可以分为心理过程与个性差异两个方面。

心理学把心理活动区分为不同方面是为了研究的需要。实际上，人的心理活动是一个整体，各种心理活动之间是相互联系、相互影响的，并且在特定的情境中综合地表现为一定的心理状态，并在行为上得到体现。

从哲学上讲，人的心理是客观世界在人头脑中主观能动的反映，即人的心理活动的内容来源于我们的客观现实和周围的环境。每一个具体的人所想、所作、所为均有两个方面，即心理和行为。两者在范围上有所区别，又有不可分割的联系。心理和行为都是用来描述人的内外活动，但习惯上把"心理"的概念主要用来描述人的内部活动（但心理活动要涉及外部活动），而将"行为"概念主要用来描述人的外部活动（但人的任何行为都是发自内部的心理活动）。所以人的行为是心理活动的外在表现，是活动空间的状态推移。因此，心理学除了分门别类地研究上述心理活动外，还要研究心理状态和行为。

3.1.2 行为构成

著名的社会心理学家列文（K. Lewin），将密不可分的人与环境的相互关系用数学关系来表示，认为行为取决于个体本身与其所处的环境。即：

$$B=f(P \cdot E)$$

式中，B 为行为；P 为人；E 为环境。

也就是行为（B）是人（P）及环境（E）的函数（f）。表现出人与其所处的环境在相互依存中影响行为的产生与变化。

就个体人而言，"遗传""成熟""学习"是构成行为的基础因素。遗传因素在受精卵形成时即已被决定，其以后的发展都受所处的环境因素影响，故前述公式可简化为：

$$B=f(H \cdot E)$$

式中，H 为遗传。

展开来分析行为的发展，其基本模式可概括为：

$$B=H \cdot M \cdot E \cdot L$$

式中，B 为行为；H 为遗传；M 为成熟；E 为环境；L 为学习。

在这里说明行为受遗传、成熟、环境、学习四个因素的相互作用、相互影响。遗传因素一经形成，即已被决定，后天无法对其发生影响。

成熟因素受到遗传和环境两种因素的共同作用、共同影响。

学习因素是个体发展中必经的不可缺少的历程。

环境因素是人与环境系统中的客观侧面。

3.1.3 行为反应

行为是有机体对于所处情境的反应形式。心理学家将行为的产生分解为刺激、生物体、反应三个方面来讨论，即：

$$S \rightarrow O \rightarrow R$$

式中，S 为外在，内在刺激；O 为有机体人；R 为行为反应。

(1) 刺激

刺激一词在心理学上是使用频率很高的词汇，它的含义十分广泛。围绕机体的一切外界因素，都可以看成环境刺激因素，同时也可以把刺激理解为信息，人们对接收的外界信息会自动处理，做出各种反应。引发刺激的因素十分复杂，图 3-1 将刺激源做了归纳分类。

就刺激来源，可分成来自体外和来自体内两个方面，前者称为外在刺激，后者称为内在刺激。外在刺激又可分为物理刺激和心理刺激；内在刺激可分为生理刺激与心理刺激。

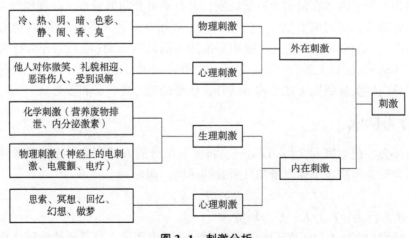

图 3-1 刺激分析

（2）生物体中神经系统组成

对于一个典型的神经元，它是由细胞体、细胞核、树突、轴突、髓鞘和突触小体组成的，图3-2为其结构示意图。神经元的特点是能被输入刺激所激活，引起神经冲动，进行冲动传导，其功能就是信息传递。

神经细胞的大小、形状和它们的具体功能均有不同，可分为脑神经元、感觉神经元、运动神经元，其示意图分别如图3-3所示。

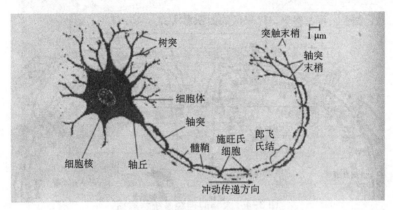

图3-2 神经元结构

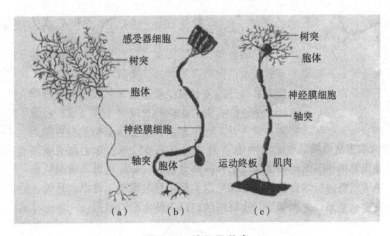

图3-3 神经元种类

它们在构造上基本由以下部分组成：

①胞体 由细胞核、细胞质和细胞膜组成。

②树突 由细胞体向外伸出的许多树枝状较短的突起，长约1mm，它用于接受周围其他神经细胞传入的神经冲动。

③轴突 由细胞体向外伸出的最长的一条神经纤维，称轴突。

④突触 突触是指一个神经元的冲动传到另一个神经元或传到另一细胞间的相互接触的结构，这样的联结称为突触。

一个神经元有 $10^3 \sim 10^4$ 个突触，人脑中大约有 10^{14} 个突触，神经细胞之间通过突触复杂地结合着，从而形成了大脑的神经(网络)系统(图3-4)。人神经系统可分为中枢神经系统和周围神经系统，中枢神经系统包括脑和脊髓。脊髓是中枢神经系统的初级部分，把神经冲动传给高级部分——脑，引起知觉，同时把刺激信号传给外周神经系统的自主神经系统和躯体神经系统引起人体内部器官的自主调节和躯体运动。

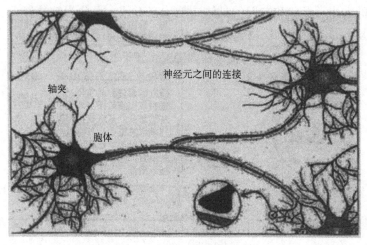

图3-4　大脑的神经系统示意图

(3)反应

行为既包括内在蕴含的动机情绪，也包括外在显现的动作表现。机体接受刺激必然要做出反应，这种反应不论属于内在的或者是外在的，都是行为的表现形式。

人们由于外界的刺激而产生某种需要和欲望，驱使其做出某种行为去达到一定的目标。这一过程可用图3-5描述。当外界的刺激产生需要，需要未得到满足时，就出现心理紧张，产生某种动机，在动机的支配下，采取目标导向行动和目标行动。倘若目标达到了，当前的需要就满足了，就会有新的需要产生，进入新的循环；如果目标没有达到，就出现积极行动或对抗行动，并反馈回来，开始新的循环。故满足人的需要是相对的、暂时的。行为和需要的共同作用将推动人类社会的发展。

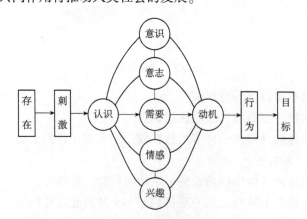

图3-5　行为的基本模式

3.2　人的感知心理过程与特征

3.2.1　感觉的基本特征

人体的信息的加工过程一般分为四个环节：感觉、知觉、思维决策和决策执行。当然在这个过程当中还有其他的一些要素，如注意、记忆、联想和想象等贯穿其中。感觉是人对于信息加工的基础环节，感觉是指人的感觉器官和环境接触产生的个别属性的认识。感觉的加工过程是通过人的各种感受器官来完成的，被感觉到的信息会引起人的知觉加工过程。当我们看见一个苹果时，我们的感受器能够感觉到它的形状、色彩和味道，这些基本信息会引起人的知觉，判断其是苹果还是其他什么东西。信息通过知觉的加工处理以后要么被记忆，要么会进入更复杂的加工过程，即思维和决策。

感觉可分为外部感觉和内部感觉两种，日常中提到的视觉、听觉、嗅觉、味觉以及触觉属于外部感觉。外部感觉通过人体外部的感觉器官来完成，而内部感觉反映的是人体内部的一些现象，如我们常说的平衡感、冷暖的感觉、运动感等。现实中感觉器官和感觉器官总是相互协调共同作用的。人的感觉有许多特点，合理地利用才能达到最佳的设计效果。

（1）适宜刺激

人体的各种感觉器官都有各自最敏感的刺激形式，这种刺激形式称为相应感觉器官的适宜刺激。人体各主要感觉器官的适宜刺激及其识别特征见表3-1。

表3-1　适宜刺激及其识别特征

感觉类型	感觉器官	适宜刺激	刺激来源	识别外界的特征
视觉	眼	一定频率范围的电磁波	外部	形状、大小、位置、远近、色彩、明暗、运动方向等
听觉	耳	一定频率范围的声波	外部	声音的强弱和高低，声源的方向和远近等
嗅觉	鼻	挥发的和飞散的性质	外部	辣气、香气、臭气等
味觉	舌	被唾液溶解的物质	接触表面	甜、咸、酸、辣、苦等
皮肤感觉	皮肤及皮下组织	物理和化学物质对皮肤的作用	直接和间接接触	触压觉、温度觉、痛觉等
深部感觉	肌体神经和关节	物质对肌体的作用	外部和内部	撞击、重力、姿势等
平衡感觉	半规管	运动和位置变化	内部和外部	旋转运动、直线运动、摆动等

（2）感觉阈值

刺激必须达到一定强度方能对感觉器官发生作用。刚刚能引起感觉的最小刺激量，称为感觉阈下限；能产生正常感觉的最大刺激量，称为感觉阈上限。刺激强度不允许超过感觉阈上限，否则不但无效，而且还会引起相应感觉器官的损伤。能被感觉器官所感受的刺激强度范围，称为绝对感觉阈值。

感觉器官不仅能感觉刺激的有无，而且能感受刺激的变化或差别。刚刚能引起差别感觉的刺激最小差别量，称为差别感觉阈值。例如，在比较两个物体的重量时，10g 的物体和 13g 的物体之间的重量差别刚好能够引起人们对它们差别的判断，3g 差值便是差别感受阈限。需要注意的是人体的差别感受阈限并不是一个固定不变的数值。例如，人们能够感受到 10g 与 13g 物体重量的差别，但如果是 1000g 与 1003g，同样是 3g 的重量差别，人们就很难感到它们之间的不同。德国著名的生理学家韦伯曾经提出：差别感受阈限是与刺激的初始量成正比的。即差别感受阈限除以刺激的初始量等于一个常数。这个常数用 K 来表示，即韦伯分数。

$$\frac{\Delta I}{I} = K$$

式中，I 为刺激初始量；ΔI 为差别感受阈限；K 为韦伯分数，光觉 K 值大约是 $1/100$，声觉 K 值大约是 $1/10$，重量感觉 K 值大约是 $3/10$。

10g 与 13g 人们能够感觉到它们之间的差别，而 1000g 和 1003g 人们却感觉不到其差异性，按照韦伯定律公式可以计算出，1000g 与 1300g 时，人们才能感觉到两个物体重量的不同。

由韦伯定律，可以看到视觉和声觉的 K 值相差近 10 倍，这说明视觉可以对微小的差异进行分辨，而听觉相对来说则比较迟钝。不同的感觉间其感觉的灵敏程度是不一样的。这有助于我们在特定的环境设计过程中合理地考虑声和光等的关系问题。韦伯定律所反映的是感觉刺激处在中等强度范围内时的情况。即韦伯分数所能反映的是非极端的情况，当刺激的强度过弱或过强时，K 值会显著地降低。例如，气温为 15℃ 和 20℃ 人们对其差别的感受与气温为 35℃ 与 40℃ 时人对气温差别的感受是有很大不同的。气温越高人们对于气温差别的感受就会越低。又如，当闪光频率在 50Hz 以下时是很容易被人们的视觉所感受到的，但是当闪烁频率达到 60Hz 及以上时，人的视觉则很难感受到闪光的频率，这实际上是受到了人的感受能力的限制。

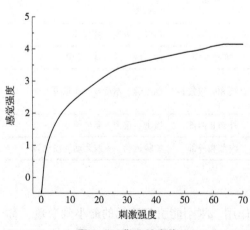

图3-6　费纳希定律

德国另一位心理物理学家费希纳在韦伯定律的基础之上提出了刺激强度与感觉强度是对数关系的理论。就是说感觉的变化比刺激强度变化得慢，感觉量与物理刺激量的对数成正比。感觉量的增加明显落后于物理量的增加，当物理量呈几何级增长的时候，感觉量却是成算数级增长的。这便是费希纳定律，也称为韦伯-费希纳定律(图3-6)。其计算公式为：

$$S = K \lg R$$

式中，S 为感觉强度；K 为常数；R 为刺激强度。

费希纳定律对于设计实践有着重要的指导

性意义。例如，依据费希纳定律，人们发现人对于光的感受，物理刺激量每增加 10 倍，人的感觉强度只提高 1 倍。因此，室内灯光设计时不能一味地通过提高光照强度来解决照明的问题。当光照强度达到一定水平后，要进一步提高人的光觉感受性，可以通过对光照度的均匀度、主光源和辅助光源的协调配置来实现。

另外，还需要注意的是感受性和感觉阈限在数值上是成反比关系的，即人的感受性越高，感觉的阈限则越低；反之，人的感受性越低，感觉的阈限则越高。

（3）适应

感觉器官经持续刺激一段时间后，在刺激不变的情况下，感觉会逐渐减小以致消失，这种现象称为"适应"。通常所说的"久而不闻其臭"就是嗅觉器官产生适应的典型例子。

（4）相互作用

在一定条件下，各种感觉器官对其适宜刺激的感受能力都将受到其他刺激的干扰影响而降低，由此使感受性发生变化的现象称为感觉的相互作用。例如，同时输入两个视觉信息，人往往只倾向于注意其中一个而忽视另一个；同时输入两个相等强度的听觉信息，对其中一个信息的辨别能力将降低 50%；当视觉信息与听觉信息同时输入时，听觉信息对视觉信息的干扰较大，视觉信息对听觉信息的干扰较小。此外，味觉、嗅觉、平衡觉等都会受其他感觉刺激的影响而发生不同程度的变化。

利用感觉相互作用规律来改善劳动环境和劳动条件，以适应操作者的主观状态，对提高生产率具有积极的作用。因此，对感觉相互作用的研究在人机工程学设计中具有重要意义。

（5）对比

同一感受器官对于多个强度不同，作用形式不同的同种类型感觉刺激的感受是有差异的，这种差异即感觉对比。感觉对比分为感觉同时对比和感觉前后对比。

①同时对比　例如，同样灰度的色彩，当把它置于深色的背景中和浅色的背景中时，人的感受是不一样的。当置于深色中时，橙色和绿色会显得更亮；当置于浅色中时，橙色和绿色会显得更暗，如图 3-8 所示。这是感觉的同时对比在发生作用。

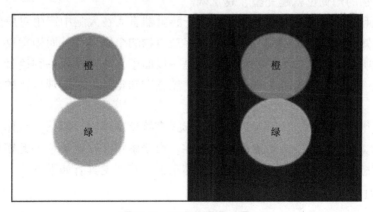

图 3-7　明度关系对比图

②前后对比　当两个或多个刺激物在一定时间范围内先后作用于人的感受器官时，人的感觉会产生前后对比。例如，当吃了甜食后再吃其他甜的水果时，就很难感受到水果自身的甜味，这就是味觉的前后对比在发生作用。

（6）余觉

刺激取消以后，感觉可以存在一极短时间，这种现象叫余觉。例如，在暗室里急速挥动一个灯管，人会感受到灯管的残影出现，如图3-8所示。

图3-8　余觉现象

（7）补偿

当人的一种感觉受器官的能力受到限制时，其他感觉器官的感觉能力会相应上升，这种现象称为感觉补偿。例如，盲人的听觉就相对比较发达，而聋哑人的视觉则更加敏锐。当然普通人的某种感觉能力受到暂时性限制时，其他感觉器官的能力也会提高进行补偿，只是相对提高幅度要小一些。感觉补偿的特点在无障碍设计中是被关注的重点。

3.2.2　知觉的基本特性

知觉是人对直接作用于感觉器官的客观事物和主观状况整体的反映。人脑中产生的具体事物的印象总是由各种感觉综合而成的，没有反映个别属性的感觉，也就不可能有反映事物整体的知觉。所以，知觉是在感觉的基础上产生的，感觉到的事物个别属性越丰富、越精确，对事物的知觉也就越完整、越正确。

虽然感觉和知觉都是客观事物直接作用于感觉器官而在大脑中产生对所作用事物的反映，但感觉和知觉又是有区别的，感觉反映客观事物的个别属性，而知觉反映客观事物的整体。以人的听觉为例，作为听知觉反映的是一段曲子，一首歌或一种语言，而作为感觉所反映的只是一个个高高低低的声音。所以，感觉和知觉是人对客观事物的两种不同水平的反映。

在生活或生产活动中，人都是以知觉的形式直接反映事物，而感觉只作为知觉的组成部分存在于知觉之中，很少有孤立的感觉存在。由于感觉和知觉关系如此密切，所以，在心理学中就把感觉和知觉统称为感知觉。具体来说，感知觉具有如下特性。

（1）整体性

在知觉时，把由许多部分或多种属性组成的对象看作具有一定结构的统一整体，这一特性称为知觉的整体性。例如，观察图 3-9 时，不是把它感知为不规则的黑色斑点，而会感知为由黑色斑点组成的一只马的形象。同样，在观察图 3-10 时，最初感知到一些带有白色条带的黑色小球，而很快会从所有的小球中感知到一个正方体。

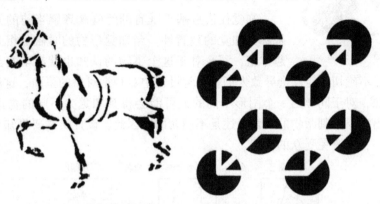

图 3-9　知觉的整体性例一　　　图 3-10　知觉的整体性例二

（2）选择性

在研究知觉时，把某些对象从某背景中优先地区分出来，并予以清晰反映的特性，叫作知觉选择性。从知觉背景中区分出对象来，一般取决于下列条件。

①对象和背景的差别　对象和背景的差别越大，包括颜色、形态、刺激强度等方面，对象越容易从背景中区分出来，并十分突出，给予清晰的反映；反之，就难以区分，如图 3-11 所示。

②运动的对象　在固定不变的背景上，活动的刺激物容易成为知觉对象，并更能引人注意，提高知觉效率，如图 3-12 所示。

图 3-11　知觉的选择性　　　　图 3-12　运动物体的识别

③主观因素　人的主观因素对于选择知觉对象相当重要，当任务、目的、知识、经验、兴趣、情绪等因素不同时，选择的知觉对象便不同。人的情绪良好、兴致高涨时，知觉的选择面就广泛；而在抑郁的心境状态之下，知觉的选择面就狭窄，会出现视而不见、听而不闻的现象。

知觉对象和背景的关系不是固定不变的，而是可以相互转换的。如图 3-13 所示，这

图 3-13　双关图

是一张双关图形。在知觉这种图形时，既可知觉为黑色背景上的猫头鹰，又可知觉为白色背景上的两条黑色小狗。

（3）理解性

知觉往往是基于既有的经验来理解当前的知觉对象，这被称为知觉的理解性。当知觉事物的时候，相关的知识经验越丰富，那么对于这个事物的认知也就越丰富越深刻。但同时要注意到，不确切的经验会导致人们在知觉过程中对知觉对象的歪曲，这就会产生错误的认识。例如，对于同样的一个图形不同的人可能会将其知觉为不同的物体（图 3-14），这说明所给出的原形刺激物的语言表述是不确切的。因此，设计实践要将知觉信息表述得更加清晰完整，以避免受众的误解。

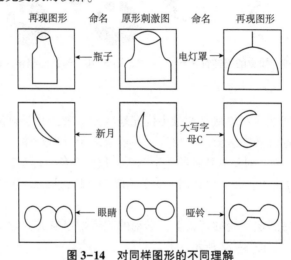

图 3-14　对同样图形的不同理解

（4）恒常性

知觉的恒常性是指知觉的条件在一定范围内变化时，知觉的印象保持不变。人的经验对于知觉的恒常性起着至关重要的作用，因为人总是根据记忆中的印象、知识、经验去知觉对象。

视知觉的恒常性包括以下几个方面：

①大小的恒常　当人们在看处于不同距离的物体时，这些物体在视网膜中所呈现的大小是有差异的，但是人们不会因为这种距离上的差异来判断物体实际的大小，也就是不会因为远处的房屋相对于近处的人小，而认为房屋真的小。

②形状的恒常　当知觉对象角度变化时人们并不会因其位置与角度的变化而对物体形状产生错误的判断。正如我们并不会因房门开关时的角度不同产生形状变化而认为门的外形不是矩形，如图 3-15 所示。

③明度的恒常　当知觉的对象在不同的光源照度下面其明度会发生变化，但人们并不会因为这种明度的变化而错误地判断其真实的明度水平。例如，黑色的煤炭在光照充足的白天和黑暗的夜晚，所呈现出来的明度是有差异的，在白天其明度较浅，更接近灰色，而在夜晚其明度会更深，但这都不会阻碍人们判断其是块黑色的煤炭这个事实，如图 3-16 所示。

图 3-15　人对不同状态的门的形状认知是不变的

图 3-16　在不同光源条件下人对煤炭是黑色的认知不变

④色彩的恒常　当物体受到周边光源色的影响的时候人们并不会因为周边环境色的影响而失去对物体固有色的判断。就如一个红色的苹果在不同颜色的光线照射下所呈现出来的色彩是不同的，但是这并不会影响人们对其红色的判断。对于初学绘画的人而言，往往只会画出物体的固有色，这是由于他没有绘画的经验而单凭人的一般性知觉的缘故。

（5）错觉

错觉是指由于人的主观因素，在一定条件下产生的不正确的知觉。

视错觉由人的生理和心理特征决定。理查德·格雷戈里博士第一次在布里斯托尔咖啡馆（因此得名）墙上的瓷砖上观察到了这种错觉。明暗相间的砖块交错排列，灰色的"填缝剂"线将各层隔开。会让人觉得这些线像是曲线，但实际上它们是直的，并且是平行的，如图 3-17 所示。丘布（Chubb）错觉揭示了一个物体的表面颜色的对比度会随着环境的不同而变化。中间的灰色区域颜色完全相同，但加上不同的背景，这个灰色矩形区域看起来左右不同，如图 3-18 所示。弗雷泽螺旋错觉是一种光学错觉，它诱使人的大脑认为黑白线在向内螺旋，但是如果你单独的追踪一条线，你会发现它们实际上是同心圆而不是螺旋线。这种错觉可以追溯到 1908 年，当时心理学家詹姆斯·弗雷泽爵士发现了这个有趣的图案，如图 3-19 所示。灰色方块错觉的这张图片你可能看到过，当你的眼睛在图像上移动时，这种错觉会使你的大脑认为灰色点（方块）出现在黑色方块之间，同时你的眼睛移动，灰色的点看起来也在移动。主要原因就在于黑方和白线之间的强烈对比，如图 3-20 所示。类似的错觉现象还有很多，感兴趣的读者可以自行查阅相关资料了解这些有趣的现象。

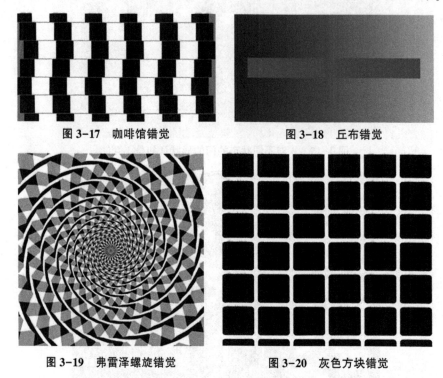

图 3-17　咖啡馆错觉　　　　　　　　图 3-18　丘布错觉

图 3-19　弗雷泽螺旋错觉　　　　　　图 3-20　灰色方块错觉

错觉是知觉恒常性颠倒，如图 3-21 所示为几何图形的视错觉。产生错觉的原因目前还不是非常清楚，但是错觉是可以为设计实践提供帮助和方便的。例如，利用错觉来设计

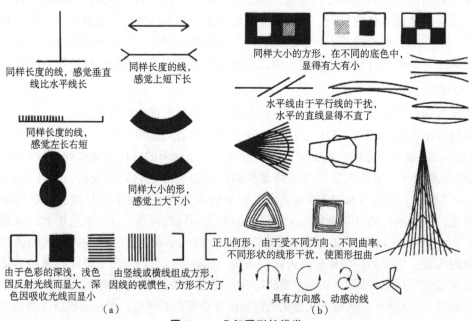

同样长度的线，感觉垂直线比水平线长

同样长度的线，感觉上短下长

同样大小的方形，在不同的底色中，显得有大有小

同样长度的线，感觉左长右短

同样大小的形，感觉上大下小

水平线由于平行线的干扰，水平的直线显得不直了

由于色彩的深浅，浅色因反射光线而显大，深色因吸收光线而显小

由竖线或横线组成方形，因线的视惯性，方形不方了

正几何形，由于受不同方向、不同曲率、不同形状的线形干扰，使图形扭曲

具有方向感、动感的线

（a）　　　　　　　　　　　　　　　（b）

图 3-21　几何图形的错觉

各种交通图形。在地面上画出让人产生突起错觉的图形以降低汽车驾驶员在通过特定区域时的行驶速度，如图 3-22 所示。又如，可以通过浅色来表达物体的轻便性，用深色来加强稳固性的感觉，如图 3-23 所示。此外还可以利用错觉来创作许多有意思的设计作品，给人带来不一样的体验。

（a）　　　　　　　　　　　　　　　　　（b）

图 3-22　视错觉的应用

（a）　　　　　（b）　　　　　（c）　　　　　（d）

图 3-23　表面颜色不同而造成同一物品轻重有别的错觉

3.3　人的认知心理过程与特征

3.3.1　注意

（1）注意的过程

注意是一种常见的心理现象。它是指一个人的心理活动对一定对象的指向和集中。这里的"一定对象"，既可以是外界的客观事物，也可以是人体自身的行动和观念。

英国剑桥大学布罗德本特对注意的生理机制做出了理论解释。他认为，人对外界刺激的心理反应，实质上是人对信息的处理过程，其一般模式为：外界刺激→感知→选择→判断→决策→执行。"注意"就相当于其中的"选择"。由此他建立了一个选择注意模型，如图 3-24 所示。

由图 3-24 可见，各种外界刺激通过多种感觉器官并行输入，感知的信息首先通过短时记忆存储体系（S 体系）保持下来，但能否被中枢神经系统清晰地感知，要受到选择过滤器的制约。该过滤器相当于一个开关，且按"全或无"规律工作，其结果只使得一部分信息

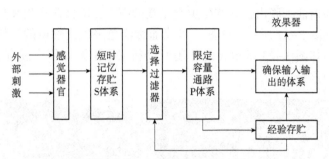

图 3-24 选择注意模型

能到达大脑，而另一部分信息不能进入中枢，以免中枢的接受量太多，负担过重。由此造成注意具有选择性和注意广度等特性。也就是说，并不是所有的外界刺激都能被注意到，不被注意也就相当于"没注意"或"不注意"。过滤器的"开关"动作是受中枢信息处理能力的限定，而哪些信息通过，哪些不能通过，则和人的需要、经验等主观因素相关。

（2）注意的特性

当信息进入人脑后，哪些信息能够被选择，哪些信息会被过滤掉，这是受到任务的不同，人的需求不同，以及人的经验和主观等因素影响的。总结起来注意的特性大概有以下三种：

①注意的范围（注意的广度）　注意范围的大小随着注意对象的特点不同而不同。注意的对象所呈现的时间越长，注意的范围或者说注意的广度也就越大。但是在时间一定的情况下，注意的范围是有一定限制的。同时当注意的对象具有相似性、规律性与合理性等特点时，会有助于扩大注意的范围。另外，当注意对象的组合方式不同或其附加信息量不同时，注意范围也会发生变化。注意的范围还受到人们后天学习和训练的影响。人的知识与实践经验越丰富，其注意范围越广泛。

②注意的持续性　注意的持续性是指注意的主体（人）对注意的对象不断变化的刺激信息能够清晰地集中意识的时间长短。主观上人们总是希望能够更长时间地保持注意，但是实际上人能够注意的时间是有限的，即便在持续注意过程中也会存在没有被注意到的瞬间，这说明注意往往并不能够持续，即注意具有不稳定性的特点。这种不稳定的特点实际是人的大脑皮层的一种自我保护的机制，其目的是防止精神疲劳。例如，一节课的时间是 45min，这是根据人的注意持续性来确定的，即便是训练有素的学生其能够保持的注意持续时间也不会超过 90min，所以在不少大学里一讲课的时间通常由两节课即 90min 构成。

③注意的选择性　一般而言，人对信息的处理过程是从外部刺激到人感知。对于信息的选择则是判断决策和执行的范畴。各种外部刺激通过人的感觉器官输入，输入的信息首先被短时记忆保存下来，被暂时保存的信息是否被中枢神经清晰地认知还要受到"选择过滤器"的制约。"选择过滤器"相当于一个开关，外部刺激信息通过它的过滤后，只会有一部分信息能够进入人的大脑，而另一部分信息则被过滤掉。这与人的信息处理能力有关，也能够避免中枢神经的信息负担过重。

（3）注意的分类

①无意识注意和有意识注意　无意识注意是指没有预定目的、不需要进行意志努力的注意。它是由周边环境变化而引起的。而与之相反的有意识注意是人主观意志努力的注

意，如听课、开会等。

②主动性注意和被动性注意　主动性注意是一种自上而下的认知加工方式。而被动性注意是自下而上的认知加工方式。

③集中注意和分散注意。

（4）影响注意的因素

通常情况下，影响注意的因素主要有以下两个方面：

①人自身的努力和生理方面的因素。

②客观环境的影响。

注意有一定的范围，在同一时间内能够被注意到的事物数量是有限的。例如，人的瞬间注意广度大概有7个单位。如果是毫无联系的数字或字母，人的瞬间注意一般不会超过6个单位。而相对简单的一些知觉对象，如黑色的圆点等，人的瞬间注意大概有8~9个单位。这是普通人的注意能力的范围。在设计实践中，要根据人的注意广度来进行相关的设计安排。例如，对于一些控制器的设计就应该根据人的注意的范围和广度来合理安排控制器按键的数量与位置。如图3-25所示为操作面板的按键数量设置。

图3-25　操作面板的按键数量设置

通常情况下，当被注意事物的个性与周边环境反差比较大的时候，比较容易引起人的注意。例如，知觉对象本身体积比较大，或是形状比较显著，抑或是色彩比较艳丽的时候，比较容易引起人的注意。所以在设计中可以通过加强环境刺激信息的强度，或环境刺激信息的变化，或是延长注意的时间，以及采用新颖突出的形式等来加强引起注意的外部条件，以达到更容易引起人们注意的目的。如图3-26所示的交通指示牌设计就很好地考虑了影响注意的因素。

（5）注意与安全

在设计中，注意与安全的关系是特别值得关注的。

在工作和生产过程中，由于不注意而导致的各类事故所占的比率是比较大的。通过有效设计来避免人们注意力的下降以保护人们的安全，是注意与设计的关系中非常重要的一环。

图 3-26 交通指示牌设计

一般而言，引起不注意的原因主要有以下几个方面：

①外部刺激的干扰 外部刺激干扰特别是与任务内容无关的强烈刺激干扰对于注意的影响是很大的。当外部无关的刺激达到一定强度的时候就会引起人们无意识的注意，而这种无意的注意会引起注意对象的转移而导致注意力的下降。如果发生在涉及安全操作的过程中，便可能引发事故。例如，开车的时候打电话，有研究显示这会导致驾驶员的注意力下降30%甚至更多。所以在设计中，特别是对注意环境的设计，要重点考虑怎样去回避无关刺激的强干扰，这是保证人们集中注意的一个重要方面。

当然如果外界完全没有刺激或者刺激单调陈旧，人的大脑也是难以维持一个较高的意识水平状态的。即便是努力注意，随着时间的推移人的意识水平也会很快降低，并且会导致注意对象转移的情况。这告诉我们在设计的过程中，并不是一味地通过降低外部干扰就能够达到提高人们注意力的目的。设计实践中减小干扰可以通过协调注意对象与周边环境的关系来实现。汽车驾驶时打电话等无关驾驶的刺激信息会影响到驾驶员的注意力，但这并不意味着所有的情况下无关刺激信息对于驾驶安全都是有害的。例如，当驾驶员处在疲劳状态时，外部的声、光、振动等刺激信息反而会唤醒驾驶员的注意力。

②注意对象信息的良好性 注意对象的设计不佳，特别是它不符合人们既有的行为模式时，在紧急情况下就可能导致人们反应缓慢出现操作失误，甚至影响安全。所以对于控制器、显示器以及操作系统，应该按照人们的行为习惯来进行设计，如果要改变既有的行为习惯和行为定式，就需要通过培训和锻炼以免造成人们的注意混乱。

③注意的起伏 注意的起伏是指当人们在注意客体的时候不可能长时间地保持高意识的水平状态。这实际上是由人的生理特点和学习与训练的经历所决定的。注意往往按照间歇性的加强和减弱的规律变化。在高度紧张的工作状态下，意识所能够集中的持续时间则更短。例如，在汽车驾驶的过程中，驾驶员需要保持注意集中，这个持续的时间通常情况下大概2~4h，所以在长途驾驶中每两小时就要适当休息，以此来保证注意状态始终保持较高水平。

④意识水平下降导致的注意分散 所谓的注意分散是指作业者的意识没有有效地集中注意对象上。通常情况下是由于外部环境的条件不佳，或者是设施、设备与人的心理不相匹配，以及身体的疲劳等原因所引起的。注意分散在实际的作业与工作当中是十分危险的一个要素。由于注意分散所导致的各种事故较为常见，所以通过合理的设计避免注意力的分散对于保证作业的安全是十分重要且有效的手段。

3.3.2　记忆

（1）记忆的过程

除了注意以外，记忆也是一个非常重要的认知过程。记忆的过程可以分为四个阶段：识记→保持→再认→再现。

①识记　按照生理心理学的解释是大脑皮层中暂时的神经联系，也就是条件反射建立；而按照信息论的观点，它是信息获取的过程。

②保持　按照生理心理学的解释是暂时的一个神经联系的巩固；而按照信息论的观点，它是信息的储存。

③再认　按照生理心理学的解释是暂时神经联系的再活动；而按照信息论的观点，它是信息的辨识。

④再现　按照生理心理学的解释是暂时神经系统的再接通；而按照信息论的观点，它是指信息的提取与运用。

（2）记忆的种类

①有意记忆和无意记忆　有意记忆和无意记忆取决于记忆当中意志力的参与程度。有意记忆是具有目的明确、有意志参与、有计划、记忆效果较好、记忆内容专一、对于完成任务有利等一系列特征的记忆。与之相对的则是无意记忆。

②机械记忆和意义记忆　机械记忆和意义记忆是按照记忆的方法来区分的。意义记忆是对于内容理解并灵活的记忆，这是一种方式较为复杂，记忆比较牢固，并且持久的记忆方式。与之相对的则是机械记忆。

③内容区分的记忆　按照记忆内容获得的方式来区分记忆种类是常见的，如形象记忆、听觉记忆和动作记忆等。

④时间区分的记忆　按照时间的特性将记忆分为瞬时记忆、短时记忆与长时记忆。在设计领域要特别注意按照时间区分的记忆方式。

瞬时记忆、短时记忆以及长时记忆是记忆时间过程的三个不同阶段。这三个阶段相互联系、补充，又各有特点，见表3-2。

表3-2　瞬时记忆、短时记忆和长时记忆的特点

瞬时记忆	短时记忆	长时记忆
单纯存储	有一定程度的加工	有较深的加工
保持1s	保持1min	大于1min以至终生
容量受感受器生理特点决定较大	容量有限，一般为7±2个组块	容量很大
属活动痕迹，易消失	属活动痕迹，可自动消失	属结构痕迹，神经组织发生了变化
形象鲜明	形象鲜明，但有歪曲	形象加工、简化、概括

瞬时记忆、短时记忆以及长时记忆各自有着不同作用。瞬时记忆通常是对内容进行全景式的扫描，为记忆提供选择的基础，同时为潜意识充实信息。短时记忆是一种工作记忆，它对特定时间的认知活动具有十分重要的意义。长时记忆是将有意义或有价值的材料长时间地保持下来，有利于经验的积累和对日后信息的再提取。所以，在设计中对于记忆

有一定的了解与认识，有利于为人们提供更有效的设计形式，提高工作效率。

3.3.3 想象

想象就是利用原有的形象在人脑中形成新形象的过程。想象可以分为无意想象和有意想象两种。无意想象是指没有目的，也不需要努力的想象；有意想象则指再造想象、创造想象和幻想。再造想象就是根据一定的文字或图形等描述所进行的想象；创造想象是在头脑中构造出前所未有的想象；幻想是对未来的一种想象，它包括人们根据自己的愿望，对自己或其他事物的远景的想象。

3.3.4 思维

思维是人脑对客观现实的间接和概括的反映，是认识过程的高级阶段。人们通过思维才能获得知识和经验，才能适应和改造环境。因此，思维是心灵的中枢。

思维的基本过程是分析、综合、比较、抽象和概括。

按照思维的指向不同，思维可以区分为发散思维与集中思维。这种区分是美国心理学家吉尔福特首先提出来的。

（1）发散思维

发散思维又称辐射思维、求异思维。它是指思维者根据问题提供的信息，从多方面或多角度寻求问题的各种可能答案的一种思维方式，其模式如图3-27（a）所示。

发散思维无论在日常生活还是生产活动中都是一种常见的思维方式，一般来说，有"果"求"因"的问题，首先采用的就是发散思维。

发散思维还是一种重要的创造性思维方式。吉尔福特认为，发散思维在人们的言语或行为表达上具有三个明显的特征，即流畅、灵活和独特。所谓流畅，就是在思维中反应敏捷，能在较短时间内想出多种答案。所谓灵活，是指在思维中能触类旁通、随机应变，不受心理定式的消极影响，可以将问题转换角度，使自己的经验迁移到新的情境之中，从而提出不同于一般人的新构想、新办法。所谓独特，是指所提出的解决方案或方法能打破常规，有特色。利用上述三个基本特征可以衡量一个人发散思维能力的大小。

（2）集中思维

与发散思维相对立的是集中思维。集中思维也称辐合思维、聚合思维、求同思维、收敛思维等。它是一种在大量设想或方案的基础上，引出一两个正确答案或引出一种大家认为是最好答案的思维方式，其模式如图3-27（b）所示。

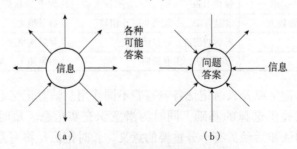

（a）　　　　　　　　　　　（b）

图3-27　发散思维与集中思维

集中思维的特性是来自各方面的知识和信息都指向同一问题。其目的在于通过对各相关知识和不同方案的分析、比较、综合、筛选，从中引出答案。如果说发散思维是"从一到多"的思维，集中思维则是"从多到一"的思维。

发散思维和集中思维作为两种不同的思维方式，在一个完整的解决问题的过程中是相互补充、相辅相成的。发散思维是集中思维的前提，集中思维是发散思维的归宿；发散思维都运用于提方案阶段，集中思维都运用于做决定阶段，只有将两者结合起来，才能使问题的解决既有新意、不落俗套，又便于执行。

3.4 信息的加工与处理

3.4.1 人的信息处理

人的信息处理过程分为以下四个部分，其信息处理系统如图 3-28 所示。

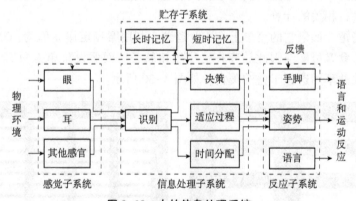

图 3-28 人的信息处理系统

（1）信息输入

信息输入是人的感觉器官将外部刺激信息传输到人的中枢系统。这是识别、决策、适应的过程，还涉及信息处理的时间分配。当然信息处理过程还存在与记忆的关联关系。然后再由信息处理子系统进入到语言、行为等反应子系统。最后是决策与行为的输出。

我们可以将人的信息处理系统看成是一个单通道的有限输出容量的信息处理系统，在这个系统中对传入的信息进行识别，并做出相应的决策，在整个系统中信息的传递是维持整个系统有效性的关键。人的信息处理能力如图 3-29 所示。

人机工程学中所谈到的信息概念是类比计算机的信息概念。在计算机中，信息是有严格定量的，计算机中信息量的基本单位是 bit（位）。bit 是信息的最小单位，是二进制数的一位包含的信息，

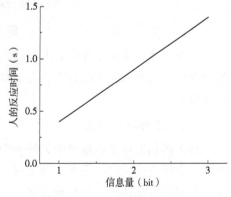

图 3-29 人的信息处理能力

每一 bit 可以代表 0 或 1 的数位。

（2）感觉对信息的处理

感觉系统是用信息论的观点来研究神经系统功能的。人的反应时间与感觉刺激物的刺激量是直接相关的。

著名的席克定律对此有所阐述：当人所面临的选择增多的时候，需要做出决策的时间会同等地增加，即：

$$RT = a + b\log_2^n$$

式中，RT 为做决策的反应时间；a 为与直接决策无关的总时间，这个总时间主要是指前期对于相关事物的认知以及观察的时间；b 为对于选项认知的处理时间，这个时间是基于人的经验衍生出来的一个常数；n 为被选选项的数量。

根据这个公式，可以预测人们在做相关的选择和决定时所需要的反应时间。这也是人对于相关信息处理的反应时间。席克定律在交互设计中的运用是非常广泛的。在不少的交互界面设计过程当中都要考虑人们对于相关信息的反应速度与时间的问题，设计师可以通过席克定律来进行相关的计算。

例如一家餐馆，如果它的菜单上有 100 道菜，利用席克定律 n 值为 100 进行计算，反应时间会很长，食客可能会因此放弃在这家餐馆就餐。而假设菜单上只有 10 个菜，食客则会很快点完菜并享用这顿丰盛的美食，如图 3-30 所示。

假设我是个菜单，你会喜欢在哪一组点菜？

图 3-30 菜单示意图

席克定律作为交互设计七大准则之一，就是要求怎样最小最优化去设计选项，太多的选项会延长用户做决策的时间，甚至对一些"选择困难户"来说，会直接或间接导致他们选择失败。

（3）信息传递的速度

在人的信息传输过程当中另外一个重要的问题是信息传输的速度。人的信息处理系统是有一定限度的，这个限度主要表现在对于信息处理的数量方面。当用感觉通道的信息传递速率来进行描述时，信息传递速率是指信息通道中单位时间内所能够传递的信息的总量，即：

$$c = \frac{h}{t}$$

式中，c 为信息传递的速率；h 为传输的信息量；t 为信息传输的时间。

一般情况下，传送的信息维度越多，信息的传递速率越高。

如图 3-31 所示，单维度的色调、声调、响度等的信息传递速率要比多维度的声音、音响等低得多。这说明在特定的设计中适当采用多维度的设计方式，有利于提高信息传递速率。例如，既有形式又有相应的色彩进行配合就比单纯的图形信息传递的速率要快。

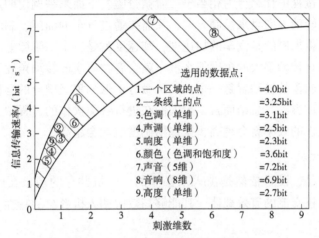

图 3-31　人的感觉通道信息传递速率

在交通符号里有些特定的符号，如单一的三角形或圆形。如果将这样的图形配上特定的警示色，如红色与黄色，那么它的信息的传递速率就会更高，交通符号设计如图 3-32 所示。

图 3-32　交通符号设计

（4）人的信息传递的效率

人的信息传递率需要人与机信息传递的有效协同。当人的信息传递函数与机的信息传递函数达到最佳匹配时就能够实现最高的人的信息传递效率，或者称为人机信息传递效率。

人在操作产品、设备时，与之对应的机器往往会有时迟的现象。所谓的时迟指的是当人进行操作时机器并不能立刻做出反应，总会相对滞后一段时间，这段时间便称为时迟。

除此以外机器还会有阻尼。阻尼是机器波动衰减的特性。通常情况下机器的阻尼和时迟需要人的操作来与之配合，以实现和谐的人机关系。

3.4.2　人机信息交流匹配与设计

（1）人的信息传递函数与机的信息传递函数配合

人在操作活动中通常情况下一般只能完成相当于二阶微分及以下的运算，操作过程中所相当于运算的阶次越低，操作的效率则越高。二阶微分以上就属于高阶运算，如果人的操作相当于二阶微分以上的话，那么操作的效率就会降低且精度较差，而且更容易出现事故。那么在操作的过程中什么行为相当于二阶微分呢？下面来举例说明。在汽车驾驶过程中，驾驶员既需要转动方向盘来控制方向，又需要通过汽车的油门、制动等来操控汽车的速度，其中加速踏板控制的是汽车的加速度，加速度就是一个二阶微分的运算。而对于方向盘的操作，方向盘转动多大的角度那么汽车就会有相对应的转动角度，而且两者是成一定比例关系的，方向盘的转动就是一个比二阶微分更低的零级微分的运算。这样的操作对于人来讲会相对更加容易。总结而言，当人们在进行各类操作的过程中，信息传递的阶次越低，那么它的操作的效率就会越高，操作精确度也就会越高。

（2）人机特性比较

目前，多数产品、设备依然是由人来操作的，人机共存的现象在产品设计中是普遍的。好的产品是人机交流的有效载体，其能够高效协调人机各自的特性。人机特性比较见表 3-3。

表 3-3　人机特性比较

项目	机器	人
速度	占优势	时间延时为 1s
逻辑推理	擅长演绎而不易改变其演绎程序	擅长归纳，容易改变其推理程序
计算	快且精确，但不善于修正误差	慢且易产生误差，但善于修正误差
可靠性	按照制造恰当的机器，在完成规定的作业中可靠性很高，而且保持恒定，不能处理意外的事态，在超负荷条件下可靠性突降	就人脑而言，其可靠性远远超过机械，但在极度疲劳与紧急事态下，很可能变得极不可靠，人的技术水平、经验以及生理和心理状态对可靠性有较大影响，可处理意外紧急事态
连续性	能长期连续工作，适应单调工作，需要适当维护	容易疲劳，不能长时间连续工作，且受性别、年龄和健康状态等影响，不适应单一作业
灵活性	如果是专用机械，不经调整则不能改作其他用途	通过教育训练，可具有多方面的适应能力
输入灵敏度	具有某些超人的感觉，如有感觉电离辐射的能力	在较宽的能量范围内承受刺激因素，支配感觉器官适应刺激因素的变化，如眼睛能够感受各种位置、运动和颜色，善于鉴别图像，能够从高噪声中分辨信号，易受(超过规定限度的)热、冷、噪声和振动的影响
智力	无(智能机除外)	能应付意外事件和不可能预测事件，并能采取预防措施

（续）

项目	机器	人
操作处理能力	操纵力、速度、精密度、操作量、操作范围等均优于人的能力。在处理液体气体、固体方面比人强，但对柔软物体的处理能力比人差	可进行各种控制，手具有非常大的自由度，能极巧妙地进行各种操作。从视觉、听觉和重量感觉上得到信息可以完全反馈给控制器
功率输出	恒定，不论大的固定的或标准的	147kW 的功率输出只能维持 10s，367.75kW 的功率输出可维持几分钟
记忆	最适用于文字的再现和长期存储	可存储大量信息，并进行多种途径的存取，擅长对原因和策略的记忆

（3）人的脑力负荷

另外一个与人的信息传递密切相关的问题是人的脑力负荷。在工作中由于工作的压力、难度和时间等问题都会侵占人的脑力资源。这会导致人对于信息处理的反应能力降低，并造成人的脑力负荷过大，使人更加容易疲劳而降低效率，甚至导致各种伤害。有不少学者在对人的脑力负荷进行研究，其中奥尔德里奇（Aldrich）提出了基于视觉的脑力负荷表，见表3-4。

表3-4 Aldrich 模型视觉负荷表

负荷值	描述	负荷值	描述
1.0	看到物体	5.4	追踪视觉目标
3.7	区别看到的物体	5.9	阅读
4.0	检查	7.0	不停地观察
5.0	寻找		

基于以上视觉的脑力负荷值，通过建立数学计算公式来计算脑力负荷。脑力负荷等于任务当中多个行为的脑力负荷与环境公差相加的和。

既要检查所看到的对象，又要不停地观察周边的情况，在这样的一个视觉的脑力负荷值就会是 4.0+7.0，同时再加上环境的公差。那么这个数值就会明显地大于7。通常情况下环境设置为理想的状态，因此公差多数是忽略不计的。

例如，微波炉、电烤箱等的设计，它的控制面板里面就会有各种各样的信息，如微波、光波、解冻、烧烤、煮饭、蒸饭等，以及与之相配的时间和强度等，如图3-33所示。这些信息都集中在一个很小的面板上，大量的信息会给人带来巨大的脑力负荷使人感到无从着手。基于此，在设计的过程中应该通过有效的信息编码来提高信息传输的准确性和效率。

表3-5 比较了各种编码的形式，当进行辨识时，数字、字母和斜线相对更容易被辨别。而在搜索定位时，颜色的表现则更佳。在计数的过程中数码、颜色、形状则更优。当然编码的优劣与工作的环境与条件也是有一定关系的。例如，在进行对象辨认的时候，如

图 3-33　烤箱控制面板

果时间是不限定的，那么颜色相对于斜线来讲辨认效果会更好。而如果时间很短，则斜线优于颜色。由此可见，在具体设计过程中，必须根据具体的情况来进行合理的编码，以使信息高效、准确地传递。

表 3-5　图形编码的优劣

所用标志或符号种类	工作性质及条件	较好的符号或标志（按优劣先后排序）
颜色、斜线	辨认（时间不限）	颜色
数码、颜色、斜线	辨认（短时呈现）	数码、斜线
数码、斜线、椭圆、颜色	辨认（短时呈现）	数码、斜线
数码、字母、形状、颜色、图案	辨认	数码、字母、形状
颜色、形状、大小、明度	搜索定位	颜色、形状
数码、字母、形状、颜色、图案	搜索定位	颜色、数码
颜色、数码、形状	搜索定位	颜色、数码
颜色、字母、形状、数码、图案	比较	无明显差别
颜色、字母、形状、数码、图案	验证	无明显差别
颜色、字母、形状、数码、图案	计数	数码、颜色、形状
颜色、军用图形、几何图形、飞机图形	目标搜索	颜色、军用图形（如飞机、雷达等图形）
颜色、数码、颜色加数码（颜色卡片上印有数码）	辨认（短时呈现）	颜色加数码、数码、颜色

练习题

一、填空题

1. 人体的信息的加工过程一般分为＿＿＿＿、＿＿＿＿、＿＿＿＿、＿＿＿＿四个环节。

2. 注意的特性有＿＿＿＿＿、＿＿＿＿＿、＿＿＿＿＿。

3. 记忆的过程分为＿＿＿＿、＿＿＿＿、＿＿＿＿、＿＿＿＿四个阶段。

4. 思维的基本过程是_____。

5. 人和机发生相互关系的过程本质是_____。

6. 刺激必须达到一定强度方能对感觉器官发生作用。刚刚能引起感觉的最小刺激量，称为_____；能产生正常感觉的最大刺激量，称为_____。

7. 就刺激来源，可分成来自体外和来自体内两个方面，前者称为_____，后者称为_____。

8. 注意的特性有_____、_____、_____。

9. 在刺激不变的情况下，感觉会逐渐减少，以致消失的现象称为_____。

10. 知觉的恒常性是指知觉的条件在一定范围内变化时，知觉的印象保持不变。视知觉的恒常性包括_____、_____、_____、_____。

11. 在设计领域要特别注意按照时间区分的记忆方式。按照时间的特性将记忆分为_____、_____、_____。

二、简答题

1. 简述感觉与知觉的区别与联系。

2. 什么是知觉？基本特性有哪些？列举错觉现象在设计中的应用。

3. 简述感觉的对比和余觉特性。

4. 简述席克定律的内容。

三、讨论题

在日常生活中寻找信息传递适宜或不适宜的情况（如宣传单、控制面板、交通标志等），分析案例传递信息刺激的方式是否合理（包括色彩、版式、刺激类型，运用了哪些感觉知觉特性）。

第 4 章　人体生物力学与施力特征

4.1　人体运动与肌骨系统

运动系统是人体完成各种动作和从事生产劳动的器官系统，它由骨、关节和肌肉三部分组成。全身的骨与关节连接构成骨骼。肌肉附着于骨，且跨过关节。由于肌肉收缩与舒张牵动骨，通过关节的活动而能产生各种运动。所以，在运动过程中，骨是运动的杠杆，关节是运动的枢纽，肌肉是运动的动力。三者在神经系统的支配和调节下协调一致，随着人的意志，共同准确地完成各种动作。

4.1.1　肌系统

肌肉在人体上分布很广，根据其形态、构造、功能和位置等不同特点，可分为平滑肌、心肌和横纹肌三类。其中横纹肌大都跨越关节，附着在骨骼上，称为骨骼肌，如图 4-1 所示。骨骼肌的收缩受人的意志支配，故又称随意肌。人体全身共有骨骼肌 434 块。成年男子骨骼肌约占人体质量的 40%，女子为 35% 左右。人机工程学中主要研究骨骼肌的特性。

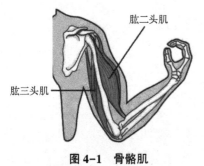

图 4-1　骨骼肌

肱二头肌

肱三头肌

神经对肌肉的控制有两种形式：一是通过感受器感受刺激，产生神经冲动，传导到神经中枢的脊髓，脊髓直接把神经冲动传递到中间神经元，是一种不经过大脑而传导到运动神经产生运动，如膝跳反射。另一种是脊髓把神经冲动传到大脑产生知觉，通过大脑加工后传递给运动神经，例如，我们痛觉的产生以及必要的动作。

（1）骨骼肌的物理特性

①收缩性　表现为肌肉纤维长度的缩短和张力的变化。静止状态的肌肉并不是完全休息放松的，其中少数运动部位的肌肉保持轻微的收缩（即保持一定的紧张度），用以维持人体的一定姿势；处于运动状态的肌肉，肌纤维明显缩短，肌肉周径增大，肌肉收缩时肌纤维长度比静止时缩短 1/3～1/2；

②伸展性　表现为肌肉受外力作用时被拉长，外力解除后，被拉长的肌纤维又可复原；

③弹性　表现为肌肉受压变形，外力解除即复原的线性特性；

④黏滞性　主要是由于肌肉内部含有胶状物质。气候寒冷时，肌肉的黏滞性增加；气温升高后，肌肉的黏滞性降低，因此可保证人动作的灵活性，避免肌肉拉伤。热身运动即针对骨骼肌的黏滞性而言，通过适量的运动提高肌肉的温度，使肌肉变得放松、柔软并有韧性，同时加快血液流动，促进养料运送，有助于使肌肉、肌腱和关节为更激烈的运动做好充分准备。

（2）肌肉所做的功和机械效率

肌肉在体内的功能，在于它们在受到刺激时能产生张力，借以完成躯体的运动或对抗某些外力的作用。当肌肉克服某一外力而缩短，或肌肉因缩短而牵动某一负荷物时，肌肉完成了一定量的机械功，其数值等于所克服的阻力（或负荷）和肌肉缩短长度的乘积。但肌肉在收缩时究竟是以产生张力为主，还是以表现缩短为主，以及收缩时能做多少功，则要看肌肉本身的机能状态和肌肉所遇到的负荷条件。

肌肉收缩时消耗的能量转变为功和热。肌肉作等长收缩时机械功为零，因而其化学反应能量全部转变为热；肌肉作非等长收缩时能量的一部分消耗于对外做机械功，另一部分转变为热能。肌肉对外所做机械功与其所消耗的总能量的比值称为机械效率。人的机械效率一般为25%~30%。人的机械效率不是常数，随肌肉活动条件而变化，其大小取决于肌肉活动时的负荷和收缩速度。适宜的负荷和适宜的收缩速度（约等于最大速度的20%）所获得的机械效率最高。

4.1.2　骨杠杆

人体有206块骨头，它们组成坚实的骨骼框架，从而可以支撑和保护肌体。骨骼系统的组成使得它可以容纳人体的其他组成部分并将其连接在一起。有的骨骼主要负责保护内部器官，如头骨覆盖着大脑起保护大脑的作用，胸骨将肺和心脏与外界隔绝起来保护心肺。而有的骨头，如长骨的上下末端，可以和其连接的肌肉产生肌体运动和活动。骨按其所在部位可以分为颅骨、躯干骨和四肢骨。

附着于骨的肌肉收缩时，牵动着骨绕关节运动，使人体形成各种活动姿势和操作动作。因此，骨是人体运动的杠杆。人机工程学中的动作分析都与这一功能密切相关。

肌肉的收缩是运动的基础，但是单有肌肉的收缩并不能产生运动，必须借助于骨杠杆的作用，方能产生运动。人体骨杠杆的原理和参数与机械杠杆完全一样，如图4-2所示。在骨杠杆中，关节是支点，肌肉是动力源，肌肉与骨的附着点称为力点，而作用于骨上的阻力（如自重、操纵力等）的作用点称为重点（阻力点）。

利用骨杠杆，可以把人的运动模型简化为一个力学模型，大大方便了研究。人体的活动，主要有下述三种骨杠杆的形式：

①平衡杠杆支点位于重点与力点之间，类似天平秤的原理。例如，通过颈关节调节头的姿势的运动，如图4-2（a）所示。

②省力杠杆重点位于力点与支点之间，类似撬棒撬重物的原理。例如，支撑腿起步抬

足跟时踝关节的运动，如图4-2(b)所示。

③速度杠杆力点在重点和支点之间，阻力臂大于力臂，例如，手执重物时肘部的运动，如图4-2(c)所示。此类杠杆运动在人体中较为普遍，虽用力较大，但其运动速度较快。

由机械学中的等功原理可知，利用杠杆省力不省功，得之于力则失之于速度（或幅度），即产生的运动力量大而范围就小；反之，得之于速度（或幅度）则失之于力，即产生的运动力量小，但运动的范围大。因此，最大的力量和最大的运动范围两者是矛盾的，在设计操纵动作时，必须考虑这一原理。

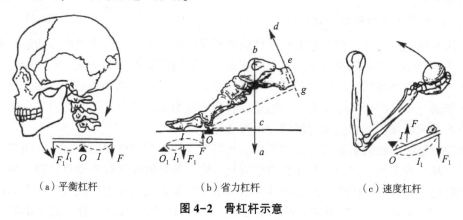

（a）平衡杠杆　　　　　　　（b）省力杠杆　　　　　　　（c）速度杠杆

图4-2　骨杠杆示意

4.2　人体生物力学模型

4.2.1　人体生物力学建模原理

生物力学模型是用数学表达式表示人体机械组成部分之间的关系。在这个模型中，肌肉骨骼系统被看作机械系统中的联结，骨骼和肌肉是一系列功能不同的杠杆。生物力学模型可以采用物理学和人体工程学的方法来计算人体肌肉和骨骼所受的力，通过这样的分析就能帮助设计者在设计时清楚工作环境中的危险并尽量避免这些危险。

生物力学模型的基本原理建立在牛顿的三大定律上：

①物体在无外力作用下会保持匀速直线运动或静止状态。

②物体的加速度跟所受的合外力大小成正比。

③两个物体之间的作用力和反作用力总是大小相等，方向相反，作用在一条直线上。

当身体及身体的各个部位没有运动时，可认为它们处于静止状态。处于静止状态的物体受力必须满足以下条件：作用在这个物体上的外力大小之和为零；作用在该物体上的外力的力矩之和为零。这两个条件在生物力学模型中起着至关重要的作用。

单一部位的静止平面模型（又称为二维模型），通常指的是在一个平面上分析身体的受力情况。静止模型认为身体或身体的各个部分如果没有运动就处于静止状态。单一物体的静止平面模型是最基础的模型，它体现了生物力学模型最基本的研究方法。复杂的三维模型和全身模型都建立在这个基本模型上。

4.2.2　前臂和手的生物力学模型

单一部位模型根据机械学中的基本原理孤立地分析身体的各个部位，从而能分析出相关关节和肌肉的受力情况。举例来说，一个人前臂平举，双手拿起 20kg 的物体，此时两手受力相等。如图 4-3 所示，物体到肘部的距离为 36cm。因为两手受力相同，图中只画出右手、右前臂和右肘的受力。

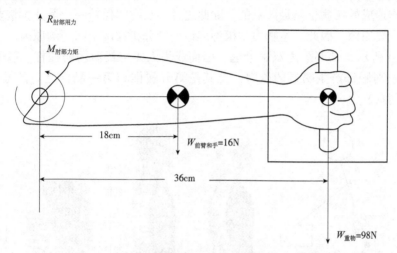

图 4-3　抓握物体时前臂和手的生物力学简化模型

可以根据机械原理分析肘部的力和转矩。首先，物体重力可根据以下公式计算：

$$W = mg$$

式中，W 是物体的重力（N）；m 是物体的质量（kg）；g 为重力加速度，一般按 9.8m/s^2 计。在这里，物体的重力是：

$$W = 20\text{kg} \times 9.8\text{m/s}^2 = 196\text{N}$$

如果物体的重心在两手之间，那么两手受力相等，每只手承受该物体一半的重力。故：

$$W_{每只手} = 98\text{N}$$

另外，通常情况下，一个成年工人的前臂重力为 16N，前臂的重心到肘部的距离为 18cm，肘部所用的力可通过以下公式计算。该公式意味着肘部所用的力必须是垂直方向并且大小足以对抗重物向下的力和前臂的重力。

$$\sum (肘部受力) = 0$$

$$-16\text{N} - 98\text{N} + R_{肘部用力} = 0$$

$$R_{肘部用力} = 114\text{N}$$

肘部力矩可用以下公式计算。即肘部产生的逆时针力矩要和物体及前臂在肘部产生的顺时针的力矩相等。

$$\sum (肘部总力矩) = 0$$

$$(-16\text{N}) \times (0.18\text{m}) + (-98\text{N}) \times (0.36\text{m}) + M_{肘部力矩} = 0$$

$$M_{肘部力矩} = 38.16N \cdot m$$

4.2.3 举物时腰部生物力学模型

有研究者估计，因为职业原因及其他不明原因，腰部疼痛问题可能会影响 50%~60% 的人口。

引起腰部疼痛的主要原因是用手进行的一些操作，如抬起重物、折弯物体、拧转物体等，这些动作造成的疾病也是最严重的。除此之外，长时间保持一个静止的姿势也是引起腰部问题的主要原因。因此，生物力学模型应该详细分析这两个问题的原因。

如图 4-4 所示，腰部距离双手最远，因而成为人体中最薄弱的杠杆。躯干的体重和货物重量都会对腰部产生明显的压力，尤其是第五腰椎和第一骶椎之间的椎间盘（又称 L5/S1 腰骶间盘）。

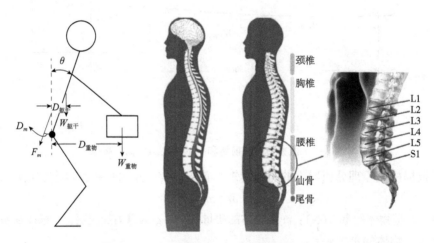

图 4-4 举物时腰部的生物力学静止平面模型

如果想对 L5/S1 腰骶间盘的反作用力和力矩进行精确的分析，需要采用多维模型，这种分析可参见肩部的反作用力和力矩的分析。同时还应该考虑横膈膜和腹腔壁对腰部的作用力。不过可以用单部位模型简单快速地估计腰部的受力情况。

如果某人的躯干重力为 $W_{躯干}$，抬起的重物重力为 $W_{重物}$，这两个重力结合起来产生的顺时针力矩为：

$$M_{货物和躯干重力} = W_{重物} \times D_{重物} + W_{躯干} \times D_{躯干}$$

式中，$D_{重物}$ 为重物到 L5/S1 腰骶间盘的水平上的距离；$D_{躯干}$ 为躯干重心到 L5/S1 腰骶间盘的水平上的距离。

这个顺时针力矩必须由相应的逆时针力矩来平衡。这个逆时针力矩是由背部肌肉产生的，其力臂通常为 5cm。即：

$$M_{背部肌肉} = F_{背部肌肉} \times 5(N \cdot cm)$$

因为要达到静力平衡，所以：

$$\sum (L5/S1\ 腰骶间盘力矩) = 0$$

即：

$$F_{背部肌肉} \times 5 = W_{重物} \times D_{重物} + W_{躯干} \times D_{躯干}$$

$$F_{背部肌肉} = W_{重物} \times D_{重物}/5 + W_{躯干} \times D_{躯干}/5$$

因为 $D_{重物}$ 和 $D_{躯干}$ 通常都大于 5，所以 $F_{背部肌肉}$ 都远远大于 $W_{躯干}$ 与 $W_{重物}$ 之和。比如，假设 $D_{重物} = 40\text{cm}$，$D_{躯干} = 20\text{cm}$，则有：

$$F_{背部肌肉} = W_{重物} \times 40/5 + W_{躯干} \times 20/5$$

$$= W_{重物} \times 8 + W_{躯干} \times 4$$

这个公式意味着在这个典型的举重情境中，背部受力是重物重力的 8 倍和躯干重力的 5 倍之和。假设某人躯干重力为 350N，抬起 300N 的重物，根据公式可以计算出背部的作用力为 3800N，这个力可能会大于人们可以承受的力。同样，如果这个人抬起 450N 的重物，则背部的作用力会达到 5000N，这个力是人们能承受的上限。据专家分析，正常人腰部的竖立肌可承受的力在 2200~5500N。

除了考虑背部受力之外，还必须考虑 L5/S1 腰骶间盘的受力。它的作用力和反作用力之和也必须为零。即：

$$\sum (L5/S1 \text{ 腰骶间盘受力}) = 0$$

将实际受力进行简化，如不考虑腹腔的力，则有以下公式：

$$F_{压力} = (W_{重物} + W_{躯干}) \cos\theta + F_{背部肌肉}$$

式中，θ 为铅垂线和脊柱的夹角（图 4-4），骶骨切线和腰骶间盘所受的压力互相垂直。

这个公式表明腰骶间盘所受的压力可能比肌肉的作用力更大。例如，假设 $\theta = 55°$，某人的躯干重力为 350N，抬起 450N 的重物，则有：

$$F_{压力} = (450 + 350) \times \cos 55° + 5000$$

$$= 458 + 5000 = 5458(\text{N})$$

大多数工人的腰骶间盘都无法承受这个压力水平。

在举起重物这类工作中，脊柱的作用力大小受很多因素的影响。分析主要考虑影响最显著的两个因素——货物的重力和货物的位置到脊柱重心的距离。其他比较重要的因素还有：躯体扭转的角度、货物的大小和形状、货物移动的距离等。对腰部受力情况建立比较全面和精确的生物力学模型，应该考虑所有这些因素。

4.3　人体的施力特征

4.3.1　人体主要关节活动范围

人体全身的骨与骨之间都通过一定的结构相连接，称为骨连接。骨连接分为直接连接和间接连接两类。直接连接依靠结缔组织、软骨或骨相互连接，如颅骨的连接。间接连接是膜性连接，具有缝隙，有较大的活动空间，也可以称为关节。

人体运动的范围通常受两个因素的影响，人的尺寸和关节活动的范围，也称可动域。这里主要介绍关节活动的范围。关节活动的范围通常用关节运动的角度来表现。关节活动的范围受关节的结构、关节附近的肌肉组织的情况、关节附近肌肉、韧带的弹性等因素的影响。

通常，关节活动的范围可以通过拉伸肌肉和相连的组织得到提高。缺乏灵活性的肌肉和组织会给运动带来限制，造成疲劳，从而影响工作的持久性，甚至对人体造成伤害。当然，过分增加关节的灵活性，会降低关节的稳定性，也可能会给人体造成伤害，特别是在足球、棒球等体育运动中。

（1）颈椎可动域

①前后方向　通过水平面与牙齿咬合面所构成的角度来测定，向前方曲折的角度为40°，向后方曲折的角度为75°。

②侧面方向　由两眼窝的连线与锁骨间连线所产生的角度来测定，约45°。

③扭转　颈椎的扭转角度由头部的矢状面与躯干的矢状面所构成的角度测定，左右各80°，合计为160°，如图4-5所示。

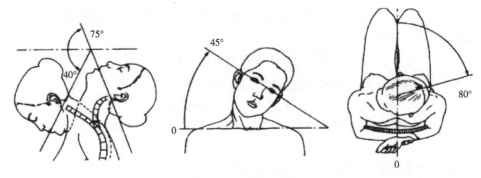

图4-5　颈椎可动域

（2）肩关节可动域

弯曲和伸展在矢状面上进行，而外转和内转则在冠状面上进行。肩关节的弯曲可动域约为90°，外转可动域为60°，超过此弯曲及外转可动域，则要分别增加胸锁关节、肩锁关节的活动。在躯干前面进行的内转是肩关节弯曲组合的结果。

肩关节水平面的弯曲和伸展可动域，要达到90°以上，就必须有胸锁关节、肩锁关节的参与，如图4-6所示。

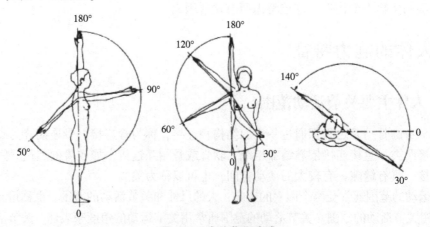

图4-6　肩关节可动域

（3）肘关节可动域

①前后方向　一般约为145°。

②扭转　以水平面为基准的扭转角度约为110°，如图4-7所示。

（4）小臂的内转、外转

小臂的内转、外转可由上下的桡尺关节进行。上桡尺关节的可动域约为175°，如图4-8所示。

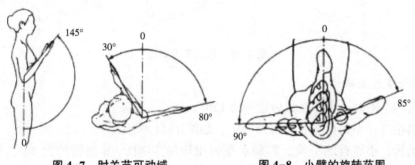

图4-7　肘关节可动域　　　　图4-8　小臂的旋转范围

（5）手腕关节可动域

手腕内转、外转的可动域，是连接手腕中央和中指的线与前臂长轴线延长线之间所产生的角度，其可动域约为60°。

手腕内转、外转的可动域，是连接手腕中央和中指的线与前臂长轴线延长线之间所产生的角度，其可动域约为60°。手腕弯曲、伸展的可动域，是前臂的长轴与手的运动轴间的角度，掌屈约85°，背屈约50°，如图4-9所示。

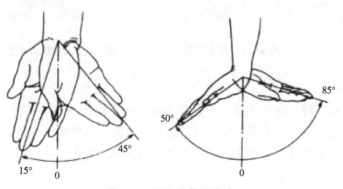

图4-9　手腕关节可动域

（6）股关节可动域

①前后方向　前面抬腿约为120°，后面抬腿约为20°。

②侧面方向　侧面抬腿约为90°。

③扭转　水平抬腿后小腿扭转约为90°，如图4-10所示。

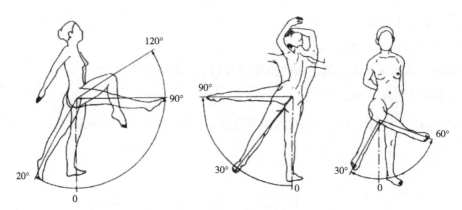

图 4-10　股关节可动域

（7）膝关节可动域

大腿自然下垂时，小腿自然后屈约为 120°。

大腿前抬时，小腿自然后屈约为 140°，如图 4-11 所示。

大腿前抬，小腿自然下垂，脚部水平内扭转约为 30°，外扭转约为 40°，如图 4-12 所示。

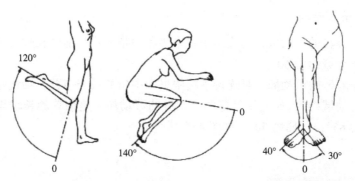

图 4-11　膝关节可动域　　　图 4-12　小腿的扭转可动域

（8）手指可动域

食指的内转和外转、掌指关节的弯曲可动域是：食指为 90°，中指、无名指、小指依顺序稍微变大。近位指节间关节的弯曲可动域也是有同样的倾向，小指是 135°，远位指节间关节的弯曲可动域则可以看作全部手指大体是相同的，如图 4-13 所示。

（9）踝关节、拇趾可动域

踝关节的弯曲为 30°~50°，而背屈为 25°~30°。

内翻是内转与外旋以及伸展的复合运动，外翻则是内旋和弯曲的复合运动。

脚趾的弯曲和伸展的可动，无论哪个脚趾都大体相同，如图 4-14 所示。

4.3.2　肢体的出力范围

人体的出力来源于肌肉的收缩，肌肉收缩时所产生的力，称为肌力。肌力的大小取决

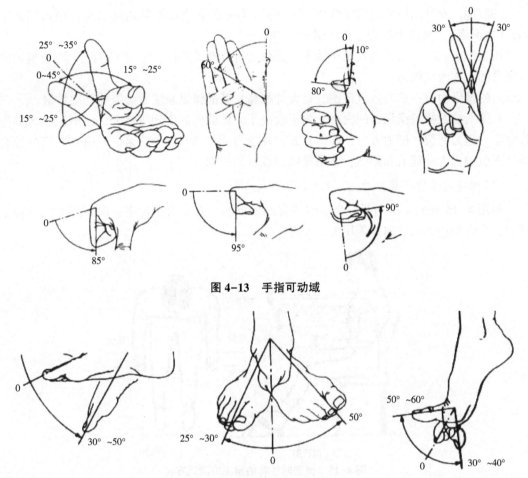

图 4-13 手指可动域

图 4-14 踝关节、拇趾可动域

于单个肌纤维的收缩力、肌肉中肌纤维的数量与体积、肌肉收缩前的初长度、中枢神经系统的机能状态、肌肉对发生作用的机械条件等生理因素。研究表明，一条肌纤维能产生100~200N 的力量，因而有些肌肉群产生的肌力可达上千牛顿。表 4-1 所列为我国中等体力的 20~30 岁青年男、女工作时，身体主要部位肌肉所产生的力。

表 4-1　人体所能发挥的操纵力（我国 20~30 岁）

肌肉的部位		力/N		肌肉的部位		力/N	
		男	女			男	女
手臂肌肉	左	370	200	手臂伸直时	左	210	170
	右	390	220		右	230	180
肱二头肌	左	280	130	拇指肌肉	左	100	80
	右	290	130		右	120	90
手臂弯曲时的肌肉	左	280	200	背部肌肉		1220	710
	右	290	210				

一般地，女性的肌力比男性低20%~35%；右手的肌力比左手约强10%；而习惯左手的人（左利者），其左手肌力比右手强6%~7%。

在生产劳动中，为了达到操作效果，操作者身体有关部位（手、脚及躯干等）所施出的一定量的力称为操纵力。

人的操纵力有一定的数值范围，是设计机械设备的操纵系统所必需的基础数据。

人体所能发挥的操纵力的大小，除了取决于人体肌肉的生理特性外，还取决于人的操作姿势、施力部位、施力方向、施力方式以及施力的持续时间等因素。只有在一定的综合条件下肌肉出力的能力和限度，才是操纵力设计的依据。

（1）坐姿时手臂的操纵力

如图4-15和表4-2所示，坐姿时手臂的操纵力，右手大于左手，向下用力大于向上用力，向内侧用力大于向外侧用力。

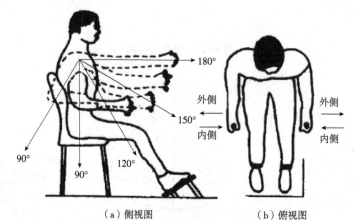

（a）侧视图　　　　　　（b）俯视图

图4-15　坐姿时手臂的操纵力测试方位

表4-2　坐姿时手臂的操纵力

手臂的角度/°	拉力		推力	
	左手	右手	左手	右手
	向后		向前	
180（向前平伸臂）	230	240	190	230
150	190	250	140	190
120	160	190	120	160
90（垂臂）	150	170	100	160
60	110	120	100	160
	向上		向下	
180	40	60	60	80
150	70	80	80	90
120	80	110	100	120
90	80	90	100	120
60	70	90	80	90

（续）

手臂的角度/°	拉力		推力	
	左手	右手	左手	右手
	向内侧		向外侧	
180	60	90	40	60
150	70	90	40	70
120	90	100	50	70
90	70	80	50	70
60	80	90	60	80

（2）立姿时手臂的操纵力

图4-16所示为直立姿势手臂伸直操作时，在不同方向、角度位置上拉力和推力的分布情况。手臂在肩下方180°位置上产生最大拉力，在肩上方0°位置产生最大推力。因此，推拉形式的操纵装置应尽量安装在上述能产生最大推、拉力的位置上。

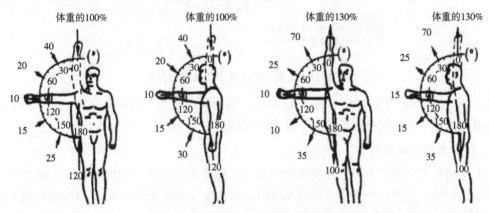

图4-16　立姿直臂时手臂操纵力的分布

图4-17所示为直立姿势手臂弯曲操作时，在不同方向、角度位置上的力量分布情况。前臂在自垂直朝上位置绕肘关节向下方转动大约70°位置上产生最大操纵力，这正是许多操纵装置（如车辆的转向盘）安装在人体正前上方的根据所在。

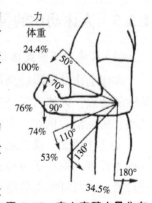

图4-17　直立弯臂力量分布

（3）坐姿时的足蹬力

坐姿时下肢不同位置上的蹬力大小如图4-18所示，图中的外围曲线就是足蹬力的界限，箭头表示用力方向。根据相关实验显示，脚产生的蹬力与膝部屈曲角度和体位有关，膝部屈曲140°~150°、下肢离开人体中心对称线向外偏转约10°时产生最大蹬力。

（4）手的握力

一般青年人右手平均瞬时最大握力为556N，左手平均瞬时最大握力为421N。右手能

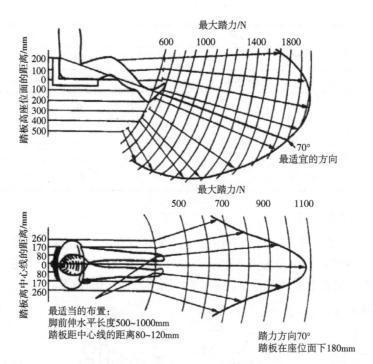

图 4-18　坐姿不同体位下的足蹬力分布

保持 1min 的握力平均为 275N，左手为 244N。握力大小还与手的姿势有关，手掌向上时的握力最大，手掌朝向侧面时次之，手掌向下时的握力最小。

（5）出力随时间衰减

人体的所有出力的大小都与持续时间有关，随着施力持续时间的延长，人的力量将迅速下降。例如，拉力由最大值衰减到 1/4 时，只需要 4min。任何人的出力衰减到最大值的 1/2 时的持续时间大体相同。

4.3.3　人体动作的灵活性与准确性

（1）人体动作的灵活性

人体动作的灵活性指操作时动作的速度和频率。人体的生物力学特性决定人体动作灵活性的特点。人体重量轻的部位比重的部位、短的部位比长的部位、肢体末端比主干部位的动作更灵活。例如，手比脚灵活、手指比肘部灵活等。

①动作速度　动作速度指的是肢体在单位时间内移动的距离。肢体动作速度的大小，在很大程度上取决于肢体肌肉收缩的速度。不同的肌肉，收缩速度不同，慢肌纤维的收缩速度慢，快肌纤维的收缩速度快。通常一块肌肉中既包含慢肌纤维，也包含快肌纤维，中枢神经系统可能时而使慢肌纤维收缩，时而使快肌纤维收缩，从而改变肌肉的收缩速度。肌肉收缩速度还取决于肌肉收缩时所发挥的力量与遇到阻力的大小，发挥的力量越大，外部的阻力越小，则收缩速度越快。操纵动作的速度还取决于动作的方向和轨迹。

人的肢体运动速度，可以从每秒几毫米到每秒 800mm。一般情况下，手臂的动作速度平均为 50~500mm/s，手的动作速度以 350mm/s 为上限，控制操纵杆位移的动作速度以 90~170mm/s 为宜。人体的动作速度有以下规律：

a. 人体躯干和肢体在水平面的运动比在垂直面的运动速度快。

b. 直方向的操纵动作，从上往下的运动速度比从下往上的运动速度快。

c. 水平方向的操纵动作，前后运动速度比左右运动快，旋转运动比直线运动更灵活。

d. 顺时针方向的操纵动作比逆时针方向的操纵动作速度更快，更加符合习惯。

e. 一般人的手操纵动作，右手比左手快；而右手的动作，向右运动比向左运动快。

f. 向身体方向的运动比离开身体方向的运动速度更快，但后者的准确性高。

②动作频率　动作频率指单位时间内动作重复的次数。操纵动作的频率与操作方式、动作部位与受控机构的形状和种类、受控部件的尺寸和质量等因素有关，如打字员敲击键盘的动作频率。人体各部位的最大动作频率参见表4-3。手柄长度与最大动作频率的关系见表4-4。

表 4-3　人体各部位的动作频率

动作部位	最大动作频率/min	动作部位	最大动作频率/min
手指敲击	180~300	前臂屈伸	180~390
手抓取	360~420	大臂前后摆动	99~340
手打击	右 300~800，左 510	足蹬踏(以足跟为支点)	300~380
手推压	右 390，左 300	腿抬放	300~400
手旋转	右 300，左 360		

表 4-4　手柄长度与最大动作频率

手柄长度/mm	30	40	60	100	140	240	580
最大动作频率/min	26	27	27.5	25.5	23.5	18.5	14

（2）人体动作的准确性

人体动作的准确性可根据动作方向、动作位移、动作速度和动作力量四个要素的量值及其相互之间的配合是否恰当来评价，如体育运动中投篮动作的准确性。动作方向必须正确，动作位移必须适当，才能产生准确的操纵动作。

手臂伸出和收回动作的准确性与动作量有关，动作位移小（100mm 以内）时，容易有运动过多的倾向，动作误差较大；动作位移较大（100~400mm）时，容易有运动过小的倾向，动作误差显著减小。另外，向外伸出要比向内收回动作更准确。

动作的速度平稳柔和，容易产生准确的操纵动作；急剧粗猛的动作，往往速度发生突变，结果导致操纵动作不准确。

动作力量指的是肢体运动遇到阻力时所能提供的力量。按照动作力量的大小，可分为有力动作和无力动作两种情况。有力动作是指有足够的均匀增长的力量和速度的动作，能克服强大的阻力，操纵动作容易控制准确。无力动作是指没有足够的力量和速度的动作，这种动作常常是不准确的。

关于人体动作的方向定位，最准确的方位是正前方手臂部水平的下侧，最不准确的方位是侧面，一般右侧比左侧准确，下部比中部准确，中部比上部准确。用双手同时均匀地操作时，双手直接在身前活动的定位准确性最高。

4.4　合理施力的设计思路

4.4.1　避免静态肌肉施力

肌肉收缩产生肌力的过程称为肌肉施力。肌肉施力需要的能量是通过血液运输到相应肌肉组织，所以在静息和工作状态下肌肉对血液的需求量有很大的差别。肌肉施力有两种方式：一种是静态肌肉施力，另一种是动态肌肉施力。静态肌肉施力则是持续保持收缩状态的肌肉运动形式，动态肌肉施力就是肌肉运动时收缩和舒张交替改变，这两种施力方式的根本区别在于它们对血液流动的影响不同，如图4-19和图4-20所示。在动态施力的情况下，肌肉的收缩和舒张确保了血液交换供给的平衡；在静态施力的情况下，血液的供给量远小于血液的需求量，肌肉无法从血液中获得糖和氧，不能迅速排除代谢废物。

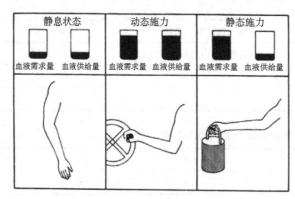

图4-19　肌肉施力示意

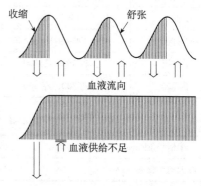

图4-20　肌肉施力血液供给

提高人体作业的效率，一方面要合理使用肌力，降低肌肉的实际负荷；另一方面要避免静态肌肉施力。避免静态肌肉施力是人体工程学的基本原则。表4-5是人体静态作业的症状。

表4-5　静态作业与人体的症状

作业姿势	可能疼痛的部位	作业姿势	可能疼痛的部位
固定站于一个位置	腿和脚，静脉曲张	坐或站时弯背	腰，椎间盘症状
座位无背靠	背部的伸肌	手水平或向上伸直	肩和手臂，肩周炎
座位太低	肩和颈	过分低头或仰头	颈，椎间盘症状
座位太高	膝关节，小腿，脚	不自然抓握工具	前臂，腱部炎症

无论是设计机器设备、仪器、工具，还是进行作业设计和工作空间设计，都应遵循避免静态肌肉施力这一人机工程学的基本设计原则。例如，应避免使操作者在控制机器时长时间地抓握物体。当静态施力无法避免时，肌肉施力的大小应低于该肌肉最大肌力的

15%。在这一动态作业中，如果作业动作是简单的重复性动作，则肌肉施力的大小也不得超过该肌肉最大肌力的30%。

避免静态肌肉施力的几个设计要点如下：

①避免弯腰或其他不自然的身体姿势，例如，斜挎包和手提包比双肩包更容易引起脊柱弯曲，如图4-21所示。当身体和头向两侧弯曲造成多块肌肉静态受力时，其危害性大于身体和头向前弯曲所造成的危害性。

②避免长时间地抬手作业，抬手过高不仅引起疲劳，而且降低操作精度和影响人的技能发挥，在图4-22中，操作者的右手和右肩的肌肉静态受力容易疲劳，操作精度降低，工作效率受到影响。只有重新设计，使作业面降到肘关节以下，才能提高作业效率，保证操作者的健康。

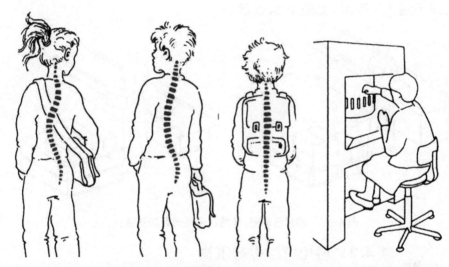

图4-21　不同背包姿势下的脊柱形态　　　图4-22　不自然的身体姿势

③坐着工作比立着工作省力。工作椅的座面高度应调到使操作者能十分容易地改变立和坐的姿势的高度，这就可以减少起立和坐下时造成的疲劳，尤其对于需要频繁走动的工作，更应如此设计工作椅。

④双手同时操作时，手的运动方向应相反或者对称运动，单手作业本身就造成背部肌肉静态施力。另外，双手做对称运动有利于神经控制。

⑤作业位置(座台的台面或作业的空间)高度应按工作者的眼睛和观察时所需的距离来设计。观察时所需要的距离越近，作业位置应越高，如图4-23所示。由图可见，作业位置的高度应保证工作者的姿势自然，身体稍微前倾，眼睛正好处在观察时要求的距离。图中还采用了手臂支撑，以避免手臂肌肉静态施力。

⑥常用工具如钳子、手柄、工具和其他零部件、材料等，都应按其使用的频率或操作频率安放在人的附近。最频繁的操作动作，应该在肘关节弯曲的情况下就可以完成。为了保证手

图4-23　适应视觉的姿势

的用力和发挥技能，操作时手最好距眼睛 25~30cm，肘关节呈直角，手臂自然放下。

⑦当手不得不在较高位置作业时，应使用支撑物来托住肘关节、前臂或者手。支撑物的表面应为毛布或其他较柔软而且不凉的材料。支撑物应可调，以适合不同体格的人。脚的支撑物不仅应能托住脚的重量，而且应允许脚做适当的移动。

⑧利用重力作用。当一个重物被举起时，肌肉必须举起手和臂本身的重量。所以，应当尽量在水平方向上移动重物，并考虑到利用重力作用。有时身体重量能够用于增加杠杆或脚踏器的力量。在有些工作中，如油漆和焊接，重力起着比较明显的作用。在顶棚上旋螺钉要比在地板上旋螺钉难得多，这也是重力作用的原因。

当要从高到低改变物体的位置时，可以采用自由下落的方法。如是易碎物品，可采用软垫。也可以使用滑道，把物体的势能改变为动能，同时在垂直和水平两个方向上改变物体的位置，以代替人工搬移，如图 4-24 所示。

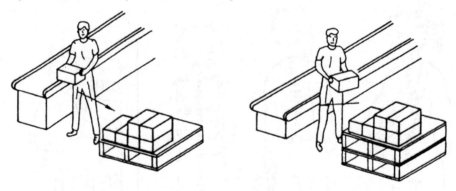

图 4-24　卸货示意图(保持从高到低装卸货物)

4.4.2　避免弯腰提起重物

颈椎
胸椎
腰椎
仙椎

图 4-25　人的脊柱

人的脊柱为"S"曲线形，12 块胸椎骨组成稍向后凹的曲线，5 块腰椎骨连接成向前凸的曲线，每两块脊椎骨之间是一块椎间盘，如图 4-25 所示。由于脊柱的曲线形态和椎间盘的作用，使整个脊柱富有一定的弹性，人体跳跃、奔跑时完全依靠这种曲线结构来吸收受到的冲击能量。

脊柱承受的重量负荷由上至下逐渐增加，第 5 块腰椎处负荷最大。人体本身就有负荷加在腰椎上，在作业时，尤其在提起重物时，加在腰椎上的负荷与人体本身负荷共同作用，使腰椎承受了极大的负担，因此人们的腰椎病发病率极高。

用不同的方法来提起重物，对腰部负荷的影响不同。如图 4-26 所示，直腰弯膝提起重物时椎间盘内压力较小，而弯腰直膝提起超重物会导致椎间盘内压力突然增大，尤其是椎间盘的纤维环受力极大。如果椎间盘已有退化现象，则这种压力急剧增加最易引起突发性腰部剧痛。所以，在提起重物时必须掌握正确的方法。因为弯腰改变了腰脊柱的自然曲线形态，不仅加大了椎间盘的负荷，而且改变了压力分布，使椎间盘受压不均，前缘压力大，向后缘方向压力逐渐减小，这就进一步恶化了纤维环的受力情况，成为损伤椎间盘的主要原因之一。另外，椎间盘内的黏液被挤压到压力小的一端，液体可能渗漏到脊神经束上去。总之，提起重物时必须保持直腰姿势。人们经过长期的劳动实践和科学研究总结了一套正确的提重方法，即直腰弯膝。

Hettinger 在研究手工播种时发现，手提篮子播种 30min 后心率增加量比挎着篮子播种 30min 后心率增加量要多。可见，心脏负荷增加时手提篮子造成的静态施力的结果，如图 4-27 所示。

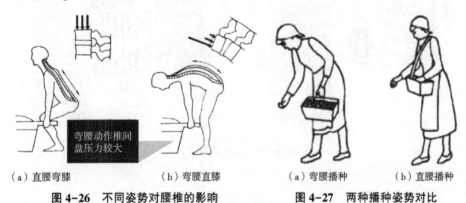

（a）直腰弯膝　　　（b）弯腰直膝

图 4-26　不同姿势对腰椎的影响

（a）弯腰播种　　　（b）直腰播种

图 4-27　两种播种姿势对比

4.4.3　设计合理的工作台

搬运放在地上或比较接近地面的大型货物的危害性最大，因为工人在搬运这些货物时，躯体必须向前弯曲，这样会明显增大腰部椎间盘的压力。所以，大型货物的高度不应低于工人大腿中部，图 4-28 举例说明了可以采用可升降的工作台帮助工人搬运大型货物。升降平台不仅可以减少工人举起货物过程中的竖直距离，而且还可以减少水平距离的影响。

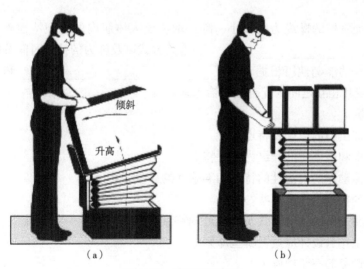

（a）　　　　　　　　（b）

图 4-28　可升降工作台

设计者在设计时应尽量减少躯体扭转的角度。图 4-29 表明，一个非常简单但又是经过精心修改过的工作台设计，可以消除工人在操作过程中不必要的躯体扭转，从而可以明显减少工人的不适和受伤的可能性。例如，为减少躯体扭转角度，在设计举重物任务时应该使工人在正前方可以充分使用双手并且双手用力平衡。

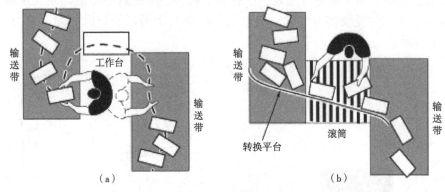

图 4-29　工作场所设计

练习题

一、填空题

1. 人体的活动，主要有下述三种骨杠杆的形式：_____、_____、_____。

2. _____距离双手最远，因而成为人体中最薄弱的杠杆。躯干的体重和货物重量都会对腰部产生明显的压力，尤其是_____和_____之间的椎间盘（又称 L5/S1 腰骶间盘）。

3. 人体运动的范围通常受两个因素的影响，人的尺寸和关节活动的范围，也称_____。

4. 人体所能发挥的操纵力的大小，除了取决于人体肌肉的生理特性外，还取决于人的_____、_____、_____、施力方式以及施力的持续时间等因素。

5. 人体动作的准确性可根据_____、_____、_____和_____四个要素的量值及其相互之间的配合是否恰当来评价。

二、简答题

1. 简述人体出力的原理及特点。

3. 简述立姿和坐姿时的操纵力主要特点。

4. 简述人体动作的灵活性的特点和准确性的评价因素。

5. 骨骼肌的物理特性有哪些？

6. 举例说明关节的运动形式及活动范围特点。

7. 合理的工作台设计应遵循哪些原则？

8. 怎么样避免静态肌肉施力？

9. 为什么不能弯腰提起重物？

三、讨论题

1. 试以某一产品为例说明在设计中如何考虑人体关节自由度和活动范围。

2. 针对人体疲劳问题，查阅有关资料，从人体工程学的角度结合一个专题撰写一篇有关减少疲劳，提高工作效率的小论文。

四、实验

利用握力器测量手的瞬时握力，并与本教材中的相关参数进行对比。

第 5 章　人的感觉机能及其特征

5.1　视觉机能及其特征

5.1.1　视觉刺激

　　视觉是人与周围世界发生联系最重要的感觉通道，人对于外部世界的信息有 80% 以上是通过视觉获得的，视觉是各种环境因子对视器官的刺激作用。人的眼球是视觉器官，眼球的功能就像照相机一样，以晶状体为镜头，视网膜为胶片，为人脑拍下了一张张生动的照片。

　　视觉的适宜刺激是光。光是放射的电磁波，呈波形的放射电磁波组成广大的光谱，其波长差异极大。人类视力所能接受的光波只占整个电磁光谱的一小部分。在可见光谱上，人会知觉到紫色、蓝色、绿色、黄色直至红色等色彩，如果将各种不同波长的光混合起来则产生白色。光谱上的光波波长小于 380nm 的一段称为紫外线，光波波长大于 780nm 的一段称为红外线。这两部分波长的光都不能引起人的视觉，电磁波谱如图 5-1 所示。

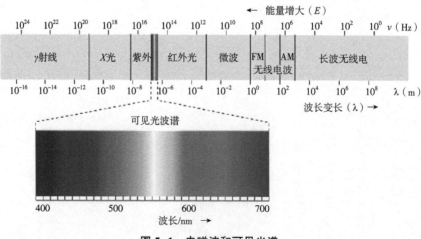

图 5-1　电磁波和可见光谱

5.1.2　视觉系统

视觉是由眼睛、视神经和视觉中枢等共同活动完成的。人的视觉系统主要是一对眼睛，它们各由一支视神经与大脑视神经表层相连。连接两眼的两支视神经在大脑底部视觉交叉处相遇，在交叉处视神经部分交叠，然后再终止到和眼睛相反方向的大脑视神经表层上。这样，可使两眼左边的视神经纤维终止到大脑左边的视神经皮层上；而两眼右边的视神经纤维终止到大脑右视神经皮层上。由于大脑两半球对于处理各种不同信息的功能并不都相同，就视觉系统的信息而言，在分析文字上，左半球较强，而对于数字的分辨，右半球较强；而且视觉信息的性质不同，在大脑左、右半球上所产生的效应也不同。因此，当信息发生在极短时间内或者要求做出非常迅速的反应时，上述视神经的交叉就起了很重要的互补作用。

眼睛是视觉的感受器官，其基本构造与照相机类似，人眼是直径为 21~25mm 的球体。光线由瞳孔进入眼中，瞳孔的直径大小由有色的虹膜控制，使眼睛在更大范围内适应光强的变化。在眼球内约有 2/3 的内表面覆盖着视网膜，它具有感光作用，但视网膜各部位的感光灵敏度并不完全相同，其中央部位灵敏度较高，越到边缘就越差。落在中央部位的映像清晰可辨，而落在边缘部分则不甚清晰。眼睛还有 6 块肌肉能对此做调整，因而转动眼球便可审视全部视野，使不同的映像可迅速依次落在视网膜中灵敏度最高处。两眼同时视物，可以得到在两眼中间同时产生的映像，它能反映出物体与环境间相对的空间位置，因而眼睛能分辨出三维空间，眼睛结构如图 5-2 所示。

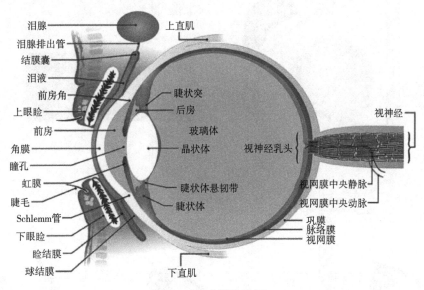

图 5-2　人眼构造图

进入的光线通过起"透镜"作用的晶状体聚焦在视网膜上，眼睛的焦距是依靠眼周肌肉调整晶状体的曲率来实现的，同时因视网膜感光层是个曲面，能用于补偿晶状体曲光率的调整，从而使聚焦更为迅速而有效，形成视觉的过程如图 5-3 所示。

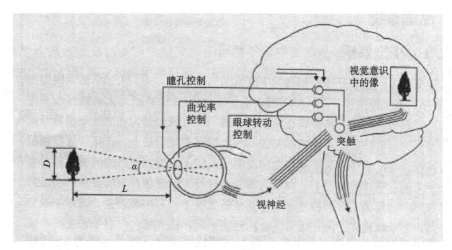

图 5-3　形成视觉的过程

　　可穿戴智能眼镜的核心是一个微型的投影仪，人的视网膜相当于成像的屏幕，投影仪将影像投射到棱镜上，通过折射在人的视网膜上聚焦，在现实世界的景象上叠加投射的影像。这类智能眼镜、AR/VR 的技术原理如图 5-4 所示。

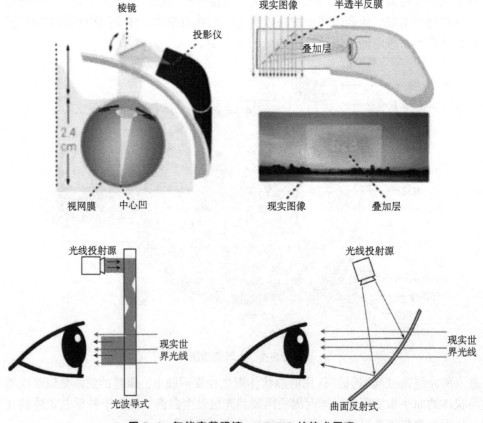

图 5-4　智能穿戴眼镜、AR/VR 的技术原理

5.1.3　视觉机能

（1）视角与视力

视角是确定被看物尺寸范围的两端点光线射入眼球的相交角度，眼睛能分辨被看物体最近两点的视角，称为临界视角。视角的大小与观察距离及被看物体上两端点的直线距离有关，可用下式表示：

$$\alpha = 2\arctan\frac{D}{2L}$$

式中，α 为视角；D 为被看物体上两端点的直线距离；L 为眼睛到被看物体的距离。

视力是眼睛分辨物体细微结构能力的一个生理尺度，以临界视角的倒数来表示，即：

视力＝1/能够分辨的最小物体的视角

检查人眼视力的标准规定，当临界视角为1分时，视力等于1.0，此时视力为正常，当视力下降时，临界视角必然要大于1分，于是视力用相应的小于1.0的数值表示。视力的大小还随年龄、观察对象的亮度、背景的亮度以及两者之间亮度对比度等条件的变化而变化。

（2）视野与视距

视野是指人的头部和眼球固定不动的情况下，眼睛观看正前方物体时所能看得见的空间范围，常以角度来表示。视野的大小和形状与视网膜上感受器的分布状况有关，可以用视野计来测定视野的范围。正常人两眼的视野如图5-5所示。

在水平面内的视野是：双眼视区大约在左右60°以内的区域，在这个区域里还包括字、字母和颜色的辨别范围，辨别字的视线角度为10°~20°；辨别字母的视线角度为5°~30°，在各自的视线范围以外，字和字母趋于消失。对于特定的颜色的辨别，视线角度为30°~60°。人的最敏锐的视力是在标准视线每侧1°的范围内；单眼视野界限为标准视线每侧94°~104°，如图5-5（a）所示。

在垂直平面的视野是：假定标准视线是水平的，定为0°，则最大视区为视平线以上50°和视平线以下70°。颜色辨别界限为视平线以上30°，视平线以下40°；实际上人的自然视线是低于标准视线的，在一般状态下，站立时自然视线低于水平线10°，坐着时低于水平线15°；在很松弛的状态中，站着和坐着的自然视线偏离标准线分别为30°和38°。观看展示物的最佳视区在低于标准视线30°的区域里，如图5-5（b）所示。

视距是指人在操作系统中正常的观察距离。一般操作的视距范围在38~76cm。视距过远或过近都会影响认读的速度和准确性，而且观察距离与工作的精确程度密切相关，因而应根据具体任务的要求来选择最佳的视距。表5-1给出了推荐采用的几种工作任务的视距。

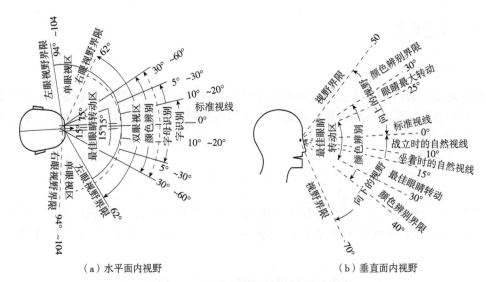

（a）水平面内视野 （b）垂直面内视野

图 5-5 人的水平视野和垂直视野

表 5-1 几种工作任务视距的推荐值

任务要求	举例	视距离（眼至视觉对象）/cm	固定视野直径/cm	备注
最精细的工作	安装最小部件（表、电子元件）	12~25	20~40	完全坐着，部分地依靠视觉辅助手段（小型放大镜、显微镜）
精细工作	安装收音机、电视机	25~35（多为30~32）	40~60	坐或站
中等粗活	在印刷机、钻井机、机床旁工作	50以下	至80	坐或站
粗活	包装、粗磨	50~150	30~250	多为站着
远看	看黑板	150以上	250以上	坐或站

（3）中央视觉和周围视觉

在视网膜上分布着视锥细胞多的中央部位，其感色力强，同时能清晰分辨物体，用这个部位视物的称为中央视觉；视网膜上视杆细胞多的边缘部位感受多彩的能力较差或不能感受，故分辨物体的能力差。但由于这部分的视野范围广，故能用于观察空间范围和正在运动的物体，称其为周围视觉，如图 5-6 所示。

在一般情况下，既要求操作者的中央视觉良好，同时也要求其周围视觉正常。而对视野各方面都缩小到 10° 以内者称为工业盲。两眼中心视力正常而有工业盲视野缺陷者，不宜从事驾驶飞机、车、船、工程机械等要求具有较大视野范围的工作。

（4）双眼视觉和立体视觉

当用单眼视物时，只能看到物体的平面，即只能看到物体的高度和宽度。若用双眼视物时，具有分辨物体深浅、远近等相对位置的能力，形成所谓立体视觉。立体视觉产生的原因主要是同一物体在两视网膜上所形成的像并不完全相同，右眼看到物体的右侧面较

（a）中央视觉　　　　　　　　　　　（b）周围视觉

图5-6　中央视觉与周边视觉

多，左眼看到物体的左侧面较多，其位置虽略有不同，但又在对称点的附近。最后，经过中枢神经系统的综合，而得到完整的立体视觉。

立体视觉的效果并不全靠双眼视觉，如物体表面的光线反射情况和阴影等，都会加强立体视觉的效果。此外，生活经验在产生立体视觉效果上也起一定作用。例如，近物色调鲜明，远物色调变淡，极远物似乎是蓝灰色。工业设计与工艺美术中的许多平面造型设计颇有立体感，就是运用这种生活经验结果。

（5）色觉与色视野

视网膜除能辨别光的明暗外，还有很强的辨色能力，可以分辨出180多种颜色。人眼的视网膜可以辨别波长不同的光波，在波长为380~780nm的可见光谱中，光波波长只相差3nm，人眼即可分辨，但主要是红、橙、黄、绿、青、蓝、紫等七色。人眼区别不同颜色的机理，常用光的"三原色学说"解释，该学说认为红、绿、蓝（或紫）为三种基本色，其余的颜色都可由这三种基本色混合而成；并认为在视网膜中有三种视锥细胞，含有三种不同的感光素分别感受三种基本颜色。当红光、绿光、蓝光（或紫光）分别入眼后，将起三种视锥细胞对应的光化学反应，每种视锥细胞发生兴奋后，神经冲动分别由三种视神经纤维传入大脑皮层视区的不同神经细胞，即引起三种不同的感觉。当三种视锥细胞受到同等刺激时，引起白色的感觉。

缺乏辨别某种颜色的能力，称为色盲。辨别某种颜色的能力较弱，则称色弱。有色盲或色弱的人，不能正确地辨别各种颜色的信号，不宜从事飞行员、车辆驾驶员以及各种辨色能力要求高的工作，如图5-7所示。另外，由于各种颜色对人眼的刺激不同，人眼的色觉视野也就不同，图5-8在正常亮度条件进行实验，结果表明人眼对白色的视野最大，对黄色、蓝色、红色的视野依次减小，而对绿色的视野最小。

（6）暗适应和明适应

当光和亮度不同时，视觉器官的感受性也不同，亮度有较大变化时，感受性也随之变化。视觉器官的感受性对光刺激变化的相顺应性称为适应。人眼的适应性分为暗适应和明适应两种。当人从亮处进入暗处时，刚开始看不清物体，而需要经过一段适应的时间，才

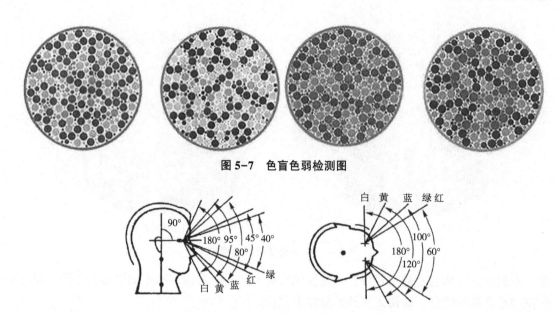

图 5-7　色盲色弱检测图

图 5-8　人的色视野

能看清物体，这种适应过程称为暗适应。暗适应过程开始时，瞳孔逐渐放大，进入眼睛的光能量增加。同时对弱刺激敏感的视杆细胞也逐渐转入工作状态，由于视杆细胞转入工作状态的过程较慢，因而整个暗适应过程大约需 30min 才能趋于完成。与暗适应情况相反的过程称为明适应。明适应过程开始时，瞳孔缩小，使进入眼中的光通量减少，人眼感受性迅速降低；同时转入工作状态的视锥细胞数量迅速增加，因为对较强刺激敏感的视锥细胞反应较快，因而明适应过程在开始的 30s 内变化很快，30s 之后变化很缓慢，大约 1min 后明适应过程就趋于完成。暗适应和明适应曲线如图 5-9 所示。

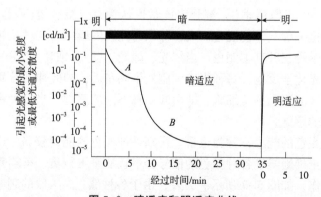

图 5-9　暗适应和明适应曲线

　　人眼虽具有适应性的特点，但当视野内明暗急剧变化时，眼睛却不能很好适应，从而会引起视力下降。另外，如果眼睛需要频繁地适应各种不同亮度时，不但容易产生视觉疲劳，影响工作效率，而且也容易引起事故。为了满足人眼适应性的特点，要求工作面的光亮度均匀而且不产生阴影；对于必须频繁改变亮度的工作场所，可采用缓和照明或佩戴一段时间有色眼镜，以避免眼睛频繁地适应亮度变化而引起视力下降和视觉过早疲劳。

（6）眩光

①眩光的分类　除了明适应与暗适应，眩光也会给人们的工作和生活带来各种负面影响。眩光通常分为以下两种。

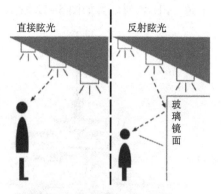

图 5-10　直接眩光和反射眩光

a. 直接眩光　是在观察物体的方向或在接近视线方向内存在发光体所产生的眩光。由自然光或人工光源直接照射眼睛所引起的眩光称为直接眩光。如图 5-10 所示。

b. 反射眩光　是由人眼视野当中的各类物体表面的反射光源所引起的眩光称为反射眩光。

②眩光的影响　眩光在工作和生活当中所造成的危害是比较大的。眩光能够使人的瞳孔迅速地缩小，而在视野范围内，亮度一定的条件下，眩光会降低视网膜照度，从而影响人的视力。视网膜照度是指光线到达视网膜后，视网膜上面的被照明区域的照度。

由于眩光在眼球内散射而减弱了被看对象与背景间的对比度，这对于被看对象和背景的区分与识别会产成不利的影响。

视觉细胞受到强光的刺激会引起大脑皮层细胞间产生相互作用，而这种相互作用和相互干扰也会影响到被看对象的清晰度，影响人的视觉感知能力。

③减少眩光的设计方法　在设计当中减少眩光对于提高工作的效率，以及保障安全和增进舒适性等都是非常重要的，减少眩光的方式如图 5-11 所示。

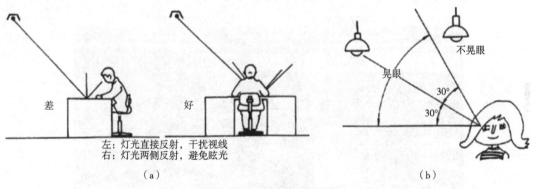

图 5-11　减少眩光的方式

a. 减少直接眩光　减少引起眩光的高亮度的面积；增大视线与眩光光源之间的夹角；提高眩光光源周边区域的亮度。

b. 减少反射眩光　降低光源本身的亮度；改变光源的位置；改变作业对象的位置；使反射光源避开人的眼睛；改变物体表面的光洁程度来减少反射量；提高周围环境的亮度，减弱反射物与背景间的亮度对比。

丹麦设计师保罗·汉宁森（Poul Henningsen，1894—1967）设计的 PH 系列灯具完美体现了科学与艺术的统一。PH 系列灯具将等角螺旋线的特性应用在灯罩的形状上并且对灯罩进行了表面处理，灯泡位于等角螺旋线的焦点，所有的光线都必须经过一次反射才能达到工作面，获得了柔和均匀的照明效果，人从任何角度均不能看到光源，避免了眩光刺激眼睛，PH 系列灯具如图 5-12 所示。

图 5-12 PH 系列灯具

5.1.4 视觉特征

从人眼的生理结构和视觉的机能出发，可以归纳出以下视觉特性：

①眼睛沿水平方向运动要比沿着垂直方向运动快而且不易疲劳。所以在设定相关视觉对象时，按照水平方向设置会优于按照垂直方向设置。中央控制室的信息屏也多是按照横向布置的，这样有利于工作人员对信息的快速搜索定位，如图 5-13 所示。

图 5-13 中央控制室的信息屏设置

②视觉的变化总是习惯于从左到右、从上到下和按照顺时针的方向进行运动。在视觉界面设计过程中，按照从左到右、从上到下（文字阅读的一般顺序或"Z"形动线）以及顺时针方向的视线变化顺序来进行相关视觉信息的设计与排布，可以减少人的视觉负担，提高阅读的效率。例如，信息量较大且图文兼具的网页设计，如果符合视觉运动特征，则能够避免视线混乱，从而提高人们的浏览体验，海报设计和网页设计如图 5-14 和图 5-15所示。

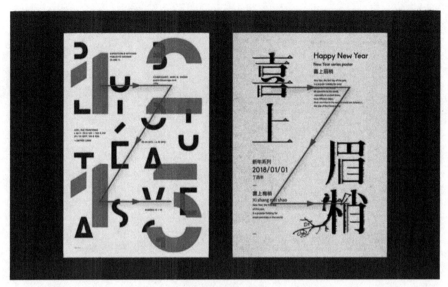

图5-14 海报设计

图5-15 网页设计

③人眼对于水平方向的尺寸和比例的估计准确性要高于垂直方向上的判断水平。这告诉设计师在设计的过程中对于需要确认信息的情况，横向的信息排布会优于纵向的信息排布，如图5-16所示的汽车仪表盘设计。

④当眼睛偏离视觉中心且偏离距离相等时，人眼对于左上方的观察是最优的，其次是右上方，对于左下和右下两个方向上的观察能力相对较差。所以对于一些重要的信息应该按照这样的原则，尽量将其放在显示页面的上部，以利于人们对所需信息的有效捕捉。

⑤由于人的生理结构原因，两只眼睛的运动总是协调和同步的。因此，在设计的过程中都是以双眼视野来作为设计依据的。

⑥人眼对于物体轮廓的辨识，直线的轮廓会优于曲线的轮廓，特别是需要快速和准确识别的时候，直线轮廓的辨识度明显地优于曲线的轮廓。当然这是从人机的角度来进行讨

图 5-16　汽车仪表盘设计

论的, 在具体的设计过程中, 并不是说直线就会在所有的条件下优于曲线, 还得根据设计的对象和需要达到的目的来进行具体的分析。

⑦颜色的对比与人眼的辨色能力有一定的关系。当人站在远处辨认颜色时, 更容易辨认的色彩的顺序是红色、绿色、黄色和白色。也就是说, 当人站在远处时最先看到的颜色通常是红色, 所以很多紧急的、危险的信号、标志都设计为红色, 如图 5-17 所示。

图 5-17　交通标志

当两种颜色搭配时, 更容易辨别的首先是黄底黑字, 其次是黑底白字, 然后是蓝底白字以及白底黑字。所以我们经常看见一些交通的标志(图 5-18), 使用黄底黑字, 这样有利于驾驶员在驾车的过程中快速地识别相关的信息。对象与背景的色彩搭配及辨识度比较如图 5-19 所示。

图 5-18　常见交通标志

图 5-19　对象和背景的色彩搭配及辨识度比较

5.2　听觉机能及其特征

听觉是仅次于视觉的重要感觉，其适宜的刺激是声音。如图 5-20 所示为声音产生的过程和途径，振动的物体是声源，振动在弹性介质(气体、液体、固体)中以波的方式进行传播，所产生的弹性波称为声波，一定频率范围的声波作用于人耳就产生了听觉。外界的声波通过外耳道传到鼓膜，引起鼓膜的振动，进而以机械能形式的声波在此处转变为听神经纤维上的神经冲动，然后被传送到大脑皮层听觉中枢，从而产生听觉。

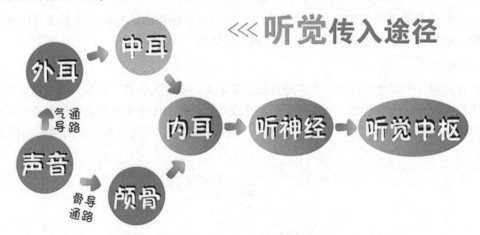

图 5-20　声音产生的过程和途径

人的听觉器官具备分辨声音的强弱以及环境中声音大小和方向的功能。外界的声波通过外耳道传递到鼓膜引起鼓膜的振动，随后经过听骨链(听骨链是由锤骨、砧骨和镫骨构成的)的传递引起耳蜗中的淋巴液和基底膜振动，使耳蜗柯蒂氏器官的毛细胞产生兴奋。这种振动的机械能转变为听神经纤维上的神经冲动，然后被传送到大脑皮层的听觉中枢，从而产生听觉。这是听觉产生的生理过程。人的听觉系统如图 5-21 所示。

5.2.1　声音的特性

声音的三个主要特性为响度、音调和音色。

(1)响度

响度的单位是分贝(dB)，也称为音量。响度受声音的大小与发声体的振幅共同影响。

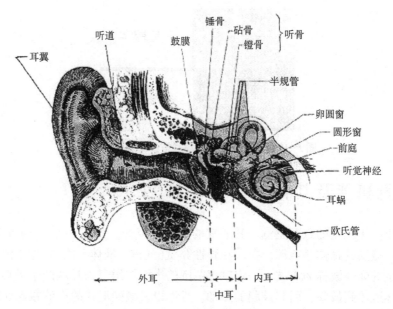

图5-21　人的听觉系统

例如，音响就是通过调整和改变电流的大小，从而改变扬声器的振幅以达到改变声音大小的目的。响度是声音的基础特性，能被直观地感受到。

（2）音调

声音的第二个特性是音调。声音的高低也就是人们常说的音高、音低，是由声音的频率来决定的。声音的频率越高，声音的音调也就越高。女声的频率要高于男声的频率，所以女人的声音相对来说音调较高，而男人的声音普遍比较低沉，不同频率声音的对比如图5-22所示。

图5-22　不同频率声音的对比

（3）音色

声音的第三个特性是音色。音色又称为音顿，从声音的物理角度来讲，音色是由声音的波形决定的。直观地讲，这是由于材料的特性不同导致其声音的特性有所不同，也就是由于材料而引起的音色变化。例如，同样音调和同样响度的乐器，笛子和唢呐的音色大不相同。

5.2.2　听觉特性

人的听觉特性主要有以下几个方面：

（1）听觉的频率响应特性

频率的单位是赫兹（Hz）。成年人耳朵的听力范围在 20～20000Hz 这个范围内。20Hz 以下的声波称为次声波，20000Hz 以上的声波称为超声波。次声波和超声波都超出了成年人的听力范围。

声音的频率是指在单位时间里发声体的振动次数。这里所讲的人耳的听觉范围是 20～20000Hz，也就是指每秒声波的振动在 20～20000 次。

一般情况下，成年人的听觉频率范围在 20～20000Hz。人的听觉系统对于次声波和超声波是感觉不到的。而对于青少年来讲，能够感受到的听觉频率范围大概在 16～20000Hz。但是当人达到 25 岁以后，对于 15000Hz 以上的声波，其听觉的灵敏度开始显著地下降。人的听觉损失曲线如图 5-23 所示。

可见，随着年龄的增长，听力的频率感受上限逐年降低。日常生活中，年轻人的听力要普遍好于年长的人。但是对于 1000Hz 以下的低频率声音，听觉的灵敏度几乎不再受年龄的影响。这或许与低频率声音的穿透力比较强有关。这提醒人们，如果需要更广的适应人群的听觉界面设计时，考虑使用 1000Hz 左右的低频率声音更有利于相关信息的传递。人的听力范围如图 5-24 所示。

①听阈　在最佳的听闻频率范围内，一个听力正常的人刚刚能听到给定各频率的正弦式纯音的最低声强 I_{min}，称为相应频率下的听阈值。根据各个频率 f 与最低声强 I_{min} 绘出标准听阈曲线可以得到几个明显的结论。在 800～1500Hz 这段频率范围内，听阈无明显变化。低于 800Hz 时，可听响度随着频率的降低而明显减小。例如，在 400Hz 时，只有 1000Hz 测得的标准灵敏度的 1/10；在 90Hz 时，只有"标准灵敏度的 1/1000"；而在 40Hz 时，只有标准灵敏度的 1/1000000。在 3000～4000Hz 之间达到最大的听觉灵敏度，在该频率范围内灵敏度高达标准值的 10 倍。超过 6000Hz 时，灵敏度再次下降，大约在 17000Hz 时，减至标准值的 1/10。

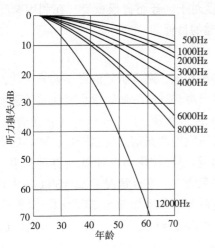

图 5-23　听觉损失曲线

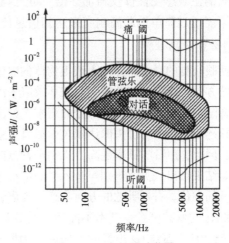

图 5-24　人的听力范围

②痛阈　对于感受给定各频率的正弦式纯音，开始产生疼痛感的极限声强 I_{max}，称为相应频率下的痛阈值。从图 5-24 可以看出除了 2000~5000Hz 之间有一段谷值外，开始感到疼痛的极限声强几乎与频率无关。

③听觉区　图 5-24 还给出了由听阈和痛阈两条曲线所包围的听觉区。由人耳的感音机构所决定的这个听觉区中包括了标有音乐与语言标志的两个区域。

（2）听觉对声音响度的辨别力

听觉的第二个特性是对于声音的高低强弱有着很强的辨别能力。人的耳朵对于频率的感觉是非常灵敏的，同时辨别声音高低的能力也十分突出。对于不同声音的响度，人耳能够准确快速地分辨出来。频率的高低会影响知觉对声音响度的辨别，例如，50Hz/80dB 与 1000Hz/60dB 的声音在人的主观感受力是同一响度的，等响曲线如图 5-25 所示。

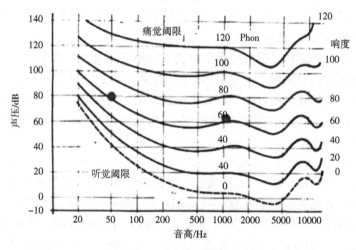

图 5-25　等响曲线

此外，人耳对声强的辨别能力与人的主观感觉是成对数关系的，即声强增加 10 倍的时候，人的主观感受性仅仅增加 2 倍。可见响度对于声音而言很重要，在利用响度进行设计时，不能通过简单地调高响度来达到信息传递的目标。

（3）方向敏感性

与两眼视觉的微小差异使人获得物体的立体感相似，两耳听觉的微小差异，使人得知声音传来的方向，这称为双耳效应。双耳效应来源于声音到达两耳的微小时间差、强度差和头部对声音阻挡造成高频和中频部分的衰减，如图 5-26 所示，$f=f_1>f_2$，$t_1>t_2$，声音频率越高，声波波长越短，声波绕过头部达到较远那只耳朵所发生的频谱改变越严重，两耳的听觉差异也越大，因此，声音的频率越高，辨别声音方向越容易，即听觉方向敏感性随频率增加而增大。实验结果指出，听觉辨别声音入射的最小偏角为 3°，在此情况下 $\Delta t \approx 30\mu s$，人耳就可以辨别声音的方位。右耳听觉的方向敏感性与声音频率的关系如图 5-27 所示。图 5-27 表明，对于 200Hz 的低频声音，基本不能凭听觉分辨声源的方位。频率 500Hz，方向性已相当明显，而 2500Hz、5000Hz 声音的方向就尤为明显了。

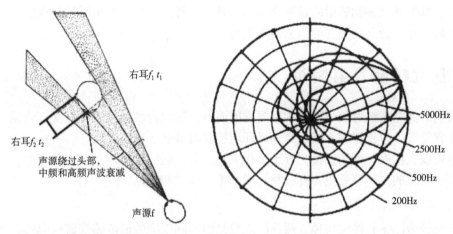

图 5-26 双耳效应辨别方位示意　　图 5-27 听觉方向敏感性(右耳)与频率的关系

(4)听觉的掩蔽效应

听觉的第四个特性是掩蔽效应。所谓的听觉掩蔽指的是一个声音被另外一个声音所掩盖的现象。这说明声音是可以相互掩盖的。例如，在噪声环境下可以用音乐去掩盖噪声，以达到防止心烦意乱的情况出现。一个声音的听阈(听阈是指人的耳朵所能够感受到声音的频率和强度的范围)因为另外一个声音的掩蔽而提高的效应称为掩蔽效应，如图 5-28 所示。从图 5-28 中可以看到，声音频率在 300Hz 附近、声强约为 60dB 的声音掩蔽了声音频率在 150Hz 附近、声强约为 40dB 的声音。又如，有一个声强为 60dB、频率为 1000Hz 的纯音，还有一个 1100Hz 的纯音，前者比后者高 18dB，在这种情况下我们的耳朵就只能听到那个 1000Hz 的强音。一般来说，弱纯音离强纯音越近就越容易被掩蔽。

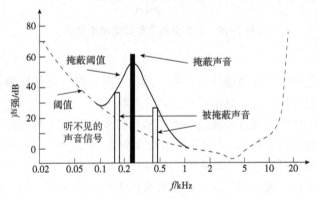

图 5-28 掩蔽效应

所以在设计相关的听觉装置时，应该根据实际的情况对掩蔽效应加以利用或避免和克服。应该注意的是，人的听阈复原是需要经历一段时间的，当掩蔽的声音去掉时，掩蔽效应并不会立即消除，这个现象称为听觉的残留现象。

在听觉显示器的设计过程中，主要依据人的听觉特性来进行相关的设计，在实际条件下 70%~80% 的信息都主要是通过视觉来进行传递的，除了视觉，听觉是人机信息交互的一个非常重要的信息补充通道。利用听觉的特性进行相关的听觉显示器设计，在一些特定的环境下，具备其他感觉通道的显示器所不具备的优势。当然，利用听觉与视觉搭配进行信息显示器设计，会具备更优的信息传递能力。

5.3 肤觉机能及其特征

从人们的感觉系统对信息传递的重要程度而言，肤觉的相对重要性仅次于听觉。皮肤是人体非常重要的感觉器官，当人与外界环境接触时就会形成肤觉。

人体皮肤主要有三种感受器，分别是触觉感受器、温度感受器和痛觉感受器，与皮肤的感受器所对应的皮肤感觉主要有三种：温度觉、痛觉和触觉。

（1）温度觉

温度觉分为冷觉和热觉两种。两种温度觉是由不同范围的温度感受器引起的，当皮肤的温度低于 30℃时，冷觉会被启动，当皮肤的温度高于 30℃时，皮肤的热觉将被启动，当皮肤的温度接近 50℃时，皮肤的热觉达到其高限，也就是说当温度达到 50℃及以上的时候，肤觉对于温度的感受性会下降，如图 5-29 所示。

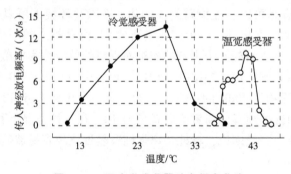

图 5-29　温度觉感受器放电频率曲线

（2）痛觉

对于肤觉的痛觉而言，凡是剧烈的刺激，无论是冷、热，还是接触或压力，都有可能产生痛觉。正如当温度过高的时候温度觉会转化为痛觉。

痛觉是由处于皮肤中的痛点传递的，神经末梢在皮肤中的分布部位称为痛点。痛点在人体皮肤上大量分布，通常在 1cm² 的皮肤上大概分布有 100 个左右的痛点，人体全身皮肤上所分布的痛点数目可以达到 100 万个。这样庞大的痛点分布为人们能够快速地感觉到疼痛发挥了重要的作用。痛觉对于人来讲是有着巨大的生物学意义的，因为痛觉产生的时候可以让机体快速地产生系列的保护性反应，以回避相应的刺激物以及各种危险。正是有了痛觉，人们才能自觉地远离各种潜在的危险。

（3）触觉

相对于温度觉与痛觉而言，与设计相关度更高的是肤觉中的触觉。皮肤感觉的产生过程如图 5-30 所示。

①触觉的类型　通常情况下把触觉分为以下两种类型：

a. 触压觉　由于受到刺激物的刺激强度不同，触压觉可以分为触觉和压觉。较轻的刺

图 5-30 皮肤感觉的产生过程

激所产生的接触感觉称为触觉。而刺激的强度增大的时候则会产生压觉。

b. 触摸觉 触摸觉具有主动性，是肌肉运动与皮肤感觉相结合而共同产生的感觉，也称为皮肤运动觉或触觉运动觉。也就是说，触摸觉是在人的主观支配下，通过手的运动感觉和肤觉共同将感觉信息传递给大脑，再经过大脑的综合分析以后对触摸物体的特性，以及物体与人相对应的空间关系进行辨别，人无须依靠视觉仅触摸汽车挡位就能产生触觉和空间感。

②触觉的感觉阈限 除了触觉的两种类型以外，触觉也有相应的感觉阈限。例如，人的皮肤受到外界的刺激，皮肤表面的组织会产生位移。通常情况下，人的皮肤位移只要达到 0.001mm 就能够触发人的触觉。当然在实际情况下，由于皮肤的不同区域对于触觉的敏感性有相当大的差异性，所以人体的不同部位对于触觉的感受性也不一样。这主要是由皮肤的厚度以及神经分布不同所引起的。

身体不同部位的触觉绝对感受性从高到低序依次是：鼻、上唇、前额、腹部、肩部、小指、无名指、上臂、中指、前臂、拇指、胸部、食指、大腿、手掌、小腿、脚底、足趾。

生物学家万弗瑞曾经对皮肤触压觉的刺激阈限做过试验。万弗瑞以 0.1 个工程大气压（1 个工程大气压是 1cm² 面积上的 1kg 力的大小）作为参照值来比较人体各个部位上皮肤触压觉的刺激阈限。

相对于 0.1 个工程大气压而言，舌尖的刺激阈限是 2，指尖的刺激阈限是 3，腰部的刺激阈限是 48，足掌后背的刺激阈限是 250。表 5-2 所列不同部位皮肤触压觉的刺激阈限的差异性是很大的。最大的差异达到 125 倍。

表 5-2 皮肤触压觉刺激阈限

身体部位	舌尖	指尖	指背	前臂腹侧	手背	腹	腰	足掌后部
刺激阈限/%	2	3	5	8	12	26	48	250

③触觉的辨别力 触觉是能够辨别物体的大小、形状、硬度、表面的肌理以及光洁程度的。产品设计时要利用人的触觉特性来设计具备不同触感的操纵设备，以使操作者能够快速、准确地辨别和操作具备各种不同功能的操纵设备，依靠触觉操作键盘如图 5-31 所示。

④触觉定位 触觉能够区分出刺激所作用在人体上的部位，称为触觉定位。将被试者的眼睛蒙起来，然后让其对刺激做出定位反应。例如，对被试者皮肤上的一点进行按压，并以此点作为

图 5-31 使用键盘

参照点，要求被试者尽可能准确地标识出被按压的参照点位置，试者所标识出的这个点称为反应点。通常情况下参照点与反应点之间会有一定的距离误差，这个距离误差称为定位误差或定位阈限。当然定位误差越小则说明触觉的定位准确度越高。

通过试验发现，人体各个部位的触觉定位准确性并不一样。比如指尖和舌尖的定位准确度就非常高，其误差仅在 1mm 左右。其次，人的头部、面部等部位的定位准确度也是比较高的。而人的躯干和四肢的定位准确度则相对较低，如人的上臂、腰部和背部等部位相对于刺激点的定位误差能达到 10mm 左右。

一般来讲，人体具有精细的肌肉操控的区域，其触觉的敏锐度也是相对更高的。在触觉发生过程中，如果有视觉的参与，那么对于触觉的定位的准确性是会有较大的正面影响的。也就是说，视觉参与得越多，触觉的定位准确度就越高。

⑤触觉的两点阈　与触觉定位比较容易混淆的一个概念是触觉的两点阈。即人的皮肤不仅能够区分出刺激所作用的部位，同时还能够辨别出所受的两个不同刺激之间的距离。

如果人体皮肤同时受到两个刺激点进行刺激，当能够刚刚感知到这两个刺激点时，这两点间的最小距离称为触觉的两点阈。这也说明，人的触觉是能够感知刺激点的距离差异的。当然这个距离必须要大于人的最低的感受值。

无论是触觉的定位还是触觉的两点阈都是触觉对于空间的感受。两者的区别主要在于触觉定位是以身体躯干作为参照系的；而触觉的两点阈是以相邻的刺激点作为参照系的。人体中，手指的触觉两点阈值是最小的，这也是人的手指能够参与大量的精细操作的重要原因。

5.4　其他感觉

(1) 平衡感

平衡觉又叫静觉，其感受器是人体内耳中的前庭器官，包括耳石和三个半规管。平衡觉反映的是人体的姿势和地心引力的关系。凭着平衡觉，人们就能分辨自己是直立，还是平卧，是在做加速、减速，还是在做直线、曲线运动。

前庭器官是与小脑密切联系的。刺激前庭器官所产生的感觉在重新分配身体肌肉紧张度、保持身体自动平衡等方面起着重要的作用。前庭感觉也与视觉有联系。当前庭器官受刺激时，可能会使人看见物体发生位移的现象。前庭器官也与内脏器官密切联系着。当前庭器官受到较强烈的刺激时，可以产生恶心、呕吐、晕船或晕车等现象。平衡觉的研究在航空、航海方面有着重要意义。例如，为了适应航空及宇航飞行的需要，生理心理学必须研究加速度以及失重、超重等现象对人的心理的影响，如图 5-32 所示为提升航天员超重耐受能力的短臂离心训练器。

(2) 嗅觉

触觉、视觉、听觉、嗅觉、味觉共同构成了人的五感，是人类感受世界的生理基础。嗅觉器官由外边框、中鼻隔、鼻甲、内鼻孔等部分，与嗅神经系统和鼻三叉神经系统的两个感受器共同组合而成。人类在呼吸时，气流经过鼻腔顶部触及嗅觉器官，人脑将化学信号进行转变，进而形成嗅觉，嗅觉形成过程如图 5-33 所示。

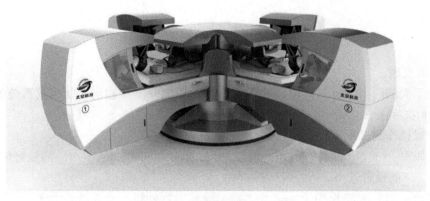

图 5-32　航天短臂离心训练器

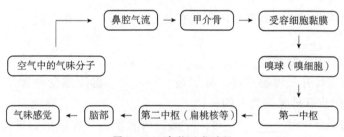

图 5-33　嗅觉形成过程

中国、古埃及、古希腊一直都有使用香料的历史，目的是体现社会地位、保持芳香的愉悦。当前社会，传递信息的重任是由视觉完成的，但巧妙利用嗅觉往往会获得意想不到的成功和体验。香水成为法国的一张国家名片，每年为香水企业带来巨大的收入。在煤气中加入难闻的乙硫醇或甲硫醇可以提醒人们煤气泄漏，避免煤气中毒的发生。愉快的嗅觉体验可以让人在某一空间中待得更久，如商店可以利用香氛提高顾客访问量，在书房卧室点燃熏香可以安神静心，如图 5-34 所示是某公司的一款香插文创设计，香灰掉落在倾斜的台面上寓意着步步高升。

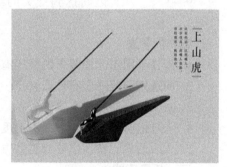

图 5-34　香插文创

（3）味觉

味觉的感受器是味蕾，主要分布在舌表面和舌缘，口腔和咽部黏膜的表面也有散在分布。人的味蕾总数约有 8 万个，儿童味蕾较多，老年时因萎缩而减少。味觉是人体重要的生理感觉之一，在很大程度上决定着动物对饮食的选择，使其能根据自身需要及时地补充有利于生存的营养物质。味觉在摄食调控、机体营养及代谢调节中均有重要作用。利用好味觉同样能设计出色的产品，让人耳目一新，获得愉悦的体验。针对儿童设计的书籍可以在书页中加入与内容相关的香味和味觉粉末，在增加儿童阅读趣味性的同时，也让儿童更好了解世界。

练习题

一、填空题

1. 由于大脑两半球对于处理各种不同信息的功能并不都相同，就视觉系统的信息而言，在分析文字上，_____较强，而对于数字的分辨，_____较强。

2. 一般操作的视距范围在_____之间。

3. 人眼对_____的视野最大，对_____、_____、_____的视野依次减小，而对_____的视野最小。

4. 光谱上的光波波长小于_____的一段称为紫外线，光波波长大于_____的一段称为红外线。

5. 当两种颜色搭配时，更容易辨别的首先是_____，其次是_____，然后是蓝底白字以及_____。

6. 声音的三个主要特性为_____、_____和_____。

7. 人体皮肤主要有三种感受器，分别是_____、温度感受器和_____，与皮肤的感受器所对应的皮肤感觉主要有四种：_____、_____、痛觉和_____。

8. 当皮肤的温度低于_____时，冷觉会被启动，当皮肤的温度高于_____时，皮肤的热觉将被启动，当皮肤的温度接近_____时，皮肤的热觉达到其高限。

9. 在_____之间达到最大的听觉灵敏度，在该频率范围内灵敏度高达标准值的_____倍。

二、简答题

1. 人在不同工作任务下的视距有什么差别？
2. 明适应和暗适应有什么特点？
3. 减少眩光的方法有哪些？
4. 人耳的听力范围与频率和响度有什么关系？
5. 人眼的视觉特性主要有哪些方面？

三、任务实施

1. 三人一组搜集三张优秀的宣传海报，讨论海报利用了人的哪些视觉特性。
2. 三人一组搜集国内外的交通标识设计，总结它们的颜色形状设计规律。

第6章 人机信息界面设计

6.1 人机信息界面的形成

人机系统一旦建立，人机界面便随之形成。人机系统的人机界面是指系统中的人、机、环境之间相互作用的区域。通常人机界面有信息性界面、工具性界面和环境性界面等。就人机系统效能而言，以信息性界面最为重要。

6.1.1 人机信息交换系统模型

在人机间信息、物质及能量的交换中，一般是以人为主动的一方。首先是人感受到机器及环境作用于人感受器官上的信息，由体内的传入神经并经丘脑传达到大脑皮层，在大脑分析器中经过综合、分析、判断，最后做出决策，由传出神经再经丘脑将决策的信息传送到骨骼肌，使人体的执行器官向机器发出人的指挥信息或伴随操作的能量。机器被输入人的操作信息（或操作能量）之后，将按照自己的规律做出相应的调整或输出，并将其工作状况用一定的方式显示出来，再反作用于人。在这样的循环过程中，整个系统将完成人所希望的功能。人机信息交换系统的一般模型如图6-1所示。

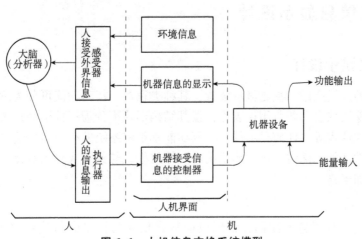

图 6-1 人机信息交换系统模型

6.1.2　人机信息交换方式

信息显示器是传递给人信息的显示装置，它们共同的特征是能够把机器设备的有关信息以人能接收的形式显示给人。在人机系统中，按人接受信息的感觉通道不同，可将显示装置分为视觉显示、听觉显示和触觉显示。其中以视觉和听觉显示应用最为广泛，触觉显示是利用人的皮肤受到触压或运动刺激后产生的感觉，而向人们传递信息的一种方式，除特殊环境外，一般较少使用。三种显示方式传递的信息特征见表6-1。

表6-1　三种显示方式传递的信息特征

显示方式	传递的信息特征	显示方式	传递的信息特征
视觉显示	1. 比较复杂、抽象的信息或含有科学技术术语的信息、文字、图表、公式等； 2. 传递的信息很长或需要延迟者； 3. 需用方位，距离等空间状态说明的信息； 4. 以后有被引用可能的信息； 5. 所处环境不适合听觉传递的信息； 6. 适合听觉传递，但听觉负荷已很重的场合； 7. 不需要急迫传递的信息； 8. 传递的信息常需同时显示、监控	听觉显示	1. 较短或无须延迟的信息； 2. 简单且要求快速传递的信息； 3. 视觉通道负荷过重的场合； 4. 所处环境不适合视觉通道传递的信息
		触觉显示	1. 视觉、听觉通道负荷过重的场合； 2. 使用视觉、听觉通道传递信息有困难的场合； 3. 简单并要求快速传递的信息

在人机系统中，人通过信息显示器获得关于机械的信息之后，利用效应器官操纵控制器，通过控制器调整和改变机器系统的工作状态，使机器按人预定的目标工作。因此，控制器是把人的输出信息转换为机器输入信息的装置，即在生产过程中，人是通过操纵控制器完成对机器的指挥和控制的。

目前，常见的人机信息交换中，人对机器的控制大多是通过肢体活动来实现的，依据人体的操作部位，主要可分为手动、脚动两大类控制器。

6.2　视觉信息显示设计

6.2.1　仪表显示设计

仪表是一种广泛应用的视觉显示装置，其种类很多。按其功能可分为读数用仪表、检查用仪表、追踪用仪表和调节用仪表等；按其结构形式可分为指针运动式仪表、指针固定式仪表和数字式仪表等。任何显示仪表，其功能都是将系统的有关信息输送给操作者，因而其人机工程学性能的优劣直接影响系统的工作效率。与数字式仪表对比，指针式仪表的人机学因素更加丰富。

(1)仪表形式

仪表的形式因其用途不同而异，现以读数式仪表为例来分析确定仪表形式的依据。图6-2为几种常见的读数式仪表形式与误读率的关系，其中以垂直长条形仪表的误读率最高，而开窗式仪表的误读率最低。但开窗式仪表一般不宜单独使用，常以小开窗插入较大的仪表表盘中，用来指示仪表的高位数值。通常将一些多指针仪表改为单指针加小开窗式仪表，使得这种形式的仪表不仅可增加读数的位数，而且还大大提高读数的效率和准确度，如图 6-3 所示的仪表。

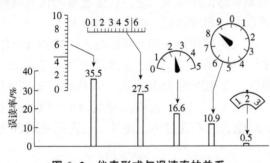

图 6-2 仪表形式与误读率的关系   图 6-3 小开窗式仪表

指针活动式圆形仪表的读数效率与准确度虽不如数字式仪表高，但这类仪表可以显示被测参数的变化趋势，因而仍然是常用的仪表形式。

（2）表盘尺寸

刻度盘大小与其刻度标记数量和观察距离有关。圆形刻度盘的直径随刻度标记数量和观察距离的不同而改变的情况见表 6-2。

表 6-2 刻度盘直径与刻度标记数量和观察距离的关系

刻度标记的数量	刻度盘的最小允许直径/mm	
	观察距离为 500mm 时	观察距离为 900mm 时
38	25.4	25.4
50	25.4	32.5
70	25.4	45.5
100	36.4	64.3
150	54.4	98.0
200	72.8	120.6
300	109.0	196.0

当刻度盘尺寸增大时，刻度、刻度线、指针和字符都可随之增大，这样可提高清晰度；但却使眼睛的扫描路线变长，不利于认读的准确度和速度，同时也使安装面积增大，布置不紧凑。因此，刻度盘尺寸过大或过小都不适宜，应取使认读效果最优的中间值。通常，刻度盘认读效果最优的尺寸是其对应的视角在 2.5°~5° 范围内，只要确定观察距离，就能据此算出刻度盘的最优尺寸。

设计仪表盘的外廓尺寸：

如图 6-4 所示，$D = L \times \alpha \times \pi / 180 = L/23 \sim L/11$

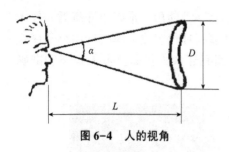

图 6-4 人的视角

仪表盘对应的视角 $\alpha = 2.5° \sim 5°$，如取 $L = 700\text{mm}$，则仪表盘的直径 $D = 30 \sim 64\text{mm}$。

（3）刻度和刻度线

刻度盘上两个最小刻度标记（刻度线）间的距离和刻度标记统称为刻度。认读速度和认读准确性与刻度间距、刻度标记、刻度标数有关。

①刻度间距　刻度间距与人眼睛的分辨能力和距离大小有关。仪表认读效率随刻度间距的增大而提高。在达到临界值后，认读效率下降。临界间距一般在视角为 10 分（弧度）附近。在视距为 750mm 时，大约相当于刻度间距 1 ~ 2.5mm。所以，刻度间距最小尺寸一般在 1 ~ 2.5mm 选取。在观察时间很短（如 0.5 ~ 0.25s）的情况下，可选取 2.3 ~ 3.8mm 间距，而不宜过小。此外，刻度间距因刻度盘的材料不同也有差异。

②刻度标记（刻度线）　每一刻度标记代表一定的读数单位。为便于认读和记忆，刻度标记一般分长、中、短标记三类。各类刻度标记尺寸的设计应以短刻度标记为基准。短刻度标记的尺寸应根据人的视觉分辨能力、观察距离以及照明水平等因素确定。刻度标记的宽度以占刻度间距的 1/20 ~ 1/5 为宜。

③刻度方向　刻度方向是指刻度盘上刻度值的递增方向和认读方向。其设计必须遵循视觉运动规律，而形式可依刻度盘的不同而不同。

④刻度单位　刻度单位是定量显示数值的表示方式，每一刻度值所代表的测量值为单位值。为了避免认读换算，单位值应尽量取整数，最好为 1、2、5 个单位值，或 1、2、5 的 $10n$ 倍个单位值，而不宜代表其他值，如图 6-5 所示。

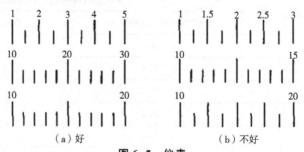

（a）好　　　　　　（b）不好

图 6-5　仪表

（4）仪表标数

仪表的标数，可参考下列原则进行设计。

①通常，最小刻度不标数，最大刻度必须标数。

②指针运动式仪表标数的数码应当垂直，表面运动的仪表数码应当按圆形排列。

③若仪表表面的空间足够大，则数码应标在刻度记号外侧，以避免它被指针挡住；若表面空间有限，应将数码标在刻度内侧，以扩大刻度间距。指针处于仪表表面外侧的仪表，数码应一律标在刻度内侧。

④开窗式仪表窗口的大小至少应能显示被指示数字及其上下两侧的两个数，以便观察指示运动的方向和趋势。

⑤对于表面运动的小开窗仪表，其数码应按顺时针排列。当窗口垂直时，安排在刻度的右侧；当窗口水平时，安排在刻度的下方，并且都使字头向上。

⑥对于圆形仪表，不论表面运动式或指针运动式，均应使数码按顺时针方向依次增大。数值有正负时，0 位设在时钟 12 时位置上，顺时针方向表示正值，逆时针方向表示负值。对于长条形仪表，应使数码按向上或向右顺序增大。

⑦不做多圈使用的圆形仪表，最好在刻度全程的头和尾之间断开，其首尾的间距以相当于一个大刻度间距为宜。仪表刻度与标数的优劣对比如图 6-6 所示。

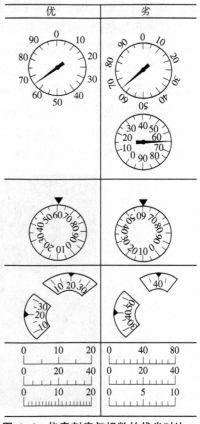

图 6-6　仪表刻度与标数的优劣对比

（5）仪表指针

指针是模拟式仪表的重要组成部分，它指示仪表所要显示的信息。因此，指针的设计是否符合人的视觉特性将直接影响仪表的认读速度和准确度。指针可分为运动指针和固定指针，其要求是相同的。

①指针的形状　指针的形状应该力求简洁、明快、不加任何装饰，具有明显的指示性形状。指针由针尖、针体和针尾三部分构成，一般以针尖尖、尾部平、中间等宽或狭长三角形为好，指针形状如图 6-7 所示。

②指针的宽度与长度　指针的宽度设计，最重要的是确定针尖的宽度。一般来说，针尖的宽度应与刻度标记的宽度相对应，可与短刻度线等宽但不应大于两刻度线间的距离。指针不应接触刻度盘面，但要尽量贴近盘面。针尾主要起平衡重量作用，其宽度由平衡要求而定。指针的长度应与刻度线间留有 1～2mm 的间隙为好，不可覆盖刻度标记。此外，指针设计应充分考虑造型美观的要求。

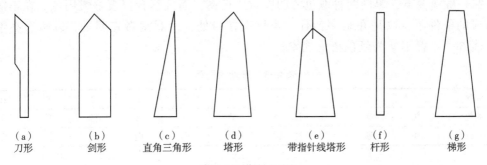

|（a）
刀形|（b）
剑形|（c）
直角三角形|（d）
塔形|（e）
带指针线塔形|（f）
杆形|（g）
梯形|

图 6-7　指针形状

③指针与刻度盘面的关系　由于刻度盘面和指针间有相对运动，它们之间的间隙要尽可能地小，其指针表面应与刻度盘面处于相互靠近的平行面内，以免观察视线不垂直表盘时产生视觉误差。设计双指针时，上面的指针可稍长一些，且使指针尖部弯向刻度盘平面。

运动型仪表的刻度盘，其指针是不动的，为使指针鲜明醒目，将其设计成着色三角形。

④仪表指针零点位置 大部分置于时钟 12 点位置，追踪仪表有时置于 9 点位置。

（6）仪表色彩

仪表的色彩设计是指刻度盘面、刻度标记、指针以及字符的颜色和它们之间颜色的匹配。它对仪表的认读、造型是否适用、美观有很大影响。

①颜色的搭配 仪表是靠指针指示刻度和数字表示信息的，所以表盘面、刻度、指针和数字的颜色选择应使显示的信息认读清晰醒目而又不易引起疲劳为佳。指针的颜色应与刻度盘的颜色有鲜明的对比，而与刻度标记及字符的颜色尽可能保持一致。仪表的用色还应注意搭配醒目色，醒目色适用于作仪表警戒部分或危险信号部分的颜色，但不能大面积使用。

②仪表的色彩设计 试验表明，黑色的刻度盘配以白色的刻度标记或淡黄色的刻度盘配以黑色的刻度标记，误差率最小。指针的颜色应与刻度盘的颜色有鲜明的对比，而与刻度标记及字符的颜色尽可能保持一致。如图 6-8 所示。

图 6-8 仪表的色彩设计

在一般情况下，黑白两种颜色的明度对比最高，而且符合仪表习惯用色。在不需要暗适应的条件下，以亮底暗字为佳；当仪表在暗处，而观察者在明处，以暗底亮字为好。表 6-3、表 6-4 为颜色搭配规律。

表 6-3 清晰的配色

顺序	1	2	3	4	5	6	7	8	9	10
底色	黑	黄	黑	紫	紫	蓝	绿	白	黑	黄
被衬色	黄	黑	白	黄	白	白	白	黑	绿	蓝

表 6-4 模糊的配色

顺序	1	2	3	4	5	6	7	8	9	10
底色	黄	白	红	红	黑	紫	灰	红	绿	黑
被衬色	白	黄	绿	蓝	紫	黑	绿	紫	红	蓝

6.2.2　信号灯与标志符号设计

信号灯是重要的显示装置，通常用于交通工具和道路交通管理。信号灯的优点是面积小、观察距离远、引人注目、简单明了。缺点是信息负荷有限，当信号灯数量过多时，会变得杂乱和形成干扰。大多数情况下，信号灯只用来指示一种状态或要求，如车辆转向信号灯用来指示转弯方向，故障信号灯用来指示某一部件发生故障。在某些情况下，信号灯也可用来传递信息，如用灯光信号进行通信联络。

信号灯的设计必须适于其使用目的和使用条件，保证信息传递的速度和质量。下列设计原则具有广泛的指导意义，大体上也适用于信号灯以外的其他标志符号设计。

(1)视距和亮度

信号灯必须清晰醒目并保证一定的视距。车内信号灯必须保证驾驶员看得清楚，但又不能过亮而造成眩目或夜间影响对车外情况的观察。交通信号灯应保证较远的视距，而且在日光明亮和恶劣气象条件下都清晰可辨。信号灯的亮度要能吸引操作者的注意，其亮度至少是背景亮度的2倍，而背景最好灰暗无光。

(2)颜色、形状和闪烁频率

信号灯必须适合于其使用目的。作为警戒、禁止、停顿或指示不安全情况的信号灯，应使用红色；提醒注意用的信号灯，应使用黄色；表示正常运行的信号灯，应使用绿色；其他信号灯则用白色或其他颜色。当信号灯很多时，不仅用颜色区别还需要形象化加以区别，这样更有利于辨认。信号灯的形象化最好能与其所代表的意义有逻辑上的联系。例如，用箭头(→)代表方向，用叉号(×)表示禁止，用感叹号(!)表示警告或危险，用较高的闪烁频率表示快速，用较低的闪烁频率表示慢速。闪光信号比固定光信号更能引起注意，应在需要突出显示的场合加以恰当使用，闪光信号灯的闪烁频率般为 $0.67 \sim 1.67\,\mathrm{Hz}$，亮与灭的时间比为 $1:1 \sim 1:4$。

(3)与其他装置的协调性

信号灯应当与操纵器和其他显示装置协调安排，避免发生干扰。当信号灯的含义与某种操作响应相联系时，必须考虑它与操纵器和操作响应的协调关系。例如，指示进行某种操作的信号灯最好设在相应的操纵器的上方或下方；信号灯的指示方向要同操作活动的方向相适应(如汽车上的转向指示灯、开关向左打，左灯亮，表示向左转弯)。有的信号灯仅用来揭示某个部件或某个显示器发生故障，为了既能引起操作者的注意，又能方便地找到故障部位，最好在视野中心处和靠近有关部件或显示器处各设置一个信号灯使两者同时显示。

信号灯应与其他显示装置形成一个整体，避免相互重复和干扰。例如，强信号灯须离照明较弱的远一些，倘若必须相互靠近，则信号灯不能太强。信号灯过多会冲淡操作者对重要信号的警觉，在此情况下，应设法采用其他显示方式来替代次要的信号灯。

(4)位置设计

信号灯应安设在显眼的地方。性质重要的信号灯必须安置在视野中心3°范围之内；一般信号灯应安排在视野中心20°范围之内；只有相当次要的信号灯才允许安排在视野中心60°～80°范围内。所有信号灯都要求设在操作者不用转动头部和转身就能看见的视野范围内。重要的信号灯应当与其他信号灯有明显的区别，使之引人注目，必要时可采用视、听或视、触双重感觉通道的信号。

（5）编码

表示复杂信息内容的信号灯系统，应采用合适的编码方式，避免采用过多的单个信号灯。多维度重叠编码的方式，比只用一个维度的编码方式更有利于相互区别，抗干扰能力也更强。信号灯编码方式常以颜色编码为主，辅之以形状编码和数字编码。颜色编码不宜过多，否则容易混淆和错认，而且颜色编码受生理、文化影响，常于其他编码配合使用，如图6-9所示。汽车与交通信号灯要求观察距离远，事关安全，尤需注重编码效果。图6-10为汽车尾灯系统信号编码的示例。

图 6-9　颜色编码传递信息

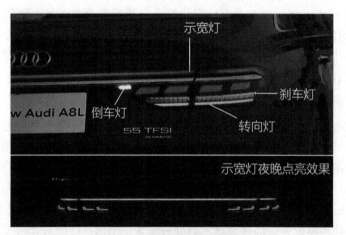

图 6-10　汽车尾灯信号编码示例

黄色信号灯：指示转向　红色信号灯：指示有车、制动

（6）图形标志设计

图形标志具有形象、直观的优点。设计精良的图形标志能够简化人对编码信息的识别和加工过程，从而提高人的信息传递效率。根据人的视觉特性和视觉运动规律，图形标志的设计应当遵循以下原则，如图6-11所示。

①图形标志应明显凸出于背景之中，使图形与背景之间形成较大的反差。

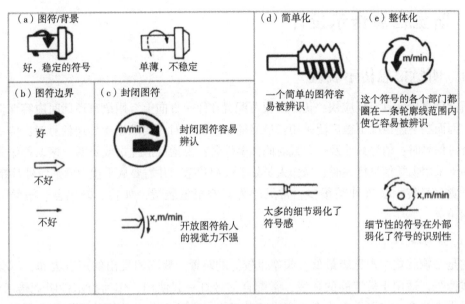

图 6-11　图形设计原则

②图形边界应明确、稳定。

③应尽量采用封闭轮廓的图形。

④图形标志应尽量简单，表示不同对象的标志都应蕴含有利于理解其含义的特征。

⑤应使显示部分结合成为统一的整体。

在实际应用中，用于不同场合、不同目的的图形标志设计，对上述原则的使用须有所侧重，以满足具体使用条件的特定要求。例如，对危险警告标志的设计，应特别指明危险的性质；对道路交通标志的设计，则应强调简明直观，并且必须实现标准化，图 6-12 所示为一些道路交通标志的例子。

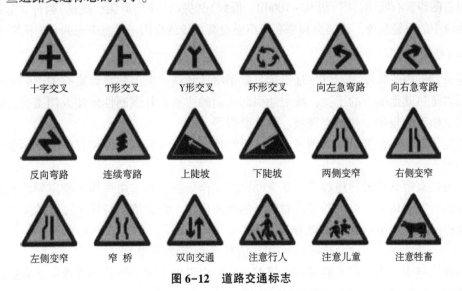

图 6-12　道路交通标志

6.3 听觉信息传示设计

6.3.1 听觉信息传示装置

听觉信息传示具有反应快,传示装置可配置在任一方向上,用语言通话时应答性良好等优点,因而在下述情况下被广泛采用:信号简单、简短时;要求迅速传递信号时;传示后无必要查对信号时;信号只涉及过程或时间性事件时;视觉负担过重或照明、振动等作业环节又不利于采用视觉信息传递时;操作人员处于巡视状态,并需要从干扰中辨别信号时等。

听觉信息传示装置种类很多,常见的为音响报警装置,如铃、蜂鸣器、报警器、汽笛、哨笛等。

(1)蜂鸣器

它是音响装置中声压级最低,频率也较低的装置。蜂鸣器发出的声音柔和,不会使人紧张或惊恐,适用于较宁静的环境,常配合信号灯一起使用,作为指示性听觉传示装置,提请操作者注意,或指示操作者去完成某种操作,也可用做指示某种操作正在进行。汽车驾驶员在操纵汽车转弯时,驾驶室的显示仪表板上就有一个信号灯亮和蜂鸣器鸣笛,显示汽车正在转弯,直到转弯结束。蜂鸣器还可作报警器用。

(2)铃

因铃的用途不同,其声压级和频率有较大差别。例如,电话铃声的声压级和频率只稍大于蜂鸣器,主要是在宁静的环境下让人注意;而用作指示上下班的铃声和报警器的铃声,其声压级和频率就较高,可在有较高强度噪声的环境中使用。

(3)角笛和汽笛

角笛的声音有吼声(声压级 90~100dB、低频)和尖叫声(高声强、高频)两种。常用做高噪声环境中的报警装置。汽笛声频率高,声强也高,较适合用于紧急事态的音响报警装置。

(4)警报器

警报器的声音强度大,可传播很远,频率由低到高,发出的声音富有调子的上升和下降,可以抵抗其他噪声的干扰,特别能引起人们的注意,并强制性地使人们接受。它主要用作危急事态的报警,如防空警报、救火警报等。

听觉信息传示装置设计必须考虑人的听觉特性,以及装置的使用目的和使用条件。具体内容如下:

①为提高听觉信号传递效率,在有噪声的工作场所,须选用声频与噪声频率相差较远的声音作为听觉信号,以削弱噪声对信号的掩蔽作用。听觉信号与噪声强度的关系常以信号与噪声的强度比值(信噪比)来描述,即:

$$信噪比 = 10\lg(信号强度/噪声强度)$$

信噪比越小,听觉信号的可辨性越差。所以应根据不同的作业环境选择适宜的信号强度。常用听觉信号的主宰频率和强度可参考表6-5。

表6-5　几种常用听觉信号的主宰频率和强度

分类	听觉信号	平均强度水平/dB		主宰可听频率/Hz
		距离 3m 处	距离 0.9m 处	
大面积、高强度	10cm 铃声	65～77	75～83	1000
	15cm 铃声	74～83	84～94	600
	25cm 铃声	85～90	95～100	300
	喇叭	90～100	100～110	5000
	汽笛	100～110	110～121	7000
小面积、低强度	重声蜂鸣器	50～60	70	200
	轻声蜂鸣器	60～70	70～80	400～1000
	2.5cm 铃声	60	70	1100
	5cm 铃声	62	72	1000
	7.5cm 铃声	63	73	650
	钟声	69	78	500～1000

②使用两个或两个以上听觉信号时，信号之间应有明显的差异；而对某一种信号在所有时间内应代表同样的信息意义，以提高人的听觉反应速度。

③应使用间断或变化信号，避免使用连续稳态信号，以免人耳产生听觉适应性。

④要求远传或绕过障碍物的信号，应选用大功率低频信号，以提高传示效果。

⑤对危险信号，至少应有两个声学参数（声压、频率或持续时间）与其他声信号或噪声相区别；而且危险信号的持续时间应与危险存在时间一致。

6.3.2　言语传示装置

人与机器之间也可用言语来传递信息。传递和显示言语信号的装置称为言语传示装置。如麦克风这样的受话器就是言语传示装置，而扬声器就是言语显示装置。经常使用的言语传示系统有：无线电广播、电视、电话、报话机和对话器及其他录音、放音和电声装置等。

用言语作为信息载体，其优点是可使传递和显示的信息含意准确、接收迅速、信息量较大等；缺点是易受噪声的干扰。在设计言语传示装置时应注意以下几个问题。

（1）言语的清晰度

用言语（包括文章、句子、词组及单字）来传递信息，在现代通信和信息交换中占主导地位。对言语信号的要求是语言清晰。言语传示装置的设计首先应考虑这一要求。在工程心理学和传声技术上，用清晰度作为言语的评定指标。所谓言语的清晰度是人耳对通过它的音语（音节、词或语句）中正确听到和理解的百分数。言语清晰度可用标准的语句表通过听觉显示器来进行测量，若听正确的语句或单词占总数的20%，则该听觉显示器的言语清晰度就是20%。对于听正确和听错的记分方法有专门的规定，此处不做论述。表6-6是言语清晰度（室内）与主观感觉的关系。由此可知，设计一个言语传示装置，其言语的清晰度必须在75%以上，才能正确传示信息。

表 6-6 言语的清晰度(室内)与主观感觉的关系

言语清晰度/%	人的主观感觉	言语清晰度/%	人的主观感觉
96	言语听觉完全满意	65~75	言语可以听懂,但非常费劲
85~96	很满意	65 以下	不满意
75~85	满意		

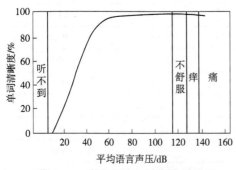

图 6-13 语音强度与清晰度的关系

(2)言语的强度

言语传示装置输出的语音,其强度直接影响言语清晰度。当语音强度增至刺激阈限以上时,清晰度的分数逐渐增加,直到差不多全部语音都被正确听到的水平;强度再增加,清晰度分数仍保持不变,直到强度增至痛阈为止。

由图 6-13 中可以看出,当言语强度达到 130dB 时,受话者将有不舒服的感觉;达到 135dB 时,受话者耳中即有发痒的感觉,再高便达到了痛阈,将有损耳朵的机能。因此,言语传示装置的语音强度最好在 60~80dB。

(3)噪声环境中的言语通信

为了保证在有噪声干扰的作业环境中讲话人与收听人之间能进行充分的言语通信,则须按正常噪音和提高了的噪音定出极限通信距离。在此距离内,在一定语言干涉声级或噪声干扰声级下可期望达到充分的言语通信,在此情况下言语通信与噪声干扰之间的关系见表6-7。

表 6-7 言语通信与噪声干扰之间的关系

干扰噪声的 A 计权声级 L_A/dB	语言干涉声级/dB	人可以听正常嗓音下口语的距离/m	认为提高了的嗓音可以听懂口语的距离/m
43	36	7	14
48	40	4	8
53	45	2.2	4.5
58	50	1.3	2.5
63	55	0.7	1.4
68	60	0.4	0.8
73	65	0.22	0.45
78	70	0.13	0.25
83	75	0.007	0.14

上面所说的充分的言语通信,是指通信双方的言语清晰度达到75%以上。距声源(讲话人)的距离每增加 1 倍,言语声级将下降 6dB,这相当于声音在室外或室内传至 5m 远左右。不过,在房间中声级的下降还受讲话人与收听人附近的吸声物体的影响。在有混响的

房间内，当混响时间超过 1.5s 时，言语清晰度将会降低。

在噪声环境中作业，为了保护人耳免受损害而使用护耳器时，护耳器一般不会影响言语通信。因为它不仅降低了言语声级，也降低了干扰噪声。同不戴护耳器的人相比，戴护耳器的讲话人在噪声级较低时声音较高，而在噪声级较高时则声音较低。

对于使用言语传示装置（如电话）进行通信时，对收听人来说，对方的噪声和传递过来的言语音质（响度、由电话和听筒产生的线路噪声）可能会有起伏，尽管如此，表 6-8 所给出的关系仍然是有效的。

表 6-8　在电话中言语通信与干噪声的关系

收听人所在环境的干扰噪声		言语通信的质量
A 计权声级 L_A/dB	言语干涉声级 L_{ail}/d	
55	47	满意
55-65	47-57	轻微干扰
65-80	57-72	困难
80	72	不满意

须注意的是，当收听者处的干扰噪声增强时，首先受到影响的是另一方语言的清晰度。这时收听人根据经验会提高自己的声音。对于扬声器和耳机这样的言语传示装置，要保证通过扬声器传送的语言信息有充分的语言通信功能，须使 A 计权声级至少比干扰噪声的声级高 3dB。

6.3.3　听觉传示装置的选择

（1）音响传示装置的选择

在设计和选择音响、报警装置时，应遵循以下原则：

①在有背景噪声的场合，要把音响显示装置和报警装置的频率选择在噪声掩蔽效应最小的范围内，使人们在噪声中也能辨别出音响信号。

②对于引起人们注意的音响显示装置，最好使用断续的声音信号；而对报警装置最好采用变频的方法，使音调有上升和下降的变化，更能引起人们注意。另外，警报装置最好与信号灯一起作用，组成视、听双重报警信号。

③要求音响信号传播距离很远和穿越障碍物时，应加大声波的强度，使用较低的频率。

④在小范围内使用音响信号，应注意音响信号装置的多少。当音响信号装置太多时，会因几个音响信号同时显示而互相干扰、混淆，遮掩了需要的信息。在这种情况下可舍去一些次要的音响装置，而保留较重要的，以减少彼此间的影响。

（2）言语传示装置的选择

言语传示装置比音响装置表达更准确，信息量更大，因此，在选择言语传示装置与音响装置时应注意如下区别：

①显示的内容较多时，用一个言语传示装置可代替多个音响装置，且表达准确，各信息内容不易混淆。

②言语传示装置所显示的言语信息表达力强，较一般的视觉信号更有利于指导检修和故障处理工作。同时，语言信号还可以用来指导操作者进行某种操作，有时可比视觉信号更为细致、明确。

③在某些追踪操纵中，言语传示装置的效率并不比视觉信号差。例如，飞机着陆导航的言语信号、船舶驾驶的言语信号等。

④在一些非职业性的领域中，如娱乐、广播、电视等，采用言语传示装置比音响装置更符合人们的习惯。

6.4 操纵装置设计

操纵装置是将人的信息输送给机器，用以调整、改变机器状态的装置。操纵装置将操作者输出的信号转换成机器的输入信号。因此，操纵装置的设计首先要充分考虑操作者的体形、生理、心理、体力和能力。操纵装置的大小、形态等要适应人的手或脚的运动特征，用力范围应当处在人体最佳用力范围之内，不能超出人体用力极限，重要的或使用频繁的操纵装置应布置在人反应最灵敏、操作最方便、肢体能够达到的空间范围内。操纵装置的设计还要考虑耐用性、运转速度、外观和能耗。操纵装置是人机系统中的重要组成部分，其设计是否得当，关系到整个系统能否高效、安全运行。

6.4.1 常用操纵装置

常用的几种操纵器的功能见表6-9。

表6-9 各种操纵器的功能和使用情况

操纵装置名称	使用功能					使用情况					
	启动制动	不连续调节	定量调节	连续调节	数据输入	性能	视觉辨别位置	触觉辨别位置	多个类似操纵器检查	多个类似操纵器的操作	复合控制
按钮	△					好	一般	差	差	好	好
钮子开关	△	△			△	较好	好	好	好	好	好
旋转选择开关		△				好	好	好	好	差	较好
旋钮		△	△	△		好	好	一般	好	差	好
踏钮	△					差	差	一般	差	差	差
踏板			△	△		差	差	较好	差	差	差
曲柄			△	△		较好	一般	一般	差	差	差
手轮			△	△		较	较好	较好	差	差	好
操纵杆			△	△		好	好	较好	好	好	好
键盘					△	好	较好	差	一般	好	差

人机交互系统中，操纵装置是指通过人的动作（直接或间接）来使机器启动、停车或改变运行状态的各种元件、器件、部件、机构以及它们的组合等环节。其基本功能是把操纵者的响应输出转换成机器设备的输入信息，进而控制机器设备的运行状态。操纵装置的设计，最基本的原则是使操作者能在一个作业班次内，准确、舒适、方便地持续操纵而不产生早期疲劳。为此，设计者必须充分考虑人体的体形、尺度、生理特点、运动特征和心理特征，以及人的体力和能力的限度，才能使所设计的操纵装置达到较高的舒适性。

操纵装置的类型很多，按人体操作部位的不同，将手臂动作与手掌动作归结到同一类，可分为手控操纵装置和脚控操纵装置两大类。

6.4.2 手控操纵装置设计

手控操纵装置设计需要考量的因素有操纵器形状、尺寸，人的操纵力、操作体位和方向。手控操纵器的类型主要分为三类：按压式操纵器、旋钮、操纵杆。

（1）按压式操纵器

常见的按压式操纵器是按钮，如图 6-14 所示是某手机的 home 键设计；多个连续排列在一起使用的按钮称为按键，如图 6-15 所示是某手机的拨号按键。按键有两种工作方式，一种是单工位：按下为接通，按压解除为断开（也可以是相反：按压为断开，解除按压后自动复位为接通）。另一种是双工位：按下后为接通，按压解除继续维持该状态，需要在按压一次才转换为另一种状态。

图 6-14 手机 home 键　　　　图 6-15 手机拨号按键

按钮、按键的人机工程学要素：

①按钮按键的截面形状通常为圆形或矩形；其尺寸大小，即圆截面的直径 d，或矩形截面的两个边长 $a \times d$，应于人体相关的操作部位（例如手指）的尺寸相适应。按键的基本尺寸、操纵力和工作行程，《操纵器一般人类功效学要求》（GB/T 14775—1993）中规定如图 6-16、表 6-10 所示。

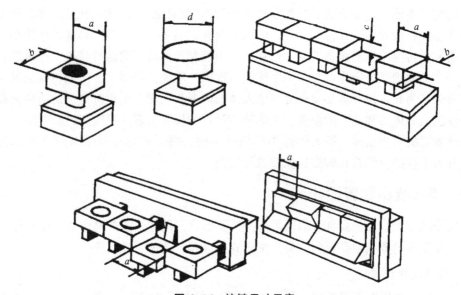

图 6-16　按键尺寸示意

表 6-10　按钮按键基本尺寸

操纵方式	按钮按键基本尺寸（mm）		行程	按动频率/
	d	$a×b$	c	（次/min）
用食指按动按钮	3~5	10×5	<2	<2
	10	12×7	2~3	<10
	12	18×8	3~5	<10
	15	20×12	4~6	<10
用拇指按动按钮	30		3~5	<5
用手掌按动按钮	50		5~10	<3
手指按动按钮	10		3~5	<10
	15		4~6	<10
	18		4~6	<1
	18~20		5~10	<1

注：带手套操作时最小直径为18mm。

②按钮的颜色："停止""断电"用红色；"启动""通电"优先用绿色，也可用白、灰或黑色；反复变换功能状态的按钮，忌用红色和绿色，可用黑、白或灰色。

③用作两种工作状态转换的按钮，应附加显示当前状态的信号灯；按钮处在较暗的环境下，提供指示按钮位置的光源。

④按钮的上表面，即手指接触的表面多为微凸的球面，操纵手感好。按键与按钮不同，按键需排在一起使用，如计算机键盘上的按键必须适应"盲打"要求，人凭触觉而不再依赖视觉进行操作，因此按键有不少与按钮不同的造型特点，如表面高于键盘基准面，按键表面微凹，"F""J"键上有凸起，方便利用触觉定位。

⑤产品上按钮按键的安置，还需要分析操作时的手型。产品上用拇指操作的按钮，因安置的位置和按压方向不同，操作的便利与否，会有较大的差别。

（2）旋钮

旋钮通常都是单手操纵。按其使用功能可分为：多级连续旋转按钮，控制范围超过360°，如图 6-17 所示的保险箱旋钮；间隔旋转按钮，控制范围不过 360°，如图 6-18 所示；定位指示按钮，旋钮的操纵受定位控制，如图 6-19 所示的煤气灶控制旋钮。前两类用于传递一般信息，第三类用于传递重要信息。设计旋钮时，通常利用形状和触觉肌理等方面的差异来提高识别性，如图 6-20 所示的相机旋钮。

图 6-17　多级连续旋转按钮　　　　图 6-18　间隔旋转旋钮

图 6-19　定位指示旋钮　　　　图 6-20　相机旋钮的不同肌理

《操纵器一般人类功效学要求》（GB/T 14775—1993）给出的按钮尺寸和操纵力矩数值见表 6-11。

表 6-11　两种常见旋钮的尺寸和操纵力矩

操纵方式	直径 d/mm	厚度 H/mm	操纵力矩/N·m
捏握和连续调节	10～100	12～25	0.02～0.5
捏握和断续调节	35～75	≥15	0.2～0.7

（3）操纵杆

除了旋钮，操纵杆也是与手相关的重要操纵设备之一。

对于操纵杆的设计需要注意的是：

①操纵杆的尺寸特别是手握部分的直径不能太小　如果太小，在长时间的操作过程中

会引起手部肌肉的紧张而产生痉挛和疲劳。通常情况下，常于操纵杆的握柄直径一般会选择 22~32mm。

②操纵杆的行程和扳动的角度要尽量和设备的运行方向以及人的躯干保持一致　在操纵杆的操作过程中要尽量避免躯干的移动，而对于操作的角度而言，不同的操纵杆其操作的角度也不一样。总的来讲，短的操纵杆其操作角度要大于长的操纵杆的操作角度。但是无论什么样的操作杆，其操作角度都不宜超过 90°，一般通用的操纵杆的扳动角度在 30°~60°。

③操纵杆的操纵力是有一定范围的　一般在 13~130N，表 6-12 是手柄的适宜操纵力，表 6-13 是常用的移动操纵器的工作行程与操纵力的关系。

表 6-12　手柄的适宜操纵力

手柄距地面的高度/mm	使用操纵力/N					
	右手			左手		
	向上	向下	向侧方	向上	向下	向侧方
500~650	140	70	40	120	120	30
650~1050	120	120	60	100	100	40
1050~1400	80	80	60	60	60	40
1400~1600	90	140	40	40	60	30

表 6-13　常用的移动操纵器的工作行程与操纵力的关系

操纵器名称	工作行程/mm	操纵力/N	操纵器名称	工作行程/mm	操纵力/N	操纵器名称	工作行程/mm	操纵力/N
开关杆	20~300	5~100	波动式开关	10~40	2~8	摆动式开关	4~10	2~8
杠杆键	3~6	1~20	手闸	10~400	20~60	拉环	10~400	20~100
调节杆（单手调节）	100~400	10~200	指拨滑块	5~25	1.5~20	拉手	10~400	20~60
			拉圈	10~100	5~20	拉纽	5~100	5~20

6.4.3　脚控操纵装置的设计

采用脚控操纵可减轻上肢负担和节省时间。脚控操纵装置主要用于需要较大操纵力时，如操纵力超过 50~150N；需要连续操作而又不便用手时；手的操作负荷太大时。通常脚控操纵是在坐姿且有靠背支持身体的状态下进行的，一般多用右脚，用力大时由脚掌操作；快速控制时由脚尖操作，而脚后跟保持不动。立位时不宜采用脚控操纵装置，因操作时体重压于一侧下肢，极易引起疲劳。必须采用立位脚控操作时，脚踏板离地不宜超过 15cm，踏到底时应与地面相平。

(1)适宜的操纵力

脚控操纵装置主要有脚踏压钮、脚动开关和脚踏板。在操纵力大于 50~150N 且需要连续用力时，才选用脚踏板。一般选用前两种较多。

为了防止无意踩动，脚控操纵装置至少应有 40N 的阻力。脚控器纵器的适宜用力见表 6-14。

表 6-14　脚控操纵装置的适宜用力

脚控操纵装置	适宜用力/N	脚控操纵装置	适宜用力/N
休息时脚踏板受力	18~32	离合器最大蹬力	272
悬挂脚蹬	45~68	方向舵	726~1814
功率制动器	~68	可允许的最大蹬力	2268
离合器和机械制动器	~136	—	—

（2）脚控操纵装置的尺寸

脚踏板一般设计成矩形，其宽度与脚掌等宽为佳，一般大于 2.5cm；脚踏时间较短时最小长度为 6~7.5cm；脚踏时间较长时为 28~30cm，踏下行程应为 6~17.5cm，踏板表面宜有防滑齿纹。脚踏按钮是取代手控按钮的一种脚控操纵器，可以快速操作。其直径为 5~8cm，行程为 1.2~6cm。

（3）脚踏板结构形式的选择

在相同条件下，不同结构形式的脚踏板，其操纵效率是不同的。图 6-21 表示不同类型脚踏板的对比实验结果。图中按编号(a)~(e)顺序，在相同条件下，相应的踏板每分钟脚踏次数分别为 187、178、176、140、171。试验结果表明，每踏 1 次，图 6-21(a)所示踏板所需时间最少，图 6-21(b)(c)(e)所示踏板所需的时间依次增多，而图 6-21(d)所示踏板所需的时间最多，比图 6-21(a)所示踏板多用 34% 的时间。

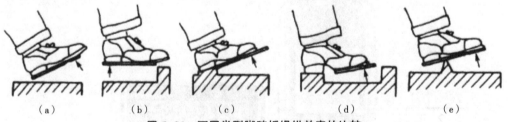

（a）　　　（b）　　　（c）　　　（d）　　　（e）

图 6-21　不同类型脚踏板操纵效率的比较

6.4.4　操纵装置编码与选择

（1）操纵装置编码

在使用多种操纵器的复杂操作场合，按其形状、位置、大小、颜色或标号对操纵器进行编码，是提高效率和减少误操作率的一种有效的方法。

①形状编码　对操纵器进行形状编码，是使具有不同功能的操纵器具有各自的形状特征，便于操作者的视觉和触觉辨认，并有助于记忆，因而操纵器的各种形状设计要与其功能有某种逻辑上的联系，使操作者从外观上就能迅速地辨认操纵器的功能。

图 6-22 是一组形状编码设计的实例。图 6-22(a)应用于连续转动或频繁转动的旋钮，其位置一般不传递控制信息；图 6-22(b)应用于断续转动的旋钮，其位置不显示重要的控制信息；图 6-22(c)应用于特别受到位置限制的旋钮，它能根据其位置给操作人员以重要的控制信息。

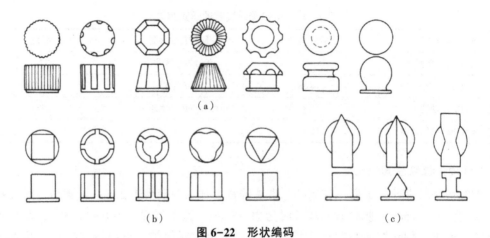

（a）

（b）　　　　　　　　　　　　　　　　　（c）

图 6-22　形状编码

②位置编码　利用安装位置的不同来区分操纵器，称为位置编码。如将操纵器设在某一位置上表示系统某种功能的类型，并实现标准化，则操作者可不必注视操作对象，而能很容易地识别操纵器并正确地进行操作。它常用于脚踏板编码，汽车的离合、油门、刹车的位置是典型的位置编码。控制器之间需要有足够的距离，而且控制器的数量不能过多。位置编码用在用户对于控制器的位置比较熟悉的情况，能大幅提高工作效率，例如键盘盲打，但有时候也会发生位置编码混淆的情况，如图 6-23 所示的手机键盘与计算器键盘的混淆。

图 6-23　位置编码的混淆

③尺寸编码　利用操纵器的尺寸不同，使操作者能分辨出其功能之间的区别，称为尺寸编码。由于手操纵器的尺寸首先必须适合手的尺度，因而利用尺寸进行编码，其应用是有限的。如把旋钮分为大、中、小三挡，是尺寸编码设计的最佳实例，如图 6-24 所示。

④颜色编码　利用色彩不同来区分操纵器，称为颜色编码。由于颜色编码的操纵器只有在采光照明较好的条件下才能有效地分辨，同时，色彩种类多了也会增加分辨的难度，因而其使用范围受到一定的限制，一般仅限于红、橙、黄、绿、蓝 5 种色彩。但是，如果

将色彩编码与其他方式编码组合使用，则效果甚佳，如图 6-25 所示声音控制台繁多的旋钮搭配不同的颜色功能区分明显。

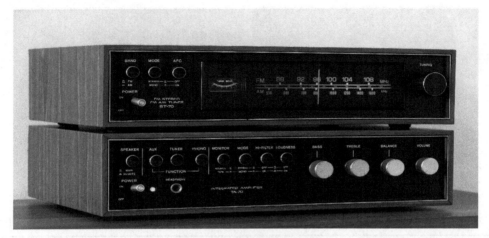

图 6-24　不同尺寸的旋钮

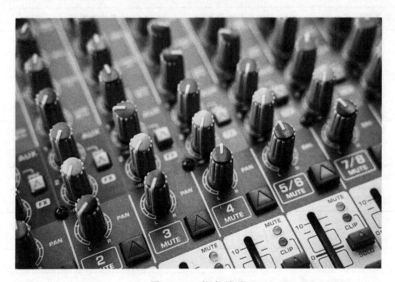

图 6-25　颜色编码

⑤符号编码　利用操纵器上标注的文字、图形等符号来区分操纵器，称为符号编码。通常，当操纵器数量很多，上述其他方式编码又难以区分时，可在操纵器上刻上适当的符号，或标上简单的文字以增加分辨效果，如图 6-26(a) 所示。设计时使用的文字符号应力求简单、达意，而且最好是使用手的触觉可分辨的符号，图 6-26(b) 所示的自助取款机简单的示意符号即可让人明白每个按键的含义，按键通过凹凸为盲人操作提供了便利。

（2）操纵装置的选择

操纵装置的选择应考虑两种因素，一种是人的操纵能力，如动作速度、肌力大小、连续工作的能力等；另一种是操纵装置本身，如操纵装置的功能、形状、布置、运动状态及经济因素等。按人机工程学原则来选择操纵装置，就是要使这两种因素协调，达到最佳的工作效率。此处只介绍操纵装置的有关选择依据,见表6-15至表6-17,以供合理选择操纵装置时参考。

(a) 汽车座椅调节按钮

(b) 自动取款机按键

图 6-26　符号编码示例

表 6-15　一些操纵装置的最大允许用力

操纵装置所允许的最大用力			平稳转动操纵装置的最大用力	
操纵器的形式		允许的最大用力/N	转动部位和特征	最大用力/N
按钮	轻型	5	用手操纵的转动机构	<10
	重型	30		
转换开关	轻型	4.5	用手和前臂操纵的转动机构	23~40
	重型	20		
操纵杆	前后动作	150	用手和臂操纵的转动机构	80~100
	左右动作	130		
脚踏按钮		20~90	用手的最高速度旋转的机构	9~23
手轮和方向盘		150	要求精度高时的转动操纵器	23~25

表 6-16　各种操纵器之间的距离　　　　　　　　（单位：mm）

把手和摇柄之间的距离	180
单手快速连续动作手柄之间最远距离	150
周期使用的选择性按钮之间的边距	50
交错排列的连续使用的按钮之间的边距	15
连续使用的转换开关（或拨动开关）柄之间的距离	25
周期使用的转换开关（或拨动开关）柄之间的距离	50
多人同时使用的两邻近转换开关间的距离	75
离单一工作的瞬间转换开关之间邻近边的距离	25
手柄之间最近边距	75
机床边缘上手柄之间的距离	300

表 6-17　各种不同工作情况下建议使用的操纵器

工作情况		建议使用的操纵器
操纵力较小情况	2 个分开的装置	按钮、踏钮、拨动开关、摇动开关
	4 个分开的装置	按钮、拨动开关、旋钮选择开关
	4~24 个分开的装置	同心多层旋钮、键盘、拨动开关、旋转选择开关
	25 个以上分开的装置	键盘
	小区域的连续装置	旋钮
	较大区域的连续装置	曲柄
操纵力较大情况	2 个分开的装置	扳手、杠杆、大按钮、踏钮
	3~24 个分开的装置	扳手、杠杆
	小区域的连续性装置	手轮、踏板、杠杆
	大区域的连续性装置	大曲柄

6.5　显控协调设计

人机界面的匹配主要表现在人和机通过显示器和控制器进行信息交换的匹配，同时，显示器和控制器的设计要符合人的习惯模式，这样的设计被称为显示器和控制器的协调性设计。

6.5.1　显控比

在人机系统中，控制键通过位移将信息输入机器，机器的状态发生变化，显示器的显示也发生变化，把控制器的输入量 C 与显示器反应量 R 的比值称为显控比。用户通过控制调节改变机器状态是有规律的，开始时使用粗调，控制动作迅速、调节的范围大，当即将达到预定设置时，操纵动作变慢以便进行精调，粗调要求的显控比较小，精调要求的显控比较大。两种显控比与完成调节任务的时间如图 6-27 所示，两条曲线的交点是理论上最佳的显控比。

6.5.2　显控组合方式的基本原则

集中显示与控制的布局原则是确定显示和控制的空间关系的基本原则，对应的显示和控制应该布置在同一个区域内，如工业机器的仪表盘、汽车驾驶的显示和控制的对应区域。

显示和控制组合的方式和原则主要是依赖于人的因素，包括四个主要原则：

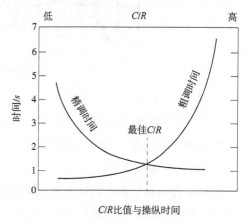

图 6-27　显控比（C/R）与操纵时间

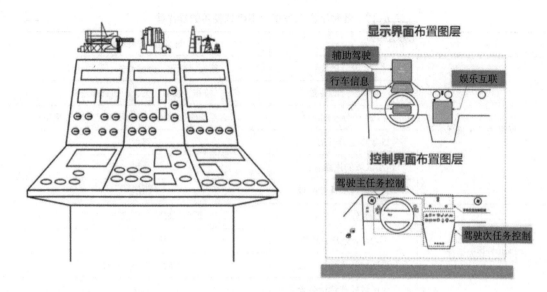

图6-28　显控组合的空间布局

（1）重要性原则

显示器和控制器应按照其重要性进行布局，最重要的显示器和控制器应放在最佳视野区和基本控制区内，特别是那些与系统安全有关显示器和控制器布局应该遵循重要性原则。对基本控制区和最佳视野区的重要性进行排序（由A到K、由1到6逐渐降低）如图6-29所示。

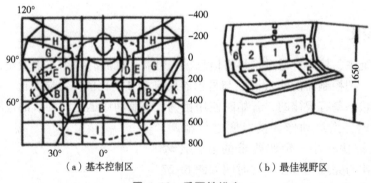

（a）基本控制区　　　　　（b）最佳视野区

图6-29　重要性排序

（2）操作频率原则

显示器和控制器应该按照使用频率的大小进行布局，使用频率高应该布置在最佳视野区和基本控制区内，如图6-30所示。

（3）功能分组原则

显示器和控制器可以按照其功能进行分组，功能相关的显示器和控制器应当布局在相对应的位置上形成功能组如图6-31所示，功能分组的混声器和示波器如图6-32、图6-33所示。

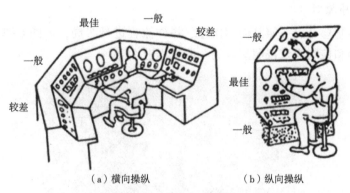

（a）横向操纵 （b）纵向操纵

图6-30 操作频率原则

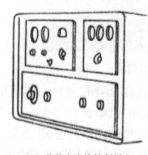

（a）分装在小块控制板上

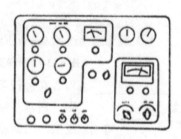

（b）用边框线分区

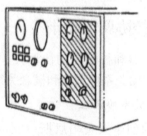

（c）用颜色分区

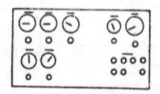

（d）用间距分区

图6-31 功能分组原则

图6-32 混声器控制面板

图6-33 示波器控制面板

（4）操作次序原则

显示器和控制器可以按照其使用次序、操作流程进行布局，如图6-34所示，厨房用具和电器的布局和控制应该按照烹饪的一般流程进行排列。

图6-34 厨房烹饪流程

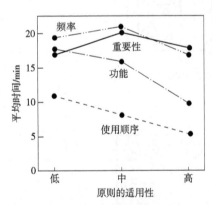

图6-35 面板布置原则与
作业之下时间的关系

在进行系统各元素布置时，不可能只遵循一个原则。通常，重要性原则和频率原则适合元素的区域性定位，功能原则和使用顺序原则适合区域内元素的排布。在四种原则都可以使用时，使用顺序原则最高效，如图6-35所示。

6.5.3 显控协调性设计

对于显示器和控制器的协调性，主要包括空间关系协调性、运动关系协调性和概念关系协调性。

（1）空间关系协调性

人机学的创始人查帕尼斯（Chapanis）做过一项研究：煤气灶的旋钮和灶眼四种不同的对应关系，分别进行打火操作，图6-36中的错误率分别0%、6%、10%、11%。显然，空间关系对应好的错误率低。

（2）运动关系协调性

显示器和控制器在运动方向上应该符合操作者的习惯模式，圆形控制旋钮与直线型显示关系如图6-37所示，一般而言顺时针和自下而上表示增加，反之表示减少。不同平面上显控的运动协调性如图6-38所示。

（3）概念关系协调性

控制器和显示器的功能或用途编码与人们已有的概念一致，例如，红色表示危险或停止，绿色表示安全和通行，黄色表示警告。在设计中，我们要考虑不同人、不同地区的风俗习惯，如图6-39所示，温湿度计通过红蓝色表示冷热、潮湿干燥与人的认识习惯相匹配。

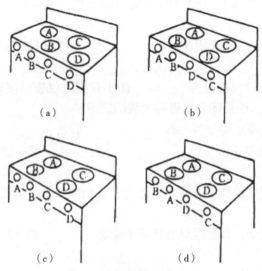

图 6-36 四种炉灶布置方式

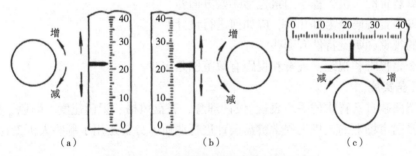

图 6-37 圆形控制旋钮与直线型显示关系

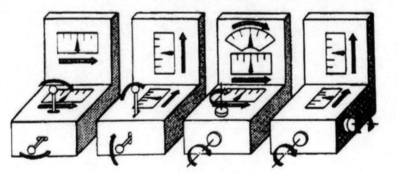

图 6-38 不同平面上显控的运动协调性

图 6-39 温湿度计

练习题

一、填空

1. 人机界面有_____、_____和_____三种，其中_____界面最为重要。

2. 在人机系统中，按人接受信息的感觉通道不同，可将显示装置分为_____、_____、_____。

3. 仪表按其功能可分为读数用仪表、_____、追踪用仪表和调节用仪表等；按其结构形式可分为_____、指针固定式仪表和_____等。

4. 通常将一些多指针仪表改为_____加小开窗式仪表，使得这种形式的仪表不仅可增加读数的_____，而且还大幅提高读数的效率和_____。

5. 手控操纵器的类型主要分为三类：_____、旋钮、_____。

6. 在不需要暗适应的条件下，以_____为佳；当仪表在暗处，而观察者在明处，以_____好。

7. 听觉信息传示装置种类很多，常见的为音响报警装置，如铃、_____、报警器、_____、哨笛等。

8. 为了防止无意踩动，脚控操纵装置至少应有_____的阻力。

二、简答

1. 简述仪表装置设计的人体工程学因素。

2. 操纵装置的人机工程学因素包括哪些方面？

3. 操纵装置编码分为哪几种，应如何进行设计？

5. 人的视觉和听觉特性有哪些？

6. 什么是视野和视距？视野和视距有效范围是多少？

三、任务实施

1. 介绍两款自己喜欢的手表表盘(设计理念、表盘风格、识读速度、颜色、指针)。

2. 对目前市场上的人机工程学键盘设计进行调研，分析运用了哪些人机工程学原理。

第7章 手持式作业工具设计

7.1 手与上肢的生理构造

7.1.1 手与上肢的构造

　　人手是由骨、动脉、神经、韧带和肌腱等组成的复杂结构，由 27 块骨头组成，从前肢末端开始，整只手由腕骨关节及腕骨(8 块)、掌骨(5 块)及指骨(14 块)组成。腕关节的骨骼与前臂的两只长骨，桡骨和尺骨相互联结。桡骨联结的是拇指这边的手腕，而尺骨联结的是小指这边的手腕，也就是说，位于拇指侧的是桡骨，位于小指侧的是尺骨。手指由小臂的腕骨伸肌和屈肌控制，腕部是一个多自由度的关节，结构形态复杂，有多条肌肉、肌腱以及动脉静脉血管、神经穿越复杂的骨关节之间比较狭窄的缝隙，通往手部，如图 7-1 所示。

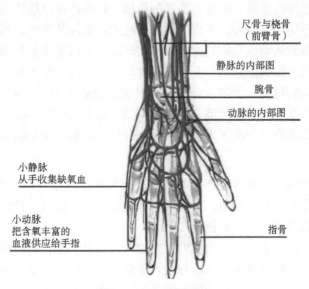

尺骨与桡骨
（前臂骨）

静脉的内部图

腕骨

动脉的内部图

小静脉
从手收集缺氧血

小动脉
把含氧丰富的
血液供应给手指

指骨

图 7-1　手与腕部结构

由于腕关节本身的结构缘故，手掌只能做二轴的运动。在垂直面上，为掌屈和背屈；在水平面上，则为尺偏和桡偏。背屈动作角度可达 75°～80°，掌屈动作则可达 85°～90°；尺偏动作可达 35°～37°，桡偏动作则可达 15°～20°，如图 7-2 所示。

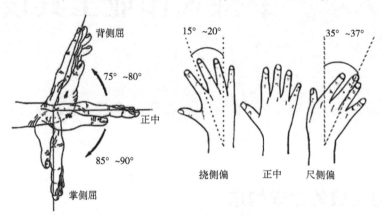

图 7-2　手掌活动范围

控制腕部运动的肌群为手部提供两项功能，即手部的初步定位和稳定腕部。手部的运动机能由以下两大部分肌群所构成。

（1）前臂肌群

前臂肌群又称外来肌群，其始于前臂而中止于手部之所有肌肉总称。其主要机能为提供手腕与手指完成各种相关运动的能量。依据机能解剖可分为两大肌群：一个为完成前臂掌侧屈曲、旋前等相关运动所需的屈曲/旋前肌群；另一个为完成前臂背侧伸展、旋后等相关运动所需的伸展/旋后肌群。手臂运动肌肉包括肱二头肌、肱肌、肱桡肌、肘肌、旋前肌与旋后肌等。

需要注意的是手指的伸屈、抓握，手部的偏屈、转动都是由肌肉的力量带动的。而肌纤维只能产生拉力不能产生压力，手指的伸开握拢全靠肌肉的拉力来实现，手部以腕关节为中心的各方向的偏转活动也是靠肌肉的拉力实现的。所以如果手臂扭曲、手腕偏屈，会使各肌肉束相互干扰，影响这些肌肉发挥其正常功能。因此，如果腕关节处于比较大的偏屈、偏转状态，其间的肌肉、肌腱、血管、神经就会受到压迫，影响手部、手指的活动，长时间保持这种状态就容易引起手部和腕部的损伤。此外，在图 7-2 中不同的人手掌的活动范围会有所差异，在极限角度下人极易疲劳，所以应尽量避免手的弯曲。

（2）手部肌群

手部肌群又称为内部肌群，是起始端与终止端都发生在手部内部的所有肌肉的总称。其中最丰富的部位是手上的指球肌、大鱼际肌和小鱼际肌，而最少的部位是掌心肌肉，布满神经末梢的部位是指骨间肌，如图 7-3 所示。

手掌还不宜承受过大的压力。施加的压力过大，会对手掌上的肌肉造成伤害，容易引起擦伤、麻木或手指的轻微刺痛。所以在设计手柄的形态时，应使手柄被握住部位与掌心和指骨间肌之间留有空隙，从而改善掌心和指骨间肌集中受力状态，保证手掌血液循环良好，神经不受过强压迫。如果掌心长期受压会引起疲劳和操作不准，甚至引起难以治愈的

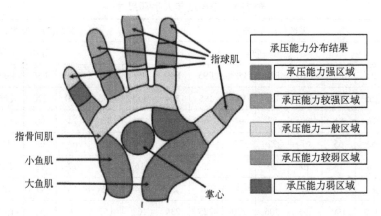

图 7-3　手部肌肉

痉挛。因此，手柄的截面形态应该符合手掌的生理结构。传统的把手[图 7-4(a)]是圆形的截面，不符合手抓握时的自然状态。这种不稳定的抓握使手柄很容易从手上滑落；三角形的截面手柄[图 7-4(b)]局部太宽，不易握紧。同时，手柄的转角压迫了手掌，影响了手部的血液流动；接近椭圆的截面[图 7-4(c)]是最理想的形态，适合工具工作的方向性，同时手握时有足够的摩擦力，最适合手的抓握。

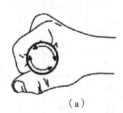
（a）
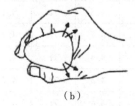
（b）
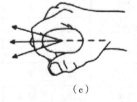
（c）

图 7-4　把手截面

7.1.2　手的尺寸

为了手持式工具的设计能符合人手的生理特点，让人在使用时处于舒适的状态和适宜的环境之中，必须在设计中充分考虑人手的各种尺度，因而需要了解一些人体尺寸方面的基本知识，根据《成年人手部号型》（GB/T 16252—2023）和《中国成年人人体尺寸》（GB/T 10000—2023）中的测量数据，手部尺寸整理如下：图 7-5 为手部尺寸测量示意，表 7-1 为成年人手部尺寸，表 7-2 为男性手部尺寸地区差异，表 7-3 为女性手部尺寸地区差异。

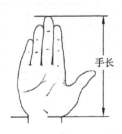

图 7-5　手部尺寸测量示意

表 7-1　中国成年人手部尺寸

测量项目	男性(18～70岁)							女性(18～70岁)						
	百分位数							百分位数						
	P1	P5	P10	P50	P90	P95	P99	P1	P5	P10	P50	P90	P95	P99
手长	165	171	174	184	195	198	204	153	158	160	170	179	182	188
手宽	78	81	82	88	94	96	100	70	73	74	80	85	87	90
食指长	62	65	67	72	77	79	82	59	62	63	68	73	74	77
食指近位宽	18	18	19	20	22	23	23	16	17	17	19	20	21	21
食指远位宽	15	16	17	18	20	20	21	14	15	15	17	18	18	19
掌围	182	190	193	206	220	225	234	163	169	172	185	197	201	211

表 7-2　男性手部尺寸地区差异　　　　　　　　　　　　　　（mm）

区域名称	手长		手宽		食指长		食指近位宽		食指远位宽	
	均值	标准差	均值	标准差	均值	标准差	均值	标准差	均值	标准差
全国	184	8.2	88	4.7	72	4.2	20	1.3	18	1.3
东北华北区	185	8.2	89	4.6	72	4.1	21	1.3	18	1.3
中西部区	184	8.1	89	4.8	72	4.1	20	1.3	18	1.3
长江下游区	184	8.1	89	4.7	72	4.2	20	1.3	18	1.3
长江中游区	183	8.0	87	4.4	71	4.1	20	1.2	18	1.3
海南、台湾	185	8.1	88	4.3	72	4.2	20	1.2	18	1.2
云贵川区	182	8.4	87	4.4	71	4.3	21	1.1	18	1.1

表 7-3　女性手部尺寸地区差异　　　　　　　　　　　　　　（mm）

区域名称	手长		手宽		食指长		食指近位宽		食指远位宽	
	均值	标准差	均值	标准差	均值	标准差	均值	标准差	均值	标准差
全国	170	7.5	80	4.2	68	3.8	19	1.2	17	1.2
东北华北区	170	7.6	80	4.3	68	3.8	19	1.2	17	1.2
中西部区	170	7.4	81	4.3	68	3.8	19	1.2	17	1.1
长江下游区	170	7.4	80	4.2	68	3.9	18	1.3	16	1.2
长江中游区	169	7.3	79	4.0	68	3.9	19	1.1	17	1.1
海南、台湾	170	7.3	79	3.9	68	3.9	19	1.1	17	1.1
云贵川区	168	7.3	78	4.1	68	3.8	19	1.1	17	1.1

7.1.3　手的操作

　　人手具有极大的灵活性。从抓握动作来看，可分为着力抓握和精确抓握。着力抓握时，抓握轴线和小臂几乎垂直，稍屈的手指与手掌形成夹握，拇指施力。根据力的作用线不同,可分为力与小臂平行(如锯),力与小臂成夹角(如锤击)及扭力(如使用螺丝起子),如图7-6所示。精确抓握时,工具由食指和拇指的屈肌捏住。精确抓握一般用于控制性作业(如小刀、铅笔)。操作工具时,动作不应同时具有着力与控制两种性质,因为在着力状态让肌肉也起控制作用会加速疲劳,降低效率。

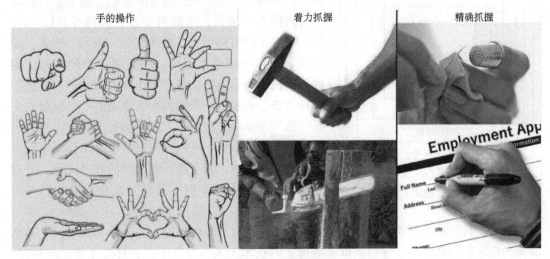

图7-6 手的操作

7.2 手持式作业工具设计要求及常见上肢职业病

7.2.1 手持式工具设计要求

工具是人类四肢的扩展。使用工具使人类增加了动作范围、力度,提高了工作效率。工具的发展过程与人类历史几乎一样悠久,从打制石器、曲辕犁到各种机器,人类就一直都通过工具提高人劳作时的安全性和工作效率。为了适合精密性作业,设计师在人手的解剖学机能及工具的构造方面进行大量研究。人们在工作、生活中一刻也缺少不了工具,但目前使用的工具大部分还没有达到最优的形态,其形状与尺寸等因素也并不符合人机工程学原则,很难使人有效并安全地操作。实际上,传统的工具有许多已不能满足现代生产的需要与现代生活的要求。人们在作业或日常生活中长久使用设计不良的手握式工具和设备,造成很多身体不适、损伤与疾患,降低了生产率,甚至使人致残,增加了人们的心理痛苦与医疗负担。因此,工具的适当设计、选择、评价和使用是一项重要的人机工程学内容。

手动工具的种类繁多,功能各异,主要包括刀具类、钳类、扳手类、螺丝刀类、锤类、套筒类、工具车类及卷尺类,其中电动工具占大多数。为了提高产品价值与竞争力,手动工具产品需结合人机工程,从新的材料、新的工艺、新的结构、新的功能、新的使用方式,以及新的形状和新的色彩搭配等方面着手,使设计出的产品可以降低生产成本,符合时代潮流,时尚、实用、耐用,手动工具的创新与升级迫在眉睫。

现阶段的手持工具设计实际上是一种改良设计，因此有必要了解现阶段的手持工具市场和应用特点，为改良设计提供基本依据和改良思路。人机工程学是一门专注于理解人与

图7-7 工作环境与人层级关系

系统之间相互作用的学科，其目标是通过改善工作条件来改善工人的健康、安全、舒适、满意度、承诺和福祉。同时，它对系统性能也有影响，因为它可以减少时间损失、错误，提高可靠性，提高生产率和质量，减少工作时间损失，减少病假、事故、伤害，减少伤害成本和劳动力流动，并提高生产经济性。因此，人机工程学方法是解决工作环境相关的问题的一个好方法，其次，它是提高系统性能的一个极好的工具，基于在系统需求和工人能力和需求之间寻求和谐的设计和管理系统。系统方法包括考虑工作系统的所有元素层级，认识到系统元素之间的相互关系，并理解这些相互作用和影响不是孤立发生的，如图7-7所示。

手动工具的消费群体可以分为两类，一类是专门从事机械加工的技术工人，另一类是面向大众家庭消费群体。专门从事机械加工的技术工人，对于手工工具的品牌要求较高，其主要原因是：国家对于产品的合格标准不断提高，客户对于产品细节要求更高，而且专业技工和机械工的人工成本也不断提高，如果使用低廉不合格的手动工具产生严重后果，将给客户和自己带来巨大损失，因此专业技术工已经开始对工具的质量与效率比较看重，喜欢购买值得信赖的大品牌产品。在手动工具的品牌、质量、价格、功能等方面，大众家庭消费群体与专业技术工人是不同的。普通家庭用户偶尔会用工具修理坏了的物品或者自己拿起手中的工具去创造自己想要的事物。这部分群体会遵循就近原则，会选择在便利店、家附近的五金店或者生活超市购买，但是进入家庭的一些工业产品，必须考虑到用户对于装饰性和亲和力的需求，产品进入家庭前需要进行再设计，赋予全新的形态和功能，此外价格与外观是业余家庭用户的首选标准。

传统手动工具看似简单，其实是一个历经了上千年进化的器具，人们已经熟悉与习惯了其使用，对其进行创新与升级设计是一项复杂课题。设计必须是有价值的，必须有利于企业的销售，必须满足用户的生理与心理需求。具体来所，手持式工具设计有如下要求：

①注重手动工具品牌形态特征设计 品牌形态特征主要包括造型特征、线条比例、色彩、LOGO图标以及材料工艺的运用等内容。目前国内手动工具琳琅满目，价格低廉，纵观产品，可以发现其形态特征不够凸显，作为专业的手动工具设计、开发、生产、销售品牌，应该致力于将专业渗透到每个细节，赋予工具一种好的设计理念，并通过产品形态特征传达出来。例如，某手动工具品牌将橙色与黑色作为企业标准色，同时将产品定位为高中端，其中高端产品的形态特征是异化的箭头，中端产品的形态特征是肌肉纤维组织造型，如图7-8所示。

②新材料与技术的创新设计运用 新材料与技术的运用能够提升传统手动工具的形象与品质感，更易吸引专业用户。目前，手动工具产品的手柄材料主要是塑料，如螺丝批的

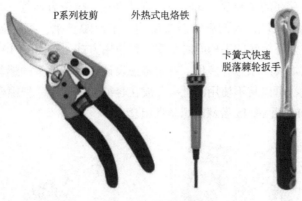

P系列枝剪　　外热式电烙铁

卡簧式快速
脱落棘轮扳手

图7-8　手动工具

塑料手柄可以注塑成型，制造较为方便，生产制造优势突出，然而由于材料本身特性的原因，塑料手柄能够承受扭矩的能力有限，甚至出现扭断现象，无法通过产品的合格检验，为了突破手柄的强度，扭力的需求，同时也为了提升产品的档次，就需要寻找性能更好的材料代替塑料。如铝型材是一种质量轻、金属质感强、易于加工、表面处理方式多样的优良特性材料，而且铝型材表面可以通过电极氧化成各种不同的、金属感强的颜色，制造出外观质量非常高的产品，不但加强了产品的强度，延长了产品的寿命，同时将工具产品的档次进行了大大的提升，这是一种用于手动工具的新型金属材料。钢盾工具的一款重型金属柄扭力扳手得到了专业用户的认可，产品设计方案一经推出就引起了客户的浓厚兴趣，样品也得到客户的良好反应，如图7-9所示。

③创造新型产品　由于手动工具产品市场竞争越来越强，需要企业不断地推出新产品，引起消费、购买与尝试的欲求，而新型的使用方式需要巧妙而合理的结构设计，这需要设计

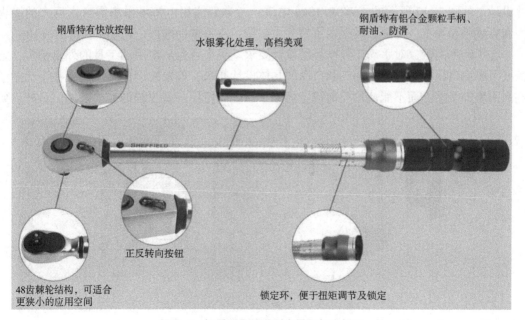

钢盾特有快放按钮

水银雾化处理，高档美观

钢盾特有铝合金颗粒手柄、耐油、防滑

正反转向按钮

48齿棘轮结构，可适合更狭小的应用空间

锁定环，便于扭矩调节及锁定

图7-9　钢盾工具的重型金属柄扭力扳手

师要多关注目前产品存在的小问题，如收纳、打开方式、携带方便等。特别针对螺丝批这种常用的产品，通过调研发现，人们有时需要使用一字形螺丝批，有时需要使用 T 字形螺丝批，可以考虑设计一个可旋转的手柄同时实现 2 种使用方式，如图 7-10 所示的 45 齿棘轮螺丝批；再考虑到螺丝批头的型号有多种，可以考虑设计一个多批头的螺丝批，在手柄处设计多个半开放的容纳腔，可以将不使用的批头存放在容纳腔中，令一把螺丝批能够适用 8 种形式的批头，如图 7-11 所示的 45 齿棘轮螺丝批组套。

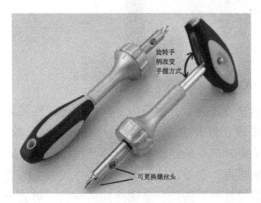

图 7-10   45 齿棘轮螺丝批   图 7-11   45 齿棘轮螺丝批组套

④注重手动工具的人性化设计   手动工具产品是直接与使用者的手接触的产品，为了提高使用者的舒适度、减少长时间使用引起的机械性伤害，手动工具的创新设计需要结合不同个体的年龄、性别、高度、专业性等差异，按照使用者的个体能力与身体差异设计。一些国际手动工具品牌将人机工学参数研究作为设计的依据，他们研究男性与女性手掌数据，确定精确的手动控制范围以及手部控制组织，在这些数据的基础上进行手控组件的尺寸设计。如图 7-12 所示的 1600W/10kg 电镐，考虑到使用电镐场景中需要人巨大的操纵力和穿戴手套需求，电镐工具采取了右手主握持、左手辅助握持、大把手护圈的设计。

⑤了解不同国家对手动工具产品的设计要求   很多企业从事手动工具的外贸销售，就需要了解出口国家对各类手动工具产品的具体设计要求，如针对瑞典出口的一些手动钳子在表面装饰工艺方面不能使用亮面镀金磨光，而应当使用一些粗糙的表面装饰。另外，要

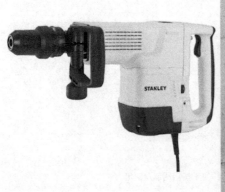

图 7-12   1600W/10kg 电镐

了解不同民族的一些喜好与禁忌，然后进行工具的造型、色彩、体积、形状、材料、表面肌理方面的设计。如图 7-13 所示，workpro 风格工具主要消费人群为中国人，选择中国人喜欢的红色作为风格的标准色，部件造型分割线多采用流畅的曲线，切合中国人的手实际使用的曲线设计工具造型的轮廓线，细节处做了防滑凸起或者凹陷，与人手接触的部位采用具有弹性的橡胶材料。

图 7-13 workpro 风格工具

⑥开拓手动工具新领域　手动工具种类繁多、竞争激烈，价格低廉，为了提升手动工具的市场竞争力，需要开拓手动工具的新型应用领域如家装领域、电子电工领域、电脑维修领域、园林装饰领域等。如据相关调查统计，DIY 已经成为现代社会的一个潮流，DIY 动手实践可以培养人们的自主思考问题和创新能力，在学校的一些项目化的教学中，开始不断地融入 DIY 动手实践类项目，这些项目一般需要成套的手动工具组件，特别是一些常规的螺丝刀、钳子、锯子等工具，如何结合现代教育，开发系列化教学项目工具，为教育服务，是一个新的有潜力的市场领域。为进一步拓展手动工具的市场，需要手动工具越来越专业化，实现为不同人群服务的目的，如图 7-14 所示的 KESEBI 木工刨刀套装的颜色、材质和形状给使用者带来木工雕刻的愉悦体验。

图 7-14 KESEBI 木工刨刀套装

7.2.2　手持式作业工具与上肢职业病

使用设计不当的手握式工具会导致多种上肢职业病甚至全身性伤害，这些病症如腱鞘炎、腕道综合征、腱炎、滑囊炎、滑膜炎、痛性腱鞘炎、狭窄性腱鞘炎和网球肘等，一般统称为重复性积累损伤病症。

腱鞘炎是由初次使用或过久使用设计不良的工具引起的，在长时间重复作业的工人中常会出现。如果工具设计不恰当，引起尺偏和腕外转动作，会增加其出现的机会，重复性动作和冲击震动使之加剧。当手腕处于尺偏、掌屈和腕外转状态时，腕肌腱受弯曲，如时间长，则肌腱及末梢处会发炎，如图7-15所示。

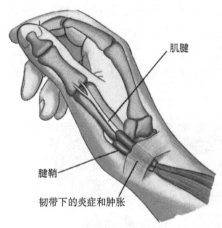

图7-15　腱鞘炎

狭窄性腱鞘炎(俗称扳机指)，是由手指反复弯曲动作引起的。在类似扳机动作的操作中，食指或其他手指的顶部指骨须克服阻力弯曲，而中部或根部指骨这时还没有弯曲。腱在鞘中滑动进入弯曲状态的位置时，施加过量的力在腱上压出一个沟槽。当欲伸直手指时，伸肌不能起作用，而必须向外将它扳直，此时一般会发出响声，如图7-16所示。为了避免扳机指，应使用拇指或采用指压板控制。

图7-16　手指弯曲过程

腕道综合征是一种由于腕道内正中神经损伤所引起的不适。手腕的过度屈曲或伸展造成腕道内腱鞘发炎、肿大，从而压迫正中神经，使正中神经受损。它表征为手指局部神经功能损伤或丧失，引起麻木、刺痛、无抓握感觉，肌肉萎缩失去灵活性，如图7-17所示。腕管

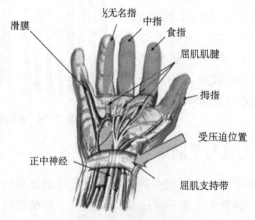

图7-17　腕道综合征

综合征通常发展在 45~64 岁，患病率随年龄增长而增加，它可以出现在一个手腕或者同时两个手腕上，发病率性别差异上女性是男性的 3~10 倍。因此，工具必须设计适当，避免非顺直的手腕状态。

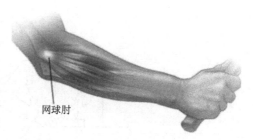

网球肘

图 7-18　网球拍握持方式

网球肘(肱骨外踝炎)是一种肘部组织炎症，由手腕的过度桡偏引起。尤其是当桡偏与掌内转和背屈状态同时出现时，如图 7-18 所示的网球拍握持方式，肘部桡骨头与肱骨小头之间的压力增加，导致网球肘。

7.3　手持式工具的设计原则

一般工具必须满足以下基本要求，才能保证使用效率：

①有效地实现预定的功能。

②与操作者身体成适当比例，使操作者发挥最大效率。

③按照作业者的力度和作业能力设计，所以要适当地考虑到性别、训练程度和身体素质上的差异。

④工具要求的作业姿势不能引起过度疲劳。

⑤考虑工具使用场景，如有限空间作业、抬手作业、穿戴防护用具等。

具体来说，手持式工具有如下设计原则：

(1)避免静态肌肉负荷

当使用工具时，臂部必须上举或长时间抓握，会使肩、臂及手部肌肉承受静负荷，导致疲劳，降低作业效率。如在水平作业面上使用直杆式工具，则必须肩部外展，臂部抬高，因此应对这种工具设计做出修改。如图 7-19 是使用焊接作业中，工人在精确控制焊接部位时会保持静止上臂姿势，外展的肩部、悬空的肘部和持续发力的小臂肌群极容易造成肩部、肘部、小臂和腕部的酸痛疲劳。

在工具的工作部分与把手部分做成弯曲式过渡，可以使手臂自然下垂。例加，传统的烙铁是直杆式的，当在工作台上操作时，如果被焊物体平放于台面上，则手臂必须抬起才能施焊。改进的设计是将烙铁做成弯把式，操作时手臂就能处于较自然的水平状态，减少了抬臂产生的静肌负荷，如图 7-20 所示。

图 7-19　焊接作业姿势

(2)减少手部组织的压力

操作手握式工具时，有时常要用手施相当的力，也就是处于着力抓握状态。如果工具设计不当，会在掌部和手指处造成很大的压力，妨碍血液在尺动脉的循环，引起局部缺

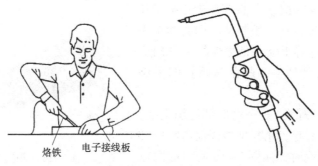

烙铁　电子接线板

图 7-20　烙铁把手

血，导致麻木、刺痛感等。好的把手设计应该具有较大的接触面，使压力能分布于较大的手掌面积上，减小应力；或者使压力作用于不太敏感的区域，如拇指与食指之间的虎口位。有时，把手上有指槽，但如没有特殊的作用，最好不留指槽，因为人体尺寸不同，不合适的指槽可能造成某些操作者手指局部的应力集中，特别是手指较大的人可能会在手指的侧表面产生压力，而这一区域富含浅表神经和静脉。

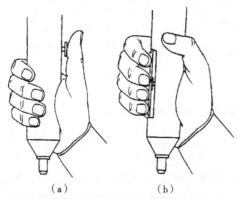

（a）　　　　　　（b）

图 7-21　拇指或指压板控制器

（2）避免手指重复动作

如果反复用食指操作扳机式控制器时，就会导致扳机指（狭窄性腱鞘炎），扳机指症状在使用气动工具或触发器式电动工具时常会出现。设计时应尽量避免食指这类动作，如图 7-21 所示，以拇指（a）或指压板（b）控制代替扳机式控制器。

（3）保持手腕处于顺直姿势

手指顺直操作时，腕关节处于正中的放松状态，但当手腕处于掌屈、背屈、尺偏和挠偏等别扭的状态时，就会产生腕部酸痛、握力减小，如长时间这样操作，会引起腕道综合征、腱鞘炎等症状。图 7-22 是钢丝钳传统设计与改进设计的比较，传统设计的钢丝钳造成掌侧偏，改良设计使握把弯曲，操作时可以维持手腕的顺直状态，而不必采取尺偏的姿势。如图 7-23 所示，对使用两种手柄产生腱鞘炎的数量进行跟踪调查，可以看出改进手柄的腱鞘炎发病率在两周后远低于传统手柄，并且在使用 10 周以上时，传统手柄形成腱鞘炎的数量急剧增加而改进手柄的患病人数无变化。如图 7-24 所示，（a）型螺丝刀的设计手腕处

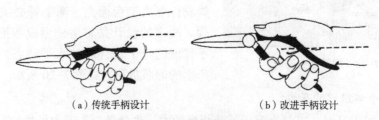

（a）传统手柄设计　　　　　　　（b）改进手柄设计

图 7-22　两种钢丝钳设计比较

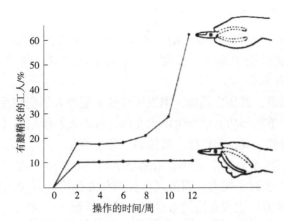

图7-23 使用不同手柄的钢丝钳后患腱鞘炎人数的比较

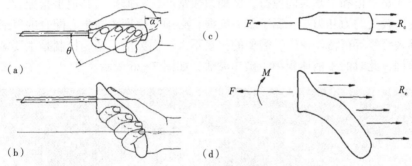

图7-24 两种钢丝钳设计

于尺偏状态并提供转动螺丝刀的全部用力,如(b)(c)型螺丝刀设计保持了手腕的顺直姿势,手掌和腕部同时发力,如(d),避免了某一部位单独施力的情况。一般认为,将工具的把手与工作部分弯曲10°左右,效果最好。

需要注意的是,并不是所有的工具设计都适用弯把手设计,具体采用哪种把手设计需要考虑工作姿势。如图7-25所示的电钻使用姿势,在低于手肘位置使用弯把手较好,在手肘以上位置使用直把手较好。

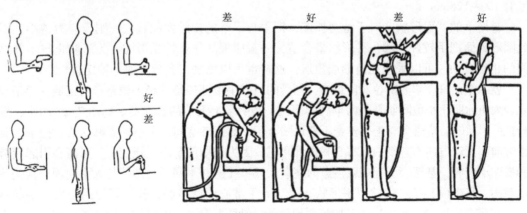

图7-25 使用电钻的工作姿势

（4）把手设计的注意事项

手握式工具的把手设计是非常重要的。对于单把手工具，其操作方式是掌面与手指周向抓握，其设计因素包括把手直径、长度、把手的截面形状、材质及表面肌理、性别差异、双把手工具、惯用手等。

人们使用手握式工具，其历史长远，但发展极快，至今人们仍在沿用着手握式工具，只是手握式工具的形式、结构与功能已发生巨大变化，过去人们使用的是人力手握式工具，今天人们已用上智能手握式工具，如鼠标、遥控器、数据手套、云自由度控制装置等。

①直径　把手直径大小取决于工具的用途与手的尺寸。对于螺丝批、起子直径大可以增大扭矩，但直径太大会减小握力，降低灵活性与作业速度，并使指端骨弯曲增加，长时间操作，则导致指端疲劳。比较合适的直径是：着力抓握 30～40mm，精密抓握 8～16mm。对于螺丝刀的手柄尺寸还需要考虑工具的使用方式，若是使用在铁质、木制材料中拧螺丝，操作方式是手指和手掌共同握持，手柄顶住掌心，靠拇指与其他手指配合，扭动时需要握紧并使出较大的力和力矩，属于着力抓握，必须考虑柄头与掌心配合的舒适性。当螺丝刀用于钟表维修等精密作业时，需要的扭矩不大，而灵活、精确控制是主要需求，需要两根手指捏握，此时的手柄体积小，操作灵活，如图 7-26 所示。

图 7-26　不同工作场景中的螺丝刀使用

②长度　把手长度主要取决于手掌宽度。掌宽一般在 71～97mm，因此合适的把手长度为 100～125mm。

③把手的截面形状　对于着力抓握，把手与手掌的接触面积越大，则压应力越小，因此圆形截面把手较好。哪一种形状最合适，一般应根据作业性质考虑。为了防止与手掌之间的相对滑动，可以采用三角形或矩形，这样也可以增加工具放置时的稳定性。

就手掌而言，掌心部位肌肉最少，指骨间肌和手指部位是神经末梢遍布的区域。而指球肌、大鱼际肌、小鱼际肌是肌肉丰满的部位，是手掌上天然的减振器。如图 7-27 所示，设计把手形状时，应避免将把手丝毫不差地贴合于手的握持空间，更不能紧贴掌心。把手的着手方向和振动方向不宜集中于掌心和指骨间肌。因为长期使掌心受压受震，可能会引起疲劳和操作不准确，甚至会引起难以治愈的痉挛。（b）～（g）是不同把手形状与人手生理结构关系示意图，其中（e）～（g）中的把手形状直接与人手掌心紧密接触，长时间使用会引起手部不适，甚至造成损伤。而（b）～（d）中把手形状的设计既符合人手的结构、尺度等生理特征，也在把手与掌心之间留了一定的空间，符合人手掌心的触觉特征，是较好的设计。

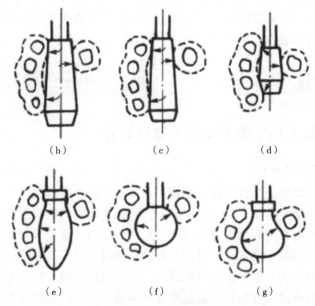

图 7-27 把手形状

④材质及表面肌理 手工具应考虑工具的使用场景是否需要防锈、防滑处理以及采用耐磨材料等。手部握持不同的材料也会产生不同的触觉体验。此外，把手的表面肌理在增大抓握面、减小手部组织的压力方面也有重要作用，如图 7-28 所示为不同把手对应的力矩。

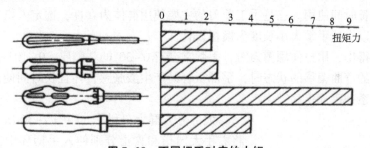

图 7-28 不同把手对应的力矩

⑤性别差异 从不同性别来看，男女使用工具的能力也有很大的差异。女性约占人群的 48%，其平均手长约比男性短 2cm，握力值只有男性的 2/3。设计工具时，必须充分考虑这一点。

⑥双把手工具 双把手工具的主要设计因素是抓握空间。握力和对手指屈腱的压力随抓握物体的尺寸和形状而不同。当抓握空间宽度为 45~80mm 时，抓力最大。其中若两把手平行时为 45~50mm，而当把手向内弯时，为 75~80mm。图 7-29 即为抓握空间大小对握力影响的情况，可见，对不同的群体而言，握力大小差异很大。为适应不同的使用者，最大握力应限制在 100N 左右。

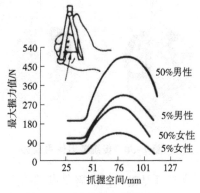

图 7-29 双把手工具握力与抓握空间的关系

⑦惯用手　据统计，左利手(俗称左撇子)约占世界总人口10%。设计工具时应该充分考虑到左利者在使用产品时的需求。此外，设计左右手通用的产品也可以减小单一长期使用右手带来的疲劳和损伤。

7.4　设计案例

7.4.1　基于人机工程学的手工剪刀改良设计

(1)现状调研与问题分析

手工剪刀的使用环境通常为家庭、学校、公司等，用户通常使用手工剪刀进行整齐裁剪单张纸或多张纸、剪纸艺术、简单理发等。进行问卷调查的内容主要包括：用户使用剪刀的目的；用户使用剪刀的频率以及每次的使用时长；用户希望剪刀能实现哪些功能；用户使用剪刀时手部疼痛的主要部位。通过分析和整理得出以下几个结论：一是61%的用户使用剪刀的主要目的是为了整齐裁剪单张纸；二是人们按照渴求程度来排序他们认为剪刀需要实现的功能，其中最需要的功能是长期使用不费力，其次是能剪直线和平滑曲线。

手工剪刀的使用情况和修改意见如下：一是在使用过程中与手最直接接触的地方就是手柄部分，其曲面造型和开合方式、直径、形状、材质、长度、弯曲程度等设计因素直接影响操作者的用户体验。二是为了效率最大化，使用时要降低手部单位面积受到的压力，因此可以将与手部相接触的剪刀手柄面积在一定合理范围内增大，并贴合手部形态特征，更适合用户的长时间使用。三是手工剪刀的主要使用群体为女性，选定人机工程学人体模板应用时，应以女性手掌大小长度为模板设计。

通过分析得出，用户使用剪刀时，手腕常会有0~30°的掌侧屈，0~10°左右的尺侧屈。手腕在长时间的弯曲偏移的状态时，手部很容易产生酸胀感，并且长时间使用会导致压迫神经，使得一系列手部疾病产生。

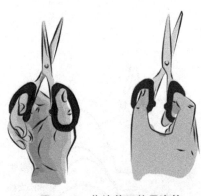

图7-30　传统剪刀使用姿势

大部分人群为右利手，如图7-30所示，他们通常将右手大拇指和食指分别伸入手柄环中，大拇指居上食指居下，利用两个手指的握力与位移将力与位移传至刀刃，使其开合，从而达到剪的目的。研究表明，人们使用剪刀时，大拇指、食指与中指的作用依次减弱，其中，受力点为大拇指指腹、大拇指第二节侧、食指第二节侧与中指第二节，在使用的过程中，大拇指指腹与剪刀的接面积大，压强小，不容易产生痛感；食指第二指节受到的压强大，易产生痛感。

当剪切长度越长时，开合角度越大，手的受力越大，剪切难度越高，也易出错。需要的剪切力相同时，剪刀刀刃越长，手需要提供的力越小。长刀刃虽然有相对更大的扭矩，但同时也较笨拙、操作幅度更大而导致手部疲劳等问题。同时，当用户使用长刀刃剪切小面积的物体时，手与物体的距离过长，影响剪切质量的精确度与力的把控。在设计时，既要保证操作者的使用感受，又要尽可能提高剪切的精确度。

（2）设计流程

普通手工剪刀应满足工具的基本设计原则，比如安全性、功能性、人性化、高效性等基本原则。由于手工剪刀的功能和使用环境的特殊性，设计中需要更多注重以下几点原则。

①贴合性　在设计时，可以通过使接触位置的弧度与手部接触部位的弧度平行来增大手与剪刀的受力面积，提高操作过程舒适性，优化用户体验。

②流程高效性　更应该考虑形态、使用方式、结构对操作流程的影响，追求工具使用的高效性。

③可用性　使用剪刀裁剪直线时，由于剪刀的多次剪切，并不能剪出完整的直线而是一段一段的短直线，手工时需要剪刀、小刀来回切换，费时费力。在优化普通剪刀时，可以考虑将剪刀与小刀结合，提高操作的效率。

（3）改良方案

①尺寸　将剪刀手柄的圈改为不同大小，方便大拇指和两指操作；剪刀长度为150.0~165.0mm的可调节刀柄长短的活动剪刀；圈的圆弧直径改为大圈40mm/25mm，小圈15mm/27.5mm，如图7-31所示。

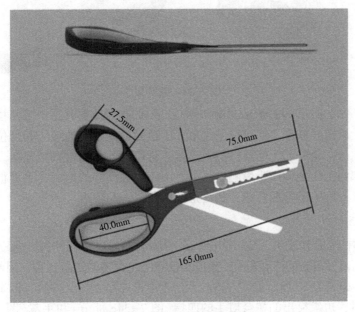

图7-31　剪刀改良方案示意

②功能　一是剪刀尾部由完全贴合平面的弧度，改为后端轻微上翘，方便拿起，减少操作流程。二是将剪刀其中一个刀刃之上叠加手工刀，不阻碍原先剪刀剪切功能的同时，方便图7-30所示的手工剪刀使用姿势。手工剪刀尺寸的改良了长直线的剪切，减少了工具替换的时间。三是设置了一个调节刀柄长短的卡扣，当剪切不同大小的物品时可以改变刀柄长度。

③颜色　采用橙色来打破配色的过于平淡、单一感　少部分的橙色点缀可以起到吸引

注意力、警示性，方便使用时快速寻找，同时也提高了安全性。

④造型　大拇指操作的剪刀手柄圈有一个与大拇指接触贴合位置弧度相平行的曲线弧度设计，增大手与剪刀的受力面积，减小压强，提高操作舒适性。剪刀的使用材质添加了橡胶，减少了手指不适。

7.4.2　户外磨刀石的改良设计

（1）现状调研与问题分析

户外磨刀器体积较小，便于携带，造型多样，材料各异。按照使用方式可大致分为两类，一类为图7-32（a）所示，磨刀器固定不动，靠刀具的运动来摩擦，此种磨刀器一般有两个磨刀槽，一个是硬质合金磨刀头，另一个是陶瓷棒磨刀头。另一类为图7-32（b）所示，刀具固定不动，靠磨刀器的运动来摩擦。此种磨刀器一般只有一个磨刀头，材料视具体需求而定。我们选取（b）类磨刀石进行改进。

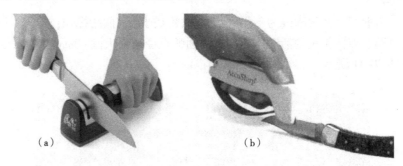

图7-32　磨刀石

在使用图7-32（b）所示的运动式磨刀器时，手部要握住器具把柄来回拉动磨刀器。因此手部的骨骼、肌肉、韧带、肌腱以及关节成了最易受到累积性损伤的部位。其中骨骼和肌肉通过肌腱连接，骨骼和骨骼通过关节连接，骨骼和关节通过韧带连接。任何一部分的损伤都会对手部的工作能力产生影响。另外，由于磨刀姿势的原因，手部很容易呈现出尺侧偏，这容易导致腕关节弯曲隆起，最终形成腱鞘炎。

（2）设计流程

磨刀器的整体形态和线条，是否符合手的生理特征和握持特征对整个磨刀器的设计来说至关重要。首先，手柄的整体形态和线条应尽量满足手握持时的舒适性，因此，比较圆润的造型最为理想，如图7-33所示的磨刀器，手柄基本形态呈方形，并具有四个薄且突出的边缘，当手抓握时，边缘突出的棱会对手的四指（图7-34c部分）和手掌（图7-34a部分）产生很大的压强，使这些部位产生较大的压迫感和灼热感。四指与手柄贴合的部位不应该做凹槽处理，对于整体尺寸比较小巧的磨刀器来说，凹槽的尺寸同样较小并且紧凑，这样不可能同时适用于不同人、不同尺寸的手的生理特征。

另外，为了避免静态肌肉负荷，可以通过弯曲过渡方法来处理手柄部分的形状，并且手臂可以自然地下垂。当进行磨刀作业时，因抬臂产生的静肌负荷会随着手臂处于自然水平状态而减少。同时也要尽可能保证手腕处于顺直状态，通常是让磨刀器的把手与其工作部分弯曲的度数控制在10°左右，在保持工作的同时保持手腕处于伸直状态，避免采取倾斜姿势。

图7-33 磨刀石原型

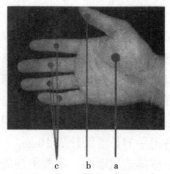

c b a

图7-34 手掌抓握部位

手柄的材料是磨刀器设计时要考虑的重要因素之一，用不合适的材料和不考究的工艺制成的廉价工具会对手部产生损害甚至造成事故。另外，手柄的材料还要考虑美学和功能。工作的负荷是手柄材料设计的基础，通常选用一些塑性和韧性较好的材料。在磨刀器的设计中，图7-35所示的a、b、c三处都是受压迫力较大的区域，选择使用橡胶等柔软材质，以减少对手的压迫力。

磨刀器属于单把手工具，其设计的关键因素包括把手的直径、长度、形状、弯曲等。根据成年人手部尺寸，对不同百分位的成年男性/女性的手部尺寸分析见表7-4。

由表7-4的数据可知，分别得到3种尺寸的磨刀器手柄，大号（男性第95百分位）、中号（男性第50百分位或女性第95百分位）、小号（女性第50百分位），其中50%成年男性和95%成年女性的数据比较接近，可以作为手柄尺寸通用设计的主要依据，因此手柄的长度取10cm比较合理。

表7-4 成年人手部尺寸分析

项目	掌骨处手掌宽度			项目	含拇指手掌宽度			项目	手总长		
百分位	P5	P50	P95	百分位	P5	P50	P95	百分位	P5	P50	P95
成年男性	7.9	8.6	9.7	成年男性	9.4	10.4	11.2	成年男性	17.8	19.3	20.8
成年女性	6.9	7.6	8.6	成年女性	8.1	9.1	10.2	成年女性	16.3	17.5	18.8

（3）改良方案

①把手与工作部分平面需呈10°倾角 操作者肘部呈顺直状态，可有效地减少腕部伤害，设计草图如图7-35所示。

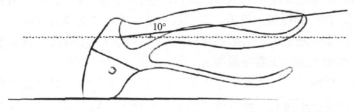

10°

图7-35 磨刀石设计草图

②将把手设计成弯曲形状　上部凹陷，大拇指握持自然，减少尺骨偏差。

③把手四指握持部分不设计凹槽　为兼顾女性和左利者等需求，手指握持处不设计凹槽，方便抓握且不会造成挤压。

④手的握持部分和大拇指的着力点局部采用橡胶材质　在操作过程中，四指指腹、大拇指指腹以及鱼际肌处是受力最大的部位，因此局部采用橡胶材质，同时在边缘处进行圆滑过渡处理，适当增加手部受力面积与把手接触面积，保证手感的舒适性。

⑤通用设计角度　考虑到户外使用便携和手掌宽度尺寸的双重影响，参照人体手部尺寸数据，将把手的长度设计成10cm。

⑥把手整体造型圆润，不能出现硬边角或者棱边　参照以上磨刀器的具体设计要求，遵循产品形式美法则，最终得到磨刀器改良方案，如图7-36所示。由于磨刀器的操作方式是通过手臂发力带动磨刀槽来回往复运动，因此在改良方案一的基础上，将四指握持的部位设计成封闭造型(如图7-37所示)，可有效防止在使用过程中把手从手部滑落，更加符合手部运动特点和操作方式，使工作体验更加舒适。

图7-36　磨刀石改良方案一　　　　　　图7-37　磨刀石改良方案二

7.4.3　左利者产品设计

左利者用品的发展其实是伴随着人类历史发展的，我国秦始皇兵马俑中出土的俑士中就发现有左利者。左利者用品真正得到长足发展则是近几十年来的事，欧美国家在20世纪60年代就开始关注左利者用品的生产和经营，我国则于20世纪90年代起出现了经营左利者用品的公司。目前左利者用品的数量虽然还远远不能与右撇子用品相比，但在短短几十年时间，就经历了从无到有、从少到多的巨大发展。现在左利者产品大致可分为剪刀、厨具、园艺工具、笔、书籍、文具、体育用品和乐器、礼品、儿童用品、高尔夫装备等17大类，品种多达400余种，可谓是"琳琅满目"。

图7-38所示的左手垂直鼠标使用时使用者的手掌与桌面接近垂直状态。它的目的就是减少长时间用外翻的姿势握鼠标对手腕造成的压力和疼痛。这款左手垂直鼠标，采用人机工程学的理念，对手腕部的舒适性依照左手人机特点进行调整。"鼠身倾斜"，让使用者的掌心与手臂也随着"倾斜握鼠"的姿势得到了调节。并且在手掌、手臂的支撑力方面，手部可以在桌面上自然立起，这种姿势避免了过去因手臂长久交叉导致的生理疲劳，减少或者消除了使用传统鼠标进行移动和点击时所需要的握力。

许多产品的设计者在考虑人机问题时，为减轻操作者在使用中的疲劳感，对产品的重量、造型曲线、表面触感等都做了仔细研究，却恰恰忽视了造成疲劳的根本成因——长时间保持单一姿势或单一动作工作的问题。比如在右手因长时间持摄像机拍摄产生疲劳时，

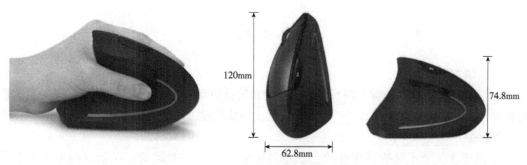

图 7-38　左手垂直鼠标

本可以由左手完成的"举摄像机"动作，因设计造成的"手持带在右侧"，如图 7-39 所示，因这样的"右利"偏侧性特征而无法换手会加重右侧上肢的疲劳。

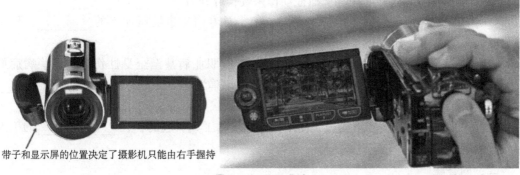

带子和显示屏的位置决定了摄影机只能由右手握持

图 7-39　DV 设计

　　传统计算机键盘的数字小键盘区域被设置于整个键盘的右端，使用者顺其自然地用右手操作这些数字键，这就与同时用右手使用鼠标产生冲突，在进行数字录入等工作时，右手必须在键盘和鼠标之间频繁的"往返忙碌"。由此可见，清一色的"右手性"产品未必完全适合右利者(同理，清一色的"左手性"产品也未必完全适合左利者)，让产品"手性"与使用者惯用手的偏侧性完全保持一致，只是基于人们对产品"手性"问题较为笼统的认识，并非提高产品使用工效的最佳实现途径。如图 7-40(a) 所示的数字键盘左置地设计实现了"左手敲数字，右手点鼠标"的操作方式，使双手的工作量达到平衡。图 7-40(b) 所示的分离式数字小键盘允许使用者根据自己的习惯和工作桌面的实际情况调整摆放位置和操作输入手。

（a）　　　　　　　　　　　　　　　　　（b）

图 7-40　键盘设计

练习题

一、填空题

1. 腕关节的骨骼与前臂的两只长骨，桡骨和尺骨相互联结。_____联结的是拇指这边的手腕，而尺骨联结的是_____这边的手腕，也就是说，位于拇指侧的是_____，位于小指侧的是_____。

2. 由于腕关节本身的结构缘故，手掌只能做_____的运动。在垂直面上，为掌屈和_____；在水平面上，则为_____和桡偏

3. 手部肌肉最丰富的部位是手上的_____、_____和小鱼际肌，而最少的部位是_____，布满神经末梢的部位是_____。

4. 人手具有极大的灵活性。从抓握动作来看，可分为_____和_____。

5. 手动工具的消费群体可以分为两类，一类是专门从事机械加工的_____，另一类是面向_____。

6. 使用设计不当的手握式工具会导致多种上肢职业病甚至全身性伤害，这些病症如_____、_____、腱炎、滑囊炎、_____、痛性腱鞘炎、狭窄性腱鞘炎和_____等，一般统称为_____。

7. _____是由初次使用或过久使用设计不良的工具引起的，在_____的工人中常会出现。

二、简答题

1. 简述手掌的活动范围。
2. 简述手持式工具的使用特点。
3. 简述腕道综合征的发病机理。
4. 简述手持式工具的设计原则有哪些。
5. 简述手持式工具的把手设计应该注意的因素。

三、讨论题

结合自己的经历，谈一谈在使用螺丝刀、电钻、刷子等手持式工具时的体验和遇到的问题，并思考如何改进。

第8章 作业空间布置与工作台椅设计

8.1 个人空间及社会心理因素

在个人空间设计中除了考虑尺寸因素，我们还需要考虑作业者的心理因素，保持良好的个人空间。比如同学们在寝室就需要良好的个人空间来保证一定的私密性。这就是尺寸尺度结合的问题。个人空间指在某个人周围具有无形边界的区域，起自我保护作用。破坏个人空间会给人造成不舒服、厌烦、生气、泄气等情绪。要有良好的个人空间，就需要研究私密性，私密性主要是通过明确个人空间的边界和表明边界的所属权来完成的。当人所获得的私密性比他所期望的层次低的时候，就会感觉到拥挤。当人所获得的私密性比他所期望的层次高的时候，就会感到孤独。只有需求与实际达到一致的时候，人才会感觉到舒服。人的选择范围越大，私密性就会越好。

通过对不同文化的人的行为研究发现，社会活动中将距离划分为四个类型：亲密距离、个人距离、社交距离和公共距离。亲密距离是在40cm之内，如子女、夫妇之间的距离。个人距离是指在40~120cm，好朋友和熟人交往的距离。社交距离是指在120~350cm，同事之间以及工作事务之间交往的距离。而公共距离是指在3.5m以上，是演讲演出及处理公共事务的距离。

8.2 作业空间范围

要设计一个合适的作业空间，不仅须考虑元件布置的原则与形式，还要顾及下列因素：操作者的舒适性与安全性；便于使用，避免差错，提高效率；控制与显示的安排要做到既紧凑，又可区分；四肢分担的作业要均衡，避免身体局部超负荷作业；作业者身材的大小等。从人机工程学的角度来看，一个理想的设计只能是考虑各方面的因素折中所得，其结果对每个单项而言，可能不是最优的，但应最大限度地减少作业者的不便与不适，使得作业者能方便而迅速地完成作业。显然，作业空间设计应以人为中心，以人体尺度为重要设计基准。

近身作业空间即指作业者操作时，四肢所及范围的静态尺寸和动态尺寸。近身作业空间的尺寸是作业空间设计与布置的主要依据。它主要受功能性臂长的约束，而臂长的功能尺寸又由

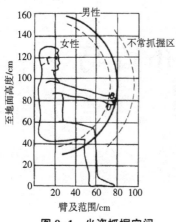

图8-1 坐姿抓握空间

作业方位及作业性质决定。此外，近身作业空间还受衣着影响。

8.2.1 坐姿近身作业空间

坐姿作业通常在作业面以上进行，其作业范围为一个三维空间。随作业面高度、手偏离身体中线的距离及手举高度的不同，其舒适的作业范围也在发生变化。

若以手处于身体中线处考虑，直臂作业区域由两个因素决定：肩关节转轴高度和该转轴到手心（抓握）距离（若为接触式操作，则到指尖）。图8-1为第5百分位的人体坐姿抓握尺度范围，以肩关节为圆心的直臂抓握空间半径，男性为80cm，女性为72cm。

8.2.2 站姿近身作业空间

站姿作业一般允许作业者自由地移动身体，但其作业空间仍需受到一定的限制。例如，应避免伸臂过长的抓握、蹲身或曲屈、身体扭转及头部处于不自然的位置等。图8-2为站姿单臂作业的近身作业空间，以第5百分位的男性为基准，当物体处于地面以上110~165cm，并且在身体中心左右46cm范围内时，大部分人可以在直立状态下达到身体前侧46cm的舒适范围（手臂处于身体中心线处操作），最大可及区弧半径为54cm。

8.2.3 脚作业空间

与手操作相比，脚操作力大，但精确度差，且活动范围较小，一般脚操作限于踏板类装置。正常的脚作业空间位于身体前侧，座高以下的区域，其舒适的作业空间取决于身体尺寸与动作的性质。图8-3为脚偏离身体中线15°左右范围内作业空间的示意，深影区为脚的灵敏作业空间，而其余区域需要大腿、小腿有较大的动作，故不适宜布置常用的操作元件。

8.2.4 水平作业面

水平作业面主要在坐姿作业或坐/站作业场合采用，它必须位于作业者舒适的手工作业空间范围内。对于正常作业区域，作业者应能在小臂正常放置而上臂处于自然悬垂状态下舒适地操作；对最大作业区域，应使在臂部伸展状态下能够操作，且这种作业状态不宜持续很久，如图8-4中细实线与虚线所示。

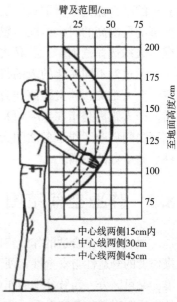

图8-2 站姿单臂近身作业空间

作业时，由于肘部也在移动，小臂的运动与之关联。考虑到这一点，则水平作业区域小于上述范围（如图8-4中粗实线所示）。在此水平作业范围内，小臂前伸较小，从而能使肘关节处受力减小。因此，考虑臂部运动相关性，确定的作业范围更为合适。

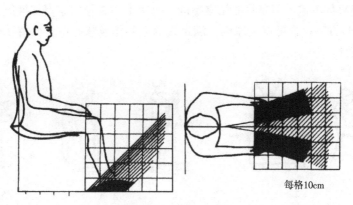

每格10cm

图 8-3 脚作业区域

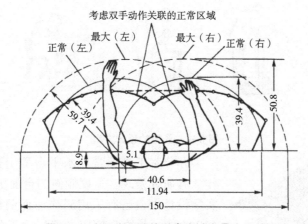

图 8-4 水平作业面的正常尺寸和最大尺寸

8.2.5 头部舒适区域的可视性范围

立视下，在标准水平线以下30°±7.5°范围。坐视下，在标准水平线以下38°±6.3°的范围，如图8-5所示。例如，电视机的高度需要考虑其中心位置处于坐视头部的可视范围内才比较舒适。为了保证头部的舒适度，我们可以对作用面进行倾斜的设计，从而改善作业者的姿势，减少躯体运动，减轻疲劳和不适感。

如图8-6为画架的设计，有10个方案。仔细分析会发现4~6号的设计，桌面不是太高就是太低，造成了不正确的姿势，所以是非常不舒适的。7、8号方案需要低头绘画，对颈椎伤害较大，且长时间站立容易疲劳。9、10号方案画师伏案绘制的姿势使颈椎和腰椎都形成了很大的弯曲，容易引起伤病。3号

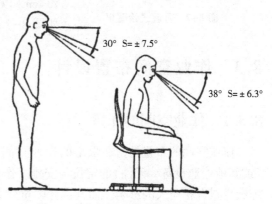

30° S=±7.5°

38° S=±6.3°

图 8-5 头部舒适区域的可视性范围

方案的高度和姿势都不错，但是只能站立绘画，对比 1 和 2 号站立姿交换绘画的方案还是有欠缺的。1 和 2 号方案符合可调性原则，满足人的多种作业状态下，保持正确的姿势，所以是比较合理的设计。

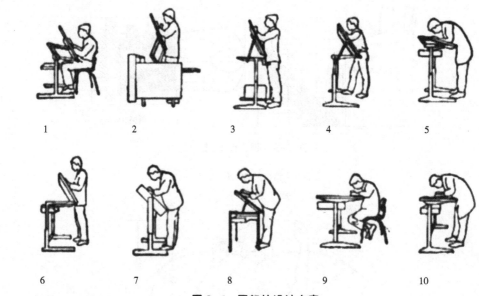

图 8-6　画架的设计方案

图 8-7　可调式绘图桌

办公室工作通常在水平台面上进行，如阅读、写作。有研究发现，适度倾斜的台面更适合于这类作业，实际设计中也已有采用斜作业面的例子。当台面倾斜（12°）时，人的姿势较自然，躯干的移动幅度小，与水平作业面相比，疲劳与不适感会减小。绘图桌桌面一般是倾斜的，如果桌面水平或位置太低，因头部倾角不能超过 30°，绘图者就必须身体前屈。为了适应不同的使用者，绘图桌面应设计成可调式：高度 66～133cm（以适应从坐姿到站姿的需要），角度 0°～75°，如图 8-7 所示。

8.3　作业空间布置设计

8.3.1　作业空间的布置

作业空间的布置是指在限定的作业空间内，设定合适的作业面后，显示器与控制器（或其他作业设备、元件）的定位与安排。作业空间或设施的设计对人的行为、舒适感与心理满足感有相当大的影响，而其设计的重要方面之一就是各组成元素在人们使用的空间或设施中的布置问题。对于包含显示与控制的个体作业空间，可以从以下的关联性上考虑布置的问题，以做出合适的选择。

第一位：主显示器。

第二位：与主显示器相关的主控制器。

第三位：控制与显示的关联(使控制器靠近相关的显示器)。

第四位：按顺序使用的元件。

第五位：使用频繁的元件应处于便于观察、操作的位置。

第六位：与本系统或其他系统的布局一致。

8.3.2 作业空间的设计

人体上肢的最舒适作业区间是一个梯形区。作业面高度直接影响人体上臂的工作姿势。作业面过低，使得背部过分前屈；作业面过高，则须抬高肩部，超过其自然松弛位置，引起肩部、颈部疲劳。坐姿作业面高度如果能设计成可调的，操作者就可根据自身的条件调节至合适的位置。作业面的高度在肘部以下 50~100mm，可使肩部自然下垂，小臂接近水平。根据作业时使用视力和臂力的情况，把作业分为三个类别：A 类，使用视力为主的手工精细作业(精密工作)；B 类，兼顾视力和臂力的作业(轻度工作))；C 类，使用臂力为主，对视力也有一般要求的作业(重度工作)，见表 8-1。通常的做法是将作业面高度设计成固定的，而将座椅设计成可调的，以调节人与作业面的相对高度。

表 8-1 作业面的推荐高度 cm

类别	举例	坐姿工位岗位相对高度 H_1				立姿工位岗位相对高度 H_2			
		P5		P95		P5		P95	
		女	男	女	男	女	男	女	男
A	调整作业 检验工作 精密元件装配	40	45	50	55	105	115	120	130
B	分拣作业 包装作业 体力消耗大的重件组装	25		35		85	95	100	105
C	布线组装 体力消耗小的零件组装	30	35	40	45	95	105	110	120

坐姿作业时，操作者的腿部和脚部也应有足够的自由活动空间，腿的最小活动空间应为人的第95百分位的臀部宽度值，最小深度应为人的第95百分位的膝臀间距值。

立姿作业面高度的设计按精密作业、一般作业和重负荷作业三种情况，有三种推荐高度，如图 8-8 所示。在立姿下，最佳的操作面高度一般为肘高以下 5~10cm，重的工作要再下降 15~40cm，而轻的工作需要上升 5~10cm，如计算机装配操作等。图 8-8 中零位线为肘高，我国男性平均肘高为 102cm，女性平均为 96cm。

从地面到 50cm 高度之间只适用脚操纵，若采用手操纵，则须弯腰，消耗体力。50~70cm 高度，手和脚操作都不方便，不宜在此高度之间设计操纵装置。70~160cm 高度，尤

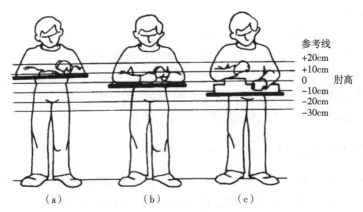

图 8-8　立姿作业面推荐高度

其是 90~140cm 高度是最优操作区。160~180cm 高度，手操作不方便，视觉条件略差，只设置不大重要的操纵装置和显示装置。180cm 以上，作业者需要仰视，很容易疲劳，一般只设置报警器。

图 8-9　人体工学椅的坐立
可调办公桌

当工位需要坐姿与立姿交替工作时，为消除疲劳，可采取坐立姿交替的姿势。对这种体位交替变换的作业面高度设计，应保持上臂处于自然松弛状态，人体工学椅的坐立可调办公桌如图 8-9 所示。

除了常用的坐姿和立姿之外，作业者有时还需考虑受限的空间，即完成作业最小的空间。如维修管道时，设计需要采用高百分位（95 百分位以上）的尺寸来作为设计的标准。同时，对空间设计要考虑特殊人群的需求，如考虑特殊人群在各种场地使用辅助工具的状态。例如，在使用助步器、拐杖的时候能够顺利地通过这样的空间。在电梯间和楼梯间，我们也需要考虑使用者的多种使用情境和使用空间，例如转弯、房间和厕所的场所，也存在类似的问题。

综上所述，作业空间设计的一般要求如下：

①分析人的活动情况，考虑对应的人体尺寸与布局。作业空间是根据人体尺寸参数设计的，应保证 90% 以上的使用者在所设计的空间内能顺利完成规定的作业。

②避免违反使用者正常习惯的空间布局。

③综合考虑其他特殊因素。

8.3.3　视觉显示终端作业空间设计

视觉信息作业是以处理视觉信息为主的作业，如控制室作业、办公室作业、目视检验作业以及视觉显示终端作业等。随着现代生产自动控制技术、通信技术、计算机技术等学科的飞速发展，各种系统的计算机网络建立，正在改变着人们作业岗位的面貌。因此，视觉信息作业岗位将逐渐成为当代人重要的劳动岗位，其中视觉显示终端作业岗位更具有代表性。

视觉显示终端作业岗位的人机界面尺寸要求如图 8-10 所示，综合来说主要包括了人-椅界面、眼屏界面、手-键盘界面、脚-地板界面。

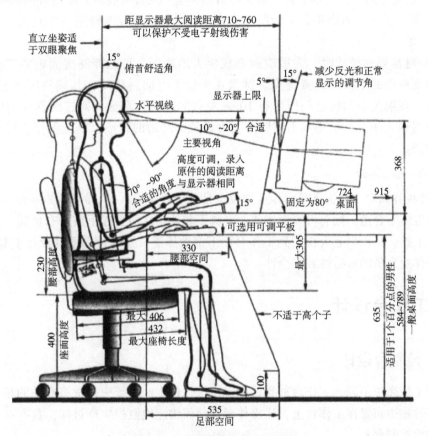

图 8-10 视觉显示终端作业岗位

（1）人-椅界面

在人-椅界面上，首先要求作业者保持正确坐姿，正确坐姿为：头部不过分弯曲，颈部向内弯曲；胸部的脊柱向外弯曲；腰部的脊柱向内弯曲；大腿下侧不受压迫；脚平放在地板或脚踏板上。

组成良好人-椅界面的另一要求是，采用适当尺寸、结构和可以调节的座椅，当调节座椅高度时，作业者坐下后，使脚能平放在地板或脚踏板上；调节座椅靠背，使其正好处于腰部的凹处，如此由座椅提供的符合人体解剖学的支撑作用，而使作业者保持正确坐姿。

（2）眼-视屏界面

在眼-视屏界面上，首先要求满足人的视觉特点，即从人体轴线至视屏中心的最大阅读距离为 71~76cm，以保护人眼不受电子射线伤害；俯首最大角度不超过 15°，以防止疲劳；视屏的最大视角为 40°，以保持一般不转动头部。

眼-视屏界面的另一要求是，选用可旋转和可移动的显示器，建议显示器可调高度约为 18cm，显示器可调角度为 -5°~+15°，以减少反光作用；如设置固定显示器，其上限高度与水平视线平齐，以避免头部上转。

（3）手-键盘界面

在手-键盘界面上，要求上臂从肩关节自然下垂，上臂与前臂的最适宜的角度为70°~90°，以保证肘关节受力而不是上臂肌肉受力；还应保持手和前臂呈一条直线，腕部向上不得超过20°。

在手-键盘界面设计时，为适应所有成年人的使用，可选择高度固定的工作台，但应选择高度可调的平板以放置键盘。键盘在平板上可前后移动，其倾斜度在5°~15°范围内可调。在腕关节和键盘间应留有10cm左右的手腕休息区；对连续作业时间较长的文字、数据输入作业，手基本不离键盘，可设置一舒适的腕垫，以避免作业者引起手腕疲劳综合征。

（4）脚-地板界面

脚-地板界面对坐姿视觉显示作业岗位也是一个重要的人-机界面，如果台、椅、地三者之间高度差不合适，则有可能形成作业者脚不着地，从而引起下肢静态负荷；也有可能形成大腿上抬，从而引起大腿受到工作台面下部的压迫。这两种由不良设计引起的后果，都将影响作业人员的舒适性和安全性。

8.4 工作台设计

8.4.1 控制台设计

由于工作岗位不同，工作台种类繁多。在现代化生产系统中，常将有关的显示器、控制器等器件集中布置在工作台上，让操作者方便而快速地监控生产过程，具有这一功能的工作台称为控制台。

对于自动化生产系统，控制台就是包含显示器和控制器的作业单元，它小到像一台便携式打字机，大到可占据一个房间。此处仅介绍一般常用控制台的设计。

（1）控制台的种类

①桌式控制台　桌式控制台的结构简单，台面小巧，视野开阔，光线充足，操作方便。适用于显示、控制器件数量较少的控制，如图8-11（a）所示。

②直柜式控制台　其构成简单，台面较大，视野效果较好。适用于显示、控制器件数量较多的控制，一般用于无须长时间连续监控的控制系统，如图8-11（b）所示。

③组合式控制台　组合式控制台的组合方式千变万化，有台和台、台和箱、柜和柜等组合方式，具体视其功能要求而定。与桌式控制台相比，虽然其结构较复杂，但它除了布置显示、控制器件外，还可以将有关的电气元器件配置在箱柜中，是一种风格独特的控制台，如图8-11（c）所示。

④弯折式控制台　弯折式控制台与弧形控制台属于一种形式，其结构复杂，适用于显示、控制器件数量很多的控制，一般多用于须长时间连续监控的控制系统。与直柜式控制台相比，具有监视观察视野佳、控制操作舒适方便等特点，如图8-11（d）所示。

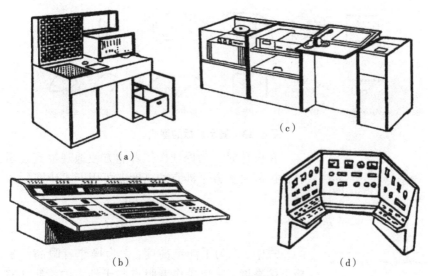

图8-11 控制台的形式

（2）控制台的设计要点

控制台的设计，最关键的是控制器与显示器的布置必须位于作业者正常的作业空间范围内。保证作业者能良好地观察必要的显示器，操作所有的控制器，以及为长时间作业提供舒适的作业姿势。控制台有时在操作者前侧上方也有作业区，当然所有这些区域都必须在可视可及区内。因此，控制台设计的主要工作是客观地掌握人体尺度。

①控制台作业面　图8-12为较方便舒适的显示控制作业面。该图是基于第25百分位的女性作业者人体测量学数据做出的。根据图中阴影区的形状来设计控制台，可使得操作者具有良好的手-眼配合协调性。

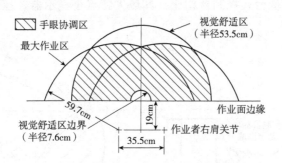

图8-12 推荐的控制台作业面布置区域

②显示器面板型式　控制台显示器面板大多为平坦的矩形。但对于大型控制室内，常将控制台设计成显示-控制分体式，即显示器面板与控制台分开配置。此种类型的控制台，其面板形状应具有灵活性。图8-13为各种不同型式的显示器面板，选型时应充分考虑操作人员的立体操作范围。

③控制台上方干涉点高度　对于分体式控制台，由于控制台高度方向上的干涉点，可能遮挡视线，在显示面板的下方产生死角，在死角部分不能配置仪表，如8-14所示。

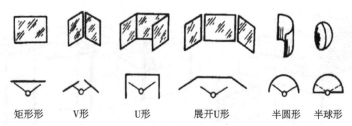

矩形形　　V形　　　U形　　　展开U形　　半圆形　　半球形

图 8-13　显示面板的型式

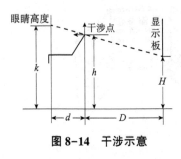

图 8-14　干涉示意

在设计时，为保证操作者能方便地观察到显示面板的仪表，控制台上方干涉点的高度 h 可用下式计算：

$$h = \frac{Dk + dH}{D + d}$$

式中，h 为干涉点高度；k 为操作者眼高；H 为显示面板下端高度；d 为操作者眼点与干涉点的投影距离；D 为干涉点与显示面板的投影距离。

（3）常用控制台设计

①坐姿低台式控制台　当操作者坐着监视其前方固定的或移动的目标对象，而又必须根据对象物的变化观察显示器和操作控制器时，控制台应按图 8-15（a）进行设计。

首先控制台的高度应降到坐姿人体视水平线以下，以保证操作者的视线能达到控制台前方；其次应把所需的显示器、控制器设置在斜度为 20°的面板上；再根据这两个要点确定控制台其他尺寸。

②坐姿高台式控制台　当操作者以坐姿进行操作，而显示器数量又较多时，则设计成高台式控制台。与低台式控制台相比，其最大特点是显示器、控制器分区域配置，见图 8-15（b）所示。

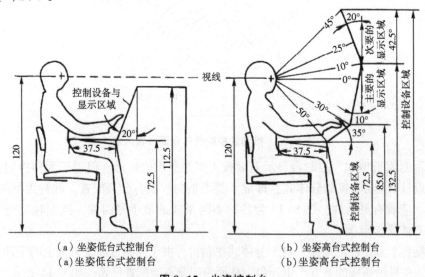

（a）坐姿低台式控制台　　　　（b）坐姿高台式控制台

图 8-15　坐姿控制台

首先在操作者视水平线以上 10°至以下 30°的范围内设置斜度为 10°的面板，在该面板上配置最重要的显示器；其次，从视水平线以上 10°~45°范围内设置斜度为 20°的面板，这一面板上应设置次要的显示器；另外，在视水平线以下 30°~50°范围内，设置斜度为 35°的面板，其上布置各种控制器。最后确定控制台其他尺寸。

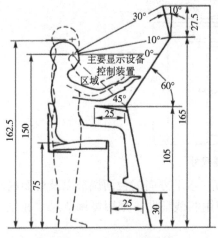

图 8-16　坐立两用控制台

③坐立姿两用控制台　操作者按照规定的操作内容，有时需要坐着，有时又需要立着进行操作时，则设计成坐立两用控制台。这一类型的控制台除了能满足规定操作内容的要求外，还可以调节操作者单调的操作姿势，有助于延缓人体疲劳和提高工作效率。

坐立两用控制台面板配置如图 8-16 所示。从操作者视水平线以上 10°到向下 45°的区域，设置斜度为 60°的面板，其上配置最重要的显示器和控制器；视水平线向上 10°~30°区域设置斜度为 10°的面板，布置次要的显示器。最后，确定控制台其余尺寸。

设计时应注意的是，必须兼顾两种操作姿势时的舒适性和方便性。由于控制台的总体高度是以操作者的立姿人体尺度为依据的，因而当坐姿操作时，应在控制台下方设有踏脚板，才能满足较高坐姿操作的要求。

④立姿控制台　其配置类似于坐立两用控制台，但在台的下部不设容腿空间和踏脚板，故下部仅设容脚空间或封板垂直。

8.4.2　办公台设计

采用信息处理机、计算机、复印机、传真机、电视会议系统等电子设备处理办公室的日常事务，已成为现代化办公室的常态。随着现代化办公室内电子设备的更新和完善，逐渐形成电子化办公室，如图 8-17。与电子化办公室中电子设备相适的办公家具设计，已显得非常重要。

（1）电子化办公台人体尺度

现代电子化办公室内大多数人员是长时间面对显示屏进行工作的，因而要求像控制台一样具有合理的形状和尺寸，以避免工作人员患上肌肉、颈、背、腕关节疼痛等职业病。

图 8-17　电子化办公台示意图

（2）电子化办公台可调设计

由于实际上并不存在符合平均值尺寸的人，即使身高和体重完全相同的人，其各部位的尺寸也有出入。因此，电子化办公台在按人体尺寸平均值设计的情况下，必须给予可调节的尺寸范围，如图 8-18 所示。

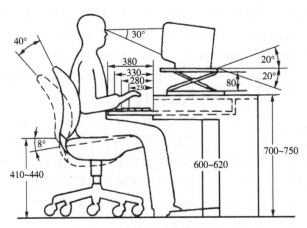

图8-18　电子化办公台主要尺寸

　　电子化办公台的调节方式有：垂直方向的高低调节、水平方向的台面调节以及台面的倾角调节等，如图8-19所示。国内外电子化办公台使用实践证明，采用可调节尺寸和位置的电子化办公台，可大大提高舒适程度和工作效率。

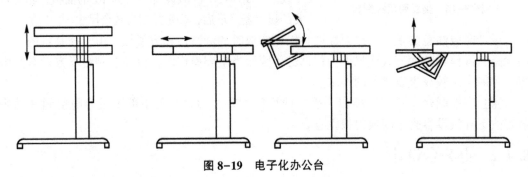

图8-19　电子化办公台

（3）电子化办公台组合设计

　　现代办公设备和办公家具要求办公室隔断、办公单元系列化，办公台易于拆装、变动灵活。为满足这些要求，电子化办公台大多设计成拆装灵活方便的组合式，如图8-20（a）所示。

　　根据电子化办公台的几种基本组合设计，可组合成各种形式的办公单元，如图8-20（b）所示。

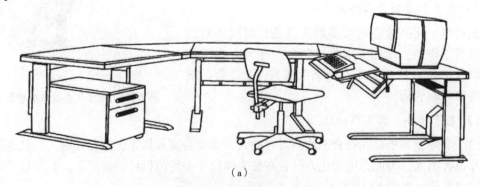

（a）

图8-20　办公室组合设计

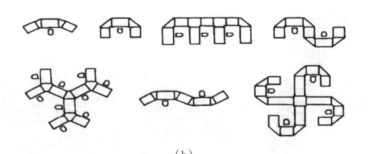

（b）

图 8-20 办公室组合设计（续）

8.5 工作座椅设计

8.5.1 工作座椅设计的主要依据

坐姿是人体较自然的姿势，它有很多优点。当站立时，人体的足踝、腰部、臀部和脊椎等关节部位受到静肌力作用，以维持直立状态；而坐着时，可免除这些肌力，减少人体能耗，消除疲劳。坐姿比站立更有利于血液循环。站立时，血液和体液会向下肢积蓄；而坐着时，肌肉组织松弛，使腿部血管内血流静压降低，血液流回心脏的阻力也就减少。坐姿还有利于保持身体的稳定，这对精细作业更合适。在脚操作场合，坐姿保持身体处在稳定的姿势，有利于作业，因而坐姿是最常采用的工作姿势。

目前，大多数办公室工作人员、脑力劳动者、部分体力劳动者都采用坐姿工作。随着技术的进步，越来越多的体力劳动者也将采取坐姿工作。在工业化国家，三分之二以上是坐姿工作。可以设想，坐姿也将是我国未来劳动者主要的工作姿势。因而工作座椅设计和相关的问题成为人机工程学工作者和设计师们关注的研究课题。

（1）坐姿生理学

①脊柱结构 在坐姿状态下，支持人体的主要结构是脊柱、骨盆、腿和脚等。脊柱位于人体背部中线处，由33块短圆柱状椎骨组成，包括7块颈椎、12块胸椎、5块腰椎和下方的5块骶骨及4块尾骨，相互间由肌腱和软骨连接，如图8-21所示。腰椎、骶骨和椎间盘及软组织承受坐姿时上身大部分负荷，还要实现弯腰扭转等动作。

正常的姿势下，脊柱的腰椎部分前凸，而至骶骨时则后凹。在良好的坐姿状态下，压力适当地分布于各椎间盘上，肌肉组织上承受均匀的静负荷。当处于非自然姿势时，椎间盘内压力分布不正常，易产生腰部酸痛、疲劳等不适感。

②腰曲弧线 从图8-21所示的脊柱侧面可看到有四个生理弯曲，即颈曲、胸曲、腰曲及骶曲。其中与坐姿舒适性直接相关的是腰曲。图8-22为各种不同姿势下所产生的腰曲弧线，人体正常腰曲弧线是松弛状态下侧卧的曲线，如图中曲线B所示；躯干挺直坐姿和前弯时的腰弧曲线会使腰椎严重变形，如图中曲线F和G所示；欲使坐姿能形成B形的腰曲弧线，躯干与大腿之间必须有大于90°的角度，且在腰部有所支承，如图中曲线C所示。可见，保证腰弧曲线的正常形状是获得舒适坐姿的关键。

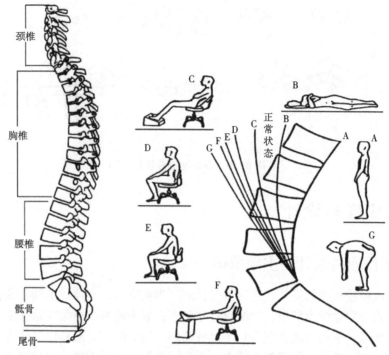

图 8-21　脊柱的形状　　　图 8-22　不同姿势下所产生的腰曲弧线

③腰椎后突和前突　正常的腰弧曲线是微微前凸。为使坐姿下的腰弧曲线变形最小，座椅应在腰椎部提供两点支承。由于第 5、6 胸椎高度相当于肩胛骨的高度，肩胛骨面积大，可承受较大压力，所以第一支承应位于第 5、6 胸椎之间，称其为肩靠。第二支承设置在第 4、5 腰椎之间的高度上，称其为腰靠，和肩靠一起组成座椅的靠背。无腰靠或腰靠不明显将会使正常的腰椎呈图 8-23（b）中的后凸形状。而腰靠过分凸出将使腰椎呈图 8-23（a）中的前凸形状。腰椎后突和过分前凸都是非正常状态，合理的腰靠应该是使腰弧曲线处于正常的生理曲线。

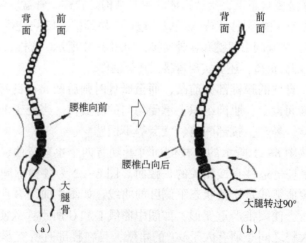

图 8-23　坐姿脊柱形态变化

图 8-24 所示为 5 种靠背形式下坐姿脊柱形态对舒适性的不同影响。靠背倾角若大于 90°，舒适性则会提高。图中情况 A 靠背与椅面呈 90°角，脊柱形态变化使腰椎第三椎间盘压力明显增大；情况 B 靠背角度同情况 A，但在腰椎处有一支承，缓解了坐姿腰椎的形态变化，使腰椎第三椎间盘压力有所减小；情况 C 靠背有一定的后仰角度，部分上身体重由靠背分担，腰椎第三椎间盘压力小于情况 A；情况 D 靠背角度同情况 C，但腰椎处有腰靠支承，坐姿腰椎形态变化更小，所以腰椎椎间盘压力更小，是较理想的状态；情况 E 靠背角度仍同情况 C 和 D，但靠背支承不在腰部而是过于靠上，引起坐姿腰椎变化加剧，因此腰椎椎间盘压力又加大了。可见坐姿脊柱形态的解剖学分析对于座椅(主要是座椅靠背)设计的重要性。

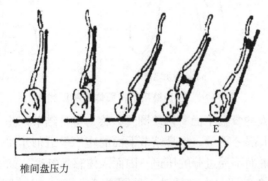

椎间盘压力

图 8-24　靠背仰角、支承对第三腰椎椎间盘压力的影响

(2) 坐姿生物力学

①肌肉活动度　脊椎骨依靠其附近的肌肉和肌腱连接，椎骨的定位正是借助于肌腱的作用力。一旦脊椎偏离自然状态，肌腱组织就会受到相互作用力（拉或压）的作用，使肌肉活动度增加，招致疲劳酸痛。肌腱组织受力时，产生一种活动电势。在挺直坐姿下，腰椎部位肌肉活动度高，因为腰椎前向拉直使肌肉组织紧张受力。提供靠背支承腰椎后，活动度则明显减小；当躯干前倾时，背上方和肩部肌肉活动度高，以桌面作为前倾时手臂的支承并不能降低活动度。这些结果与坐姿生理学是相符合的。

②体压分布　由人体解剖学可知，人体坐骨粗壮，与其周围的肌肉相比，能承受更大的压力。而大腿底部有大量血管和神经系统，压力过大会影响血液循环和神经传导而感到不适。所以坐垫上的压力应按照臀部不同部位承受不同压力的原则来设计，即在坐骨处压力最大，向四周逐渐减小，至大腿部位时压力降至最低值，这是坐垫设计的压力分布不均匀原则。

图 8-25 是较为理想的坐垫体压分布曲线，图中各条曲线为等压力线，所标数字的压力单位为 102Pa。研究结果指出，坐骨处的压力值以 8～15kPa 为宜，在接触边界处压力降至 2～8kPa 为宜。座椅的材质会影响体压等高线的分布，硬质材质的等压线比较密集，软质材质的等压线比较疏松。当然也不是越软越好，椅垫过软，不利

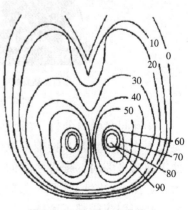

图 8-25　体压分布曲线

于生理调节。过软的沙发坐久，也会有酸痛的感觉，因此座椅的软硬度应当适中。

座椅面的高度也对体压等压线产生影响，图 8-26 显示的是三种椅面的高度。其中，（a）种情况是太矮了，压力集中在臀部。（c）种情况是太高，对臀部和大腿都会造成压力。（b）种情况压力分布是比较均匀的。一般来讲，椅面高度与 GB/T 10000—2023 坐姿人体尺寸中的"小腿加足高"接近或稍小时，有利于获得合理的椅面体压分布。

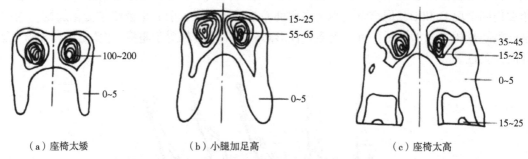

（a）座椅太矮　　　　　　（b）小腿加足高　　　　　　（c）座椅太高

图 8-26　三种椅高下椅面体压等压线图

③股骨受力分析　人的骨盆下面有两块圆骨，称为坐骨结节。坐姿时这两块面积很小的坐骨结节能支撑上身的大部分重量。坐骨结节下面的座面呈近似水平时，可使两坐骨结节外侧的股骨处于正常的位置而不受过分的压迫，因而人体感到舒适，如图 8-27（a）所示。

当座面呈斗形时，会使股骨向上转动，见图中箭头指向。这种状态除了使股骨处于受压迫位置而承受载荷外，还造成髋部肌肉承受反常压迫，并使肘部和肩部受力，从而引起不舒适感。所以在座椅设计中，斗形座面是应该避免的，如图 8-27（b）所示。

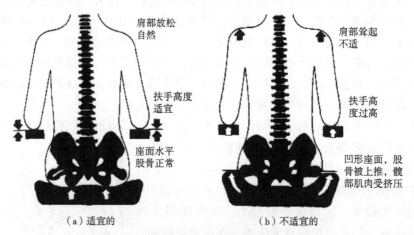

（a）适宜的　　　　　　　　　（b）不适宜的

图 8-27　椅面形状和扶手高度的解剖学分析

④椎间盘受力分析　当坐姿腰弧曲线正常时，椎间盘上受的压力均匀而轻微，几乎无推力作用于韧带，韧带不拉伸，腰部无不舒适感，如图 8-28（a）所示。但是，当人体处于前弯坐姿时，椎骨之间的间距发生改变，相邻两椎骨前端间隙缩小，后端间隙增大，如图 8-28（b）所示。椎间盘在间隙缩小的前端受推挤和摩擦，迫使它向韧带作用推力，从而引起腰部不舒适感，长期累积作用，可造成椎间盘病变。

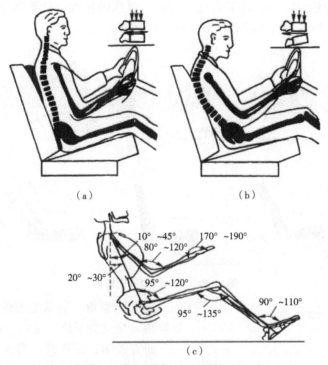

图8-28　不同坐姿时椎间盘受力分析

综合来看，从坐姿生理学角度，应保证腰弧曲线正常；从坐姿生物力学角度，应保证肢体免受异常力作用。依据两方面的要求，研究得出人体作业的舒适坐姿，如图8-28(c)是汽车驾驶员舒适驾驶姿势。

(3)坐姿人体测量尺寸

①座面高度　工作椅座面前缘高度(简称座高)的设计要点是：a. 大腿基本水平，小腿垂直置放在地面上，使小腿重量获得支撑；b. 腘窝不受压；c. 臀部边缘及腘窝后部的大腿在椅面获得弹性支撑。符合上述要求中国男女通用工作椅座高尺寸的调节范围为35~46cm。

非工作椅的座高应适合其使用特点，与工作椅的要求不尽相同。大部分非工作椅为了坐姿的舒适，坐姿时小腿是往前伸出而不是垂直于地面的，因此座高宜比工作椅低一些。例如，会议室用椅、影剧院座椅、候车室座椅、公园休闲椅、沙发、安乐椅、躺椅，座高应依次降低。但座高过低，会使老年人站立起身困难，应予考虑。特殊用途的座椅，则应根据使用特性确定其座高。例如，各种车辆驾驶室座椅的座高，常以下面的计算式为基础进行设计：

$$座高=(人体尺寸小腿加足高+穿鞋修正量)×\sin \alpha$$

式中，α为驾驶员踩踏加速踏板、制动踏板时小腿与地平线间的夹角。驾驶小型、中型、重型车辆或工程机械时，夹角α各不相同。

如图8-29所示，不合适的座椅设计会给人压迫感，过宽的扶手形成外张悬空的手臂，弧度过大的座面会对臀部外侧形成压迫，弧度过大的靠背会对背部外侧形成压迫，过高的座面会造成小腿的悬空，对大腿下侧造成压迫，过深的座面会让臀部形成悬空并压迫大腿，不符合腰椎曲线的设计无法有效形成对腰的支撑。

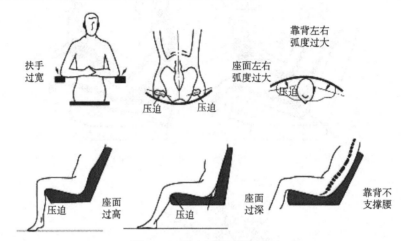

图 8-29　不合适的座面高度

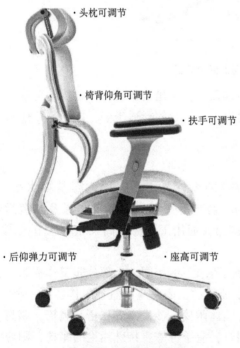

图 8-30　可调节工作椅

②座面倾角　通常把前缘翘起的椅子的座面倾角 α 定义为正值，反之，α 为负值。

研究表明，用于读、写、打字、精细操作等身躯前倾工作的工作椅，座面倾角 α 取正值会使人腹部处于受挤压状态，并不合适。

工作座椅的合理座面倾角，与工作姿势即工作中上身的前倾程度密切相关，简要归结为以下 3 点：

a. 一般办公椅的座面倾角可取 α = 0° ~ 5°，常推荐取 α = 3° ~ 4°。

b. 主要用于前倾工作的座椅，椅面前缘应低一点，座面倾角应取负值。工作前倾程度大且持续时间长，则加大座面倾角。

c. 如前所述，办公椅应提供前倾工作和后倚放松两种可能，新式办公椅可以在一定范围内自动调节座面倾角和靠背倾角，即可满足这种需求，如图 8-30 所示。

③座深　工作椅座深的设计要点是：a. 座面有足够支承面积，使臀部边缘及大腿在椅面能获得弹性支承，辅助上身的稳定，减少背肌负担；b. 在腘窝不受压的条件下，腰背部获得腰靠的支托。《工作座椅一般人类工效学要求》（GB/T 14774—1993）给出的座深数值为 36 ~ 39cm，推荐值为 38cm。

办公椅座深宜等于或稍大于工作椅。休息椅座深可以更大些。这是因为就坐者小腿前伸，腘窝不易受压；也是为了增大臀部与座面接触面积，降低座面体压。休息椅加大座深的原则，是不让腰椎后凸造成不适。另外，对于老年人用椅，若座深过深，老年人从椅子

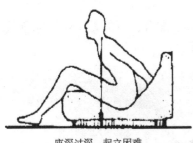

座深过深，起立困难

图8-31 座椅过深、起立困难

上站起来困难，应予注意，如图8-31所示。

④座宽 单人用椅座宽宜略大于人体水平尺寸中的坐姿臀宽。因女性的该项人体尺寸大于男性，因此通用座椅座宽应以女子坐姿臀宽的等95百分位数为设计依据，适当附加穿衣修正量。GB/T 14774—1993给出座宽范围为37~42cm，推荐值为40cm。

带扶手的座椅座宽不够，让人只能勉强"挤"下去固然不行。但座宽太大，两侧扶手不能提供稳定的位置，使人有"不着边"的感觉，也不好，如图8-32所示。

⑤扶手 工作椅一般不设扶手，便于自由入坐与起身，不妨碍手臂的活动。

扶手功能主要有：a.落座、起身或需要调节体位时用手臂支承身体，这对躺椅、安乐椅尤其必要；b.支承手臂重量，减轻肩部负担；c.对座位相邻者形成隔离的界线，这一点有实际的和心理的两方面作用。

从扶手的三项功能可知，扶手的关键参数是高度：过高，使肩部被耸起；过低，则起不到支承大小臂重量的作用，如图8-33所示。这两种情况都会使肩部肌肉紧张。为避免上述两种情况，座椅扶手高度宜略小于坐姿人体尺寸中的"坐姿肘高"。GB/T 14774—1993推荐的扶手高度为(23±2)cm。

（a）座宽过小

（b）座宽过大

图8-32 座宽过小或过大

（a）扶手过高

（b）扶手过低

图8-33 扶手过高或过低

8.5.2 不同种类座椅设计细则

（1）座椅分类

①以休息为目的的椅子 设计重点在于使人体得到最大的舒适感，消除身体的紧张与疲劳，合理地设计应使人体的压力感减至最小，如图8-34所示。

②作业场所的工作椅 稳定性是主要因素，腰部应有适当的支持，重量要均匀分布于坐垫上，同时要适当考虑人体的活动性、操作的灵活性与方便

图8-34 躺椅

等，如图 8-35 所示。

③多用椅　这类座椅以多种功能为设计重点。它能与桌子配合，可能是工作、休息兼用，也可能是作为备用椅可以折叠收藏起来，如图 8-36 所示。

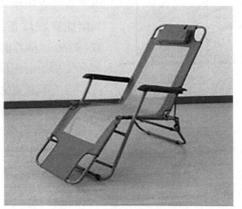

图 8-35　工作椅　　　　　　　图 8-36　多功能折叠椅

（2）人体工程学座椅设计细则

①座椅的形式与尺度与其功能有关　例如，休息椅设计重点在于使人体得到最大的舒适感，消除身体的紧张与疲劳；工作座椅稳定性是主要因素，腰部应有适当的支持，重量要均匀分布于座面上，同时适当考虑人体的活动性和操作的灵活性、方便性等。

②座椅的尺度必须参照人体测量学数据　例如，为使背部下方骶骨和臀部有适当的后凸空间，座面上方与靠背下方之间应有凹或留一开口部分，其高度至少为 12.5～20cm。

③身体的主要重量应由臀部坐骨结节承担。

④座椅前缘处，大腿与椅子之间压力应尽量减小　建议座面前缘应比人体膝窝高度低 3～5cm 且有半径为 2.5～5cm 的弧度。

⑤腰椎下部应提供支撑，设置符合脊柱曲度的靠背以降低背部紧张度　成年人腰椎部中心位置在座位上方 23～26cm 处，因此，腰椎支点应略高于此尺度以支持背部重量。实验研究证明：自然放松状态下的人体曲线能与座椅靠背曲线越吻合，座椅舒适度评价值就高。

⑥椅垫必须有足够的垫料和硬度，有助于体重压力均匀地分布于坐骨结节区域。

（3）办公座椅设计细则

①办公座椅设计的人体工程学因素　理想的办公座椅是人坐上去时，体重能均衡分布，大腿平放，两足着地，上臂不负担身体的重量，肌肉放松。因此，在座椅设计时应重点考虑其结构形式、几何参数与人体坐态生理特征、体压分布的关系问题，它将直接关系到操作者作业时的舒适感。另外，作业场所的工作椅，稳定性是主要因素，同时要适当考虑人体的活动性、操作的灵活性与方便性等。

②办公用座椅的一般要求　高度可调；防止滑移和翻倒；留有足够的腿部活动空间；椅面材料要透气性好。

（4）不同种类座椅的人体工程学尺寸参数

不同种类座椅的人体工程学尺寸参数见表8-2。

表8-2　不同座椅的人体工程学参数

参数	休息座椅	工作座椅
座高/cm	38~45	43~50
座宽/cm	43~45	43~45
座深/cm	40~43	35~40
座面倾角/°	19~20	小于3
腰靠高/cm	48~63	48~63
腰靠宽/cm	33~48	33~48
扶手高/cm	扶手距坐垫以上的有效高度21~22	扶手距坐垫以上的有效高度21~22
靠背角度/°	休息椅105~108	阅读用椅101~104

练习题

一、填空

1. 通过对不同文化的人的行为研究发现，社会活动中将距离划分为四个类型：_____，_____，_____，_____。

2. 与手操作相比，脚操作力大，但_____，且活动范围较小，一般脚操作限于_____装置。

3. 控制台有_____、_____、_____、_____。

4. 视觉显示终端作业岗位的人机界面主要包括_____、_____、_____、_____。

5. 人体上肢的最舒适作业区间是一个_____区。作业面高度直接影响_____的工作姿势。作业面过低，使得_____过分前屈；作业面过高，则须抬高_____，超过其自然松弛位置，引起_____、_____疲劳。

6. 桌式控制台的结构简单，_____，_____，光线充足，操作方便。适用于_____、控制器件数量较少的控制。

二、简答题

1. 站姿近身作业空间的特点是什么？

2. 怎样在办公用椅的设计中考虑人体工程学？

3. 简述作业空间设计的一般要求。

4. 根据作业时使用视力和臂力的情况，把作业分为哪三个类别？

5. 控制台有哪些类型？

6. 视觉显示终端作业岗位的眼-视屏界面怎样设计？

三、市场调研

选择目前市场上销量较大的一款人体工程学座椅对其人体工程学进行分析。

四、课题设计：食堂/寝室桌椅的人体工程学分析与设计

1. 学生分组分析讨论食堂/寝室环境下桌椅的人体工程学因素，确定设计要点。

2. 测量相关数据。

3. 绘制尺寸图和效果图。

4. 作业评价。

第9章 人与作业环境界面设计

9.1 人对环境舒适度的要求

在人—机—环境系统中，对系统产生影响的一般环境主要有热环境、光环境、声环境、振动环境、空气环境等。随着人类生产活动领域的扩大，影响系统的还有失重、超重、异常气压、加速度、电离辐射以及非电离辐射等特殊环境因素。在系统设计的各个阶段，尽可能排除各种环境因素对人体的不良影响，使人具有舒适的作业环境，不仅有利于保护劳动者的健康与安全，还能最大限度地提高系统的综合效能。因此，作业环境对系统的影响就成为人机工程学研究中的一个重要方面。

根据作业环境对人体的影响和人体对环境的适应程度，可把人的作业环境分为四个区域，即：

①最舒适区　各项指标最佳，使人在劳动过程中感到满意。

②舒适区　在正常情况下，这种环境使人能够接受，而且不会感到刺激和疲劳。

③不舒适区　作业环境的某种条件偏离了舒适指标的正常值，较长时间处于此种环境下，会使人疲劳和影响工效，因此，需采取一定的保护措施，以保证正常工作。

④不能忍受区　若无相应的保护措施，在该环境下人将难以生存，为了能在该环境下工作，必须采取现代化技术手段(如密封)，使人与有害的外界环境隔离开来。

最佳方案是创造一种人体舒适而又有利于工作的环境条件。因此，必须了解环境条件应当保持在什么样的范围，才能使人感到舒适而工作效率又能达到最高。图9-1是根据作业环境分区的原则，提供了一个决定舒适程度的环境因素示意图，以直观的方式表示不同舒适程度的范围。

在生产实践中，由于技术、经济等各种原因，上述舒适的环境条件有时是难以充分保证的，于是就只能降低要求，创造一个允许环境，即要求环境条件保证在不危害人体健康和基本不影响工作效率。

有时，由于事故、故障等原因，上述基本允许的环境条件也会难以充分保证，在这种情况下，必须保证人体不受伤害的最低限度的环境条件，创造一个安全的环境。

在人机系统设计中，利用环境控制系统来控制和改善环境只是保障人的健康和安全的

图 9-1　决定舒适程度的环境因素范围

一个方面。而在很多情况下，由于经济和技术上的原因，充分控制环境仍不够理想，为此，就常需要采用各种个体防护用具来对抗各种不利的环境条件，以保证系统的安全和高效。

下面将介绍一般环境因素对人体的影响、防护标准、评价方法等内容，为设计各种舒适环境、允许环境或安全环境提供基础资料。

9.2　人与热环境

9.2.1　舒适的热环境

（1）舒适的温度

舒适温度的影响因素主要包括不同的季节，不同的劳动强度，人的地域、性别、年龄和衣着等几个方面。生理上对舒适温度的定义为：人坐姿休息、穿薄衣、无强迫热对流，在通常的地球引力和海平面的气压条件下的人所感觉到的舒适温度应在 21℃±3℃ 范围内。

允许温度通常是指基本上不影响人的工作效率、身心健康和安全的温度范围。一般是舒适温度±(3~5)℃。

（2）舒适的湿度

舒适的湿度一般为 40%~60%。在 30% 以下为低湿度，在 70% 以上为高湿度。室内空气湿度和室温之间的关系可参考下式：

$$\Phi(\%) = 188 - 7.2t \quad (12.2℃ < t < 26℃)$$

如室温 20℃，湿度最好是 44%。

（3）舒适的风速（气流速度）

风速与温度和湿度有关，一般在室内，空气的最佳流速为 0.3~0.4m/s。

根据范杰的研究结果，图9-2和图9-3总结了舒适度的标准。其得出的最终计算结果和评估过程相对复杂。即使是完全按照范杰所研究出的舒适范围，仍会有 5% 的人对环境不满意。整间屋子的气温是恒定的，即达到了适宜气温的衡量标准。

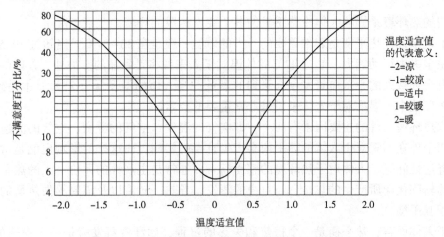

图9-2　在任何环境中人们不满意其热舒适度的比例

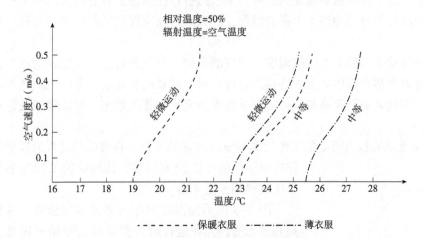

图9-3　空气速度对适宜温度的影响

以冬季控制室内的工作为例，该工作往往需要久坐，且操作者穿的衣服较少。在这种工况下要保持工作环境的相对湿度为 50% 左右，空气的最大流速应该是 0.1m/s，空气温度应为 26℃。但从经济学的角度来看，这是一个较高的温度，此时操作者可以穿上保暖的衣服和长裤子、夹克和套头衫。穿上这类保暖衣服后，相对湿度应该是 50%，空气流速是 0.1m/s，空气的温度可以控制在 23℃ 以满足经济效益。

在控制室内，不同的控制仪表之间走动或站立工作时，室内空气流速会因人的走动而增加，温度（穿着适当的衣服时）降到 19~20℃，空气流速增至 0.2m/s 是可以接受的。

在一些控制室内，晚上工作坐着的时间要比白天长得多，因此晚上的温度要略微提高，与白天的 19~20℃ 相比，晚上最好是 21~22℃ 。

由于不同的人对于可接受的气候有着不同的需求，因此操作者应能控制气温和湿度。空气湿度应该保持在 40%~60%。低温能导致鼻子和喉咙的黏膜干燥，增加胸部和喉咙感染的危害，故而湿度较低，气温感觉偏低时，需要提高空气温度。

9.2.2 环境温度与设计

所谓的热环境是影响人体冷热感觉的各个要素构成的环境。

对于人来说，热平衡是非常重要的。人的体温一般是在 36~37℃，当超过 39.5℃ 时人们将会完全失去行动能力，超过 42℃ 的体温对于人来说将是致命的。另外，人体的温度如果过低也会导致人的心脑血管发生一系列的紊乱，当人体的温度低于 25℃ 时也是致命的。所以人在环境中，温度对于人体来说是非常重要的要素。

影响热环境条件的主要因素有四个，即空气的温度、空气的湿度、空气的流速和热辐射。这四个外在因素对于人体的热平衡会产生直接的影响，而这样的影响也就是常说的人体的热舒适性问题。人体对于热环境的感受满意度通常是主观性的评价。人的热平衡也就是人体的新陈代谢所产生的热量，与自身的蒸发、导热、对流以及辐射的失热量的代数和要保持相互平衡。

对于人体而言，热平衡是一个得热和失热的过程，如汗液蒸发就是一个失热的过程，人体的得热取决于人的活动程度，另外与周边是否存在热辐射有着直接的相关性。当人所处的环境中没有明显的导热不平衡的情况，那么人的新陈代谢的产热量会与环境保持相对平衡。

在实际环境中，除了空气的温度、空气的湿度、空气的流速以及热辐射以外，新陈代谢、着装等因素都直接影响着人的热舒适性。对于同样的热环境，不同人的热舒适性是会有差异的。实践证明，温度与人体的舒适关系乃至于工作的效率、身体健康及精神都是密切相关的。

图 9-4 所示为脑力劳动的工作效率与室内温度的关系，在过高和过低的温度下人的工作效率降低的程度较为明显。其最优的工作效率与最差的工作效率相差近 4 倍。

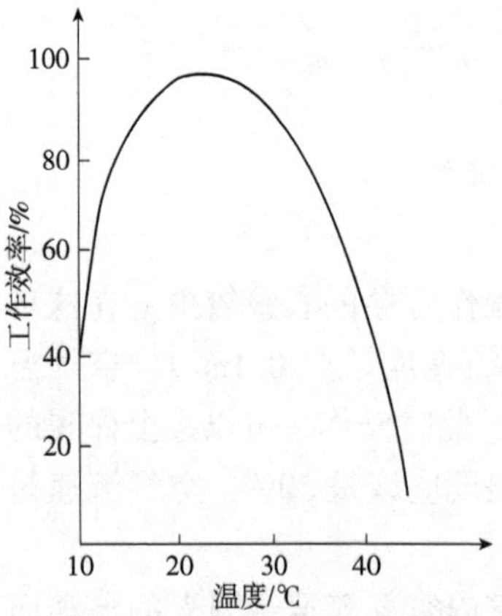

图 9-5 所示为温度对相对差错率的影响，可见温度过高和过低时，人在进行脑力劳动时的差错率较高。特别是当温度持续升高的时候，人的脑力图出错率明显且快速地增高。

如图 9-6 所示为在不同的温度下人所暴露的时间长短影响人的心理健康的变化情况。当人暴露在 40℃ 的高温环境里面，暴露的时间超过 30min 以上时将会直接影响到人的精神健康。随着温度的降低，人的精神耐受时间逐渐地增加，直到 30℃ 上下时趋于平稳，这足以说明温度与人的精神健康有着密切的关联度。所以在学习或工作时，保持环境的一个合适的温度是非常重要的。

图 9-4 脑力劳动工作效率与室内温度的关系

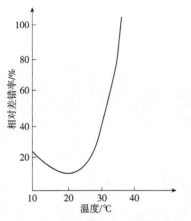

图 9-5 温度对相对差错率的影响　　图 9-6 人的精神健康与温度的关系

温度除了与人的脑力劳动有着密切的关联度以外，与人的体力劳动也有着明确的相关性。特别是在劳动强度比较大的体力劳动里温度对于人的热舒适性的影响会更加明显。有研究发现，当环境的温度超过28℃时，人的运动神经兴奋程度、警觉力和操作的技能都会开始降低，在生产环境中这样的温度环境对于非熟练的工人的影响会更大。除了高温对体力劳动的影响比较明显以外，低温对于人的行动能力的影响也是非常明显的，人在操作过程中最敏感的部位是手指，而当手部的皮肤温度低于15.5℃时，人的操作灵活性就会明显地降低。

由图 9-7 可知，在不同的季节，不同的温度下体力劳动工人的工作效率有很大差别，在夏天温度偏高的环境中产量会明显地降低。

图 9-8 为环境温度与生产事故发生率的关系：当环境温度不足 10℃ 时，男性女性在工作时都相对更容易发生事故；在 10~20℃，随着温度的升高相对事故发生率逐渐降低；当环境温度在 20℃ 左右时相对事故发生率是最低的；当环境温度超过 20℃ 以

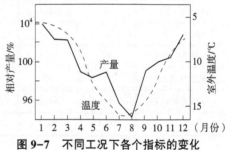

图 9-7 不同工况下各个指标的变化

后，相对事故发生率逐渐升高，所以控制适宜的环境温度是十分重要的。

当然要注意的是人对于温度感觉有很强的主观性，不同地区的不同个体，在同样的温度下对于温度的感受舒适性是不一样的。例如，生活在寒带地区的人与生活在热带地区的人，他们对于同样温度的感受可能会有很大的差异性，所以在设计中需要根据特定地区来进行特定的分析和调查。

表 9-1 是一些研究人员关于上海地区工人对于不同气温下感受性的调查，可以看到当气温处在 17.6~20℃ 时，人的主观感受性是最舒适的。但是对于热带地区的人而言，其舒适感受的温度会更高一些，通过调研分析，发现热带海岛地区的居民已经适应了当地的高湿环境，在相对湿度很高的环境下人们并没有感受到周围环境过于潮湿，高湿环境对人体的舒适度并没有产生较大影响，热带海岛地区居民的热中性温度为 26.1℃，可接受的热舒适温度范围是 23.1~29.1℃。所以人对于温度乃至于热环境的感受性是具有很强的地域性和主观性的。

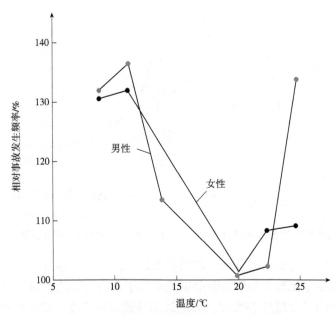

图 9-8 环境温度与生产事故发生率的关系

表 9-1 上海地区不同温度下工人的主观感受调查

气温/℃	主观感受			气温/℃	主观感受		
	热	尚可	舒适		热	尚可	舒适
≥17.6~20.0	0	16.6	83.4	>32.5~35.0	27.5	58.2	14.3
>20.0~22.5	0	54.5	45.5	>35.0~37.5	46.3	47	6.7
>22.5~25.0	0	22.5	77.5	>37.6~40.0	55	45	0
>25.0~27.5	0	52	48	>40.0~42.5	56	44	0
>27.5~30.0	6.2	63.8	30.0	>42.5~45.0	100	0	0
>30.0~32.5	16.8	64.7	18.5				

9.2.3 影响热舒适性的其他因素

除了温度以外，相对湿度对于人体热舒适度的影响也是非常明显的。当控制相对湿度在30%~70%的范围之间时，其对人体热感觉的影响是不大的。一般来讲相对湿度在50%~60%，人的感受性是最好的，过高或者过低的相对湿度都会对人的热舒适性产生很明显的影响。

风速对于人体热舒适性也有着明显的影响。但是需要指出的是气流增加的速度与人体散热并非是同比增加的关系。当气流的速度增加至大于2m/s时，对于人体散热就几乎没有影响了。故在设计中，不能简单盲目地通过增加气流的速度的方法来提高人的热舒适感受性，而应该考虑其他影响因素。

除了温度、湿度和风速以外，热辐射对于人体的舒适性也有着明显的影响。但是热辐射是一个相对复杂的概念，它与人所处的位置、着装以及姿态都有着密切的关系。另外，热辐射还具有方向性，在单向的辐射下，只有朝向辐射的一侧才能够感觉到冷或者热，那么这也提醒设计师，可以通过改善热辐射源来减小热辐射对于人的影响，从而提高人的热舒适性。

在设计实践中设计师要从多个方面来改善热环境对于人的影响。例如，对工作的流程和生产的工艺进行调整，对热源进行隔离与屏蔽，以及通过降低或提高环境中的温度和湿度，或者通过着装的防护等来达到提高人的整体热舒适性的目标，从而保护人的健康和提高工作的效率。但总的来讲，热环境是一个相对复杂的、多要素相互影响的综合性问题，设计师需要将客观的温度、湿度、风的流速和热辐射与人体的新陈代谢、心理要素以及着装影响，乃至地区的差异性进行综合的分析和研究，才能够根据特定地区、特定个体和特定任务做出优秀的设计。

9.3 人与光环境

9.3.1 光环境的意义、组成和设计原则

(1)光环境的意义和组成

合适的光环境能保持人们正常、稳定的生理、心理和精神状态，有利于提高工作效率，减少差错和事故。人机学研究各种工作和生活的室内空间光环境。

室内光环境由天然采光和人工照明两部分组成，分别简称为采光和照明。

(2)基本概念和术语

①光通量 单位时间内从光源辐射出来，能引起人眼视觉的光辐射能。光通量的单位是流明(lm)。40W 白炽灯的光通量在 400lm 上下；40W 荧光灯的光通量在 2100lm 上下。但灯泡光通量变动范围大，很难给定准确的数据。这是由于灯泡的质量不同，使用中光通量逐渐衰减，灯泡表面灰尘覆盖污浊情况不同，电压波动的影响等。

②亮度 单位面积光源表面在给定方向上的发光强度。亮度的单位是坎[德拉]每平方米(cd/m^2)。

③照度 被光源照射的单位面积上的光通量。照度的单位是勒克斯，简称勒(lx, lux)。注意亮度与照度的区别：亮度是对光源而言的，是光源的发光强度。照度是对被照射面而言的，是单位被照射面积所接受到的光通量。

④一般照明 不考虑局部特殊需要，为照亮整个场地而设置的照明。

⑤局部照明 为满足局部(如工作台面)的特殊需要而设置的照明。

⑥混合照明 一般照明与局部照明组成的照明。

(3)光环境设计的一般原则

①平均照度和照度均匀度适当，不宜过高或过低，空间适度明亮，利于安全，便于活动，但不造成强光刺激。

②工作区的照度高于非工作区，两者对比适宜。

③光线的照射方向和扩散合理，避免产生干扰阴影，形成柔和的阴影，以增强设施、器物的立体感。

④避免光线直接照射人眼，以防眩光晃眼。

⑤光源有适宜的显色性，能显示设施、器物的颜色特性。显色性差的光源，如汞灯、钠灯、荧光汞灯等仅可用于隧道、广场、厂房顶棚等显色要求不高的处所。

⑥地面、墙面和器物的颜色，应能增强清洁明快感，营造良好环境氛围，利于身心健康和愉悦的情绪。

⑦节约能源，减少消耗。充分利用天然光，推广使用节能灯具。

9.3.2 天然采光

天然采光把昼光引进室内，又让人可以通过窗户看见室外景物，有利于心理、生理的健康和舒畅，也是节约能源的基本手段。

(1)天窗和侧窗

图9-9所示为哈尔滨大剧院的天窗，它使展室显得宽敞而明亮。在我国南方"多进"结构的古民居中，常设有数平方米到十几平方米的"天井"，在屋宇外墙之内开辟出一个连接外界大自然的通道。因天井口高出屋檐以上，所以阳光对室内直接射达的范围不大，直接照射时间也不长，但采光却充足而自然，还能为厢房卧室在房屋内所开的窗户提供光源。图9-10所示为被列为世界文化遗产的皖南徽州古民居中某处天井下的一角。这些民居中，还常在侧窗采光不足处的屋顶安有玻璃"明瓦"（又称"亮瓦"），补光效果甚佳。

图9-9　哈尔滨大剧院的天窗

图9-10　徽州古民居的天井效果

现代单层厂房、仓库等工业建筑中，仍广泛采用从屋顶采光的方法，常见形式如图9-11所示。图9-11(a)为竖直面上的矩形天窗，采光系数低，但不易造成炫目，便于自然通风。图9-11(b)为水平天窗，采光系数高，但正午前后时间段阳光直射室内，会造成眩光和夏季的热辐射。图9-11(c)为锯齿形天窗，其窗口多朝北布置，采集北向的天空漫射光，光照稳定(若向南开，则光照随阳光变化快而剧烈)，不产生眩光，常为纺织车间、美术馆、体育馆、超市等建筑采用。图9-11(d)为下沉式天窗，也具有良好的采光、通风效果。

现在多层建筑中侧窗是主角。侧窗位置的高或低，窗型是竖高还是横宽，会产生不同的采光效果：横宽窗型视野开阔，临窗采光范围大，但光照进深小。竖高窗型光照进深大，能形成条屏式的室外景观效果，而高窗台则可减少眩光使人获得更多安定感。落地窗

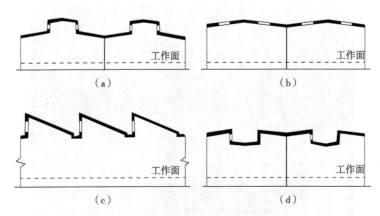

图9-11　屋顶采光的几种形式

（a）矩形天窗　（b）水平天窗　（c）锯齿天窗　（d）下沉式天窗

可增强与室外环境的沟通联系等。因此，应结合室内环境的实际需要分析选取。我国古代居民很讲究漏窗、花格窗的装饰作用，昼光通过各种漏窗、花格窗射入室内的光影变幻，能够在时间的推移中营造出生动、多变的环境气氛。

如图9-12所示，在天然采光下生活环境中的不同照度值为太阳直射10000lx、墙边阴影10000lx、遮阳伞下6000lx、室内窗户的附近2500lx、室内中心处300lx。图中人在遮阳伞下阅读的照度达到6000lx，应该是过亮环境，长此以往对视力有害。读者可以联系生活实际感受到不同照度的区别。如图9-13所示是不同工作生活场景下的照度值，夜间行走的环境照度是3~5lx，高速驾驶的路面照度10~30lx，大型工厂内的搬运作业和非精密作业的照度是100~300lx，学习办公和精密作业的室内照度是300~500lx。

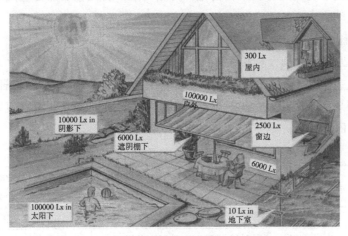

图9-12　天然采光下生活环境中的不同照度值

（2）采光设计标准

我国已发布实施《建筑环境通风规范》（GB/T 55016—2021）。

日本建筑法规中以最低限度开窗面积为指标，对不同类型建筑物的采光要求做出了规定（表9-2），使用简便，可供参考。

图9-13 不同工作生活场景下的照度值

表9-2 日本建筑法规中民用建筑开窗面积与地板面积的比例

建筑物用途	居室用途	有效采光面积与居室地板面积之比	建筑物用途	居室用途	有效采光面积与居室地板面积之比
住宅	起居室	≥1/7	儿童福利设施	主要活动室 其他居室	≥1/5 ≥1/10
旅馆、宿舍	卧房、客房 其他居室	≥1/7 ≥1/10	医院、幼儿园、学校	病房、教室 其他居室	≥1/5 ≥1/10

9.3.3 人工照明

天然光源取决于昼夜变化和天气变化，无法调控，引入建筑深处也困难，所以人工照明是光环境设计的重点。

（1）照度指标与分布

《视觉工效学原则 室内工作场所照明》（GB/T 13379—2023）等给出了不同场合照度范围的数值，详见表9-3各种不同区域、作业和活动的照度范围；《建筑设计照明标准》（GB 50034—2024）中规定了不同用途建筑内部的照度数值，详表9-4教育建筑室内照度值和表9-5办公建筑室内照度值。

表9-3 各种不同区域、作业和活动的照度范围

照度范围/lx	区域、作业和活动的类型	照度范围/lx	区域、作业和活动的类型
3~5~10	室外交通区	300~500~750	中等视觉要求的作业
10~15~20	室外工作区	500~750~1000	相当费力的视觉要求的作业
15~20~30	室内交通区、一般观察、巡视	750~1000~1500	很困难的视觉要求的作业
30~50~75	粗作业	1000~1500~2000	特殊视觉要求的作业
100~150~200	一般作业	>2000	非常精密的视觉作业
200~300~500	一定视觉要求的作业		

注：1. 一般采用表中间值；若视距超过500mm产生差错，会造成很大损失或危及人身安全时，采用照度范围的高值；反之，当工作精度及速度无关紧要时，可采用照度范围的低值。

表 9-4　教育建筑室内照度值

房间或场所	参考平面及其高度	照度标准值/lx	UGR	U_o	R_a
教室、阅览室	课桌面	300	19	0.60	80
实验室	实验桌面	300	19	0.60	80
美术教室	桌面	500	19	0.60	90
多媒体教室	0.75m 水平面	300	19	0.60	80
电子信息机房	0.75m 水平面	500	19	0.60	80
计算机教室、电子阅览室	0.75m 水平面	500	19	0.60	80
楼梯间	地面	100	22	0.40	80
教室黑板	黑板面	500*	—	0.70	80
学生宿舍	地面	150	22	0.40	80

表 9-5　办公建筑室内照度值

房间或场所	参考平面及其高度	照度标准值/lx	UGR	U_o	R_a
普通办公室	0.75m 水平面	300	19	0.60	80
高档办公室	0.75m 水平面	500	19	0.60	80
会议室	0.75m 水平面	300	19	0.60	80
视频会议室	0.75m 水平面	750	19	0.60	80
接待室、前台	0.75m 水平面	200	—	0.40	80
服务大厅、营业厅	0.75m 水平面	300	22	0.40	80
设计室	实际工作面	500	19	0.60	80
文件整理、复印、发行室	0.75m 水平面	300	—	0.40	80
资料、档案存放室	0.75m 水平面	200	—	0.40	80

（2）照度分布

照度分布用照度均匀度定量描述。照度均匀度指区域内最低照度与平均照度之比。

照明设计中照度分布的要求如下：

①工作区域内一般照明的照度均匀度不低于 0.7，推荐值为 0.8。

②非工作区的照度应低于工作区，走道和其他非工作区域内一般照明的照度不低于工作区的 1/5（参见 GB/T 13379—2023）。

（3）亮度分布

适宜的亮度分布，是室内舒适光环境的必要条件。室内各部分亮度对比过大，会加重眼睛的负担，造成视觉疲劳。适宜的亮度分布用亮度对比值、室内不同表面的反射率等指标来控制，参考数值见表 9-6 和表 9-7。

表 9-6　室内不同部分的亮度对比控制值

视野内的相关部分	亮度对比最大值
视觉(工作)观察对象与邻近背景(工作台面、背板等)	3∶1
视觉(工作)观察对象与周围环境(地面、墙面等)	10∶1
光源(照明器、窗口)与附近背景之间	20∶1
视野中最亮区域与最暗区域	40∶1

表 9-7　室内不同表面的反射率推荐值

室内的相关表面	反射率的推荐值/%
顶棚	80~90
墙壁(平均值)	40~60
器物(家具、机器设备、工作台等)	25~45
地面	20~40

(4)室内照明与环境的色彩

室内色彩的人机学要求是:有利于人们形成安详、稳定的情绪,符合室内环境的特性。例如,餐馆、酒吧和图书馆的环境色彩应该不同,法庭和歌舞厅的环境色彩也应该不同等。在有些情况下色彩的心理和生理效应比色彩的美感更重要。例如,副食品商店的鲜肉柜台,如果用橙色或偏红的颜色,肉品会显出腐烂的样子,给人的视觉效果很不好。陈列鲜艳商品或展品,以中性色为背景能使商品展品被衬托得鲜明突出。白色墙脚下的红玫瑰显得分外鲜艳,白墙角下的黄色花卉却效果不佳。外科医生手术中注视着鲜红的血液,如果手术室墙面为白色,他抬头看到墙面时,墙上会出现暗绿色(鲜红血液的补色)的"负后像",引起不佳心理反应。所以手术室的墙面做成暗绿色,医生抬望墙面能获得视觉平衡和休息,但家庭卧室却不可采用暗绿色墙面。

各种室内视觉环境基本相同的要求是上部比下部明亮,唯其如此,人们才能在室内处于安定的情绪之中。表 9-8 是几种场所中室内不同部位的参考色彩方案。请注意其中明度的参考值:天棚多为 9 级,墙壁上部多为 8 级,墙壁下部多为 6~7 级,而地面则在 6 级以下,符合上明下暗的要求。

表 9-8　几种场所中室内不同部位的参考色彩方案

场所	天棚	墙壁上部	墙壁下部	地板
冷房间	4.2Y9/1	4.2Y8.5/4	4.2Y6.5/2	5.5YR5.5/1
一般	4.2Y9/1	7.5GY8/1.5	7.5GY6.5/1.5	5.5YR5.5/1
暖房间	5.0G9/1	5.0G8/0.5	5.0G6/0.5	5.5YR5.5/1
接待室	7.5YR9/1	10YR8/3	7.5GY6/2	5.5YR5.9/3
交换台	6.5R9/2	6.0R8/2	5.0G6/1	5.5YR5.5/1
食堂	7.5GY9/1.5	6.0YR8/4	5.0YR6/4	5.5YR5.5/1
厕所	N/9.5/	2.5PB8/5	8.5B7/3	N8.5/
更衣室	5Y9/2	7.5G8/1	8BG6/2	N5/

9.4　人与声环境

声音是由物体振动产生，通过固体、液体或气体传播形成的运动。人类生活在一个声音的环境中，通过声音进行交谈、表达思想感情以及开展各种活动。但有些声音也会给人类带来危害，例如，震耳欲聋的机器声、呼啸而过的飞机声等。

噪声的影响或危害随噪声的强度和持续时间的延长而增强。随着工业、交通业的发展，噪声污染已经成为城市公害问题且日益突出。在我国的北京、上海等大城市，对污染的投诉中，噪声污染的案件已经占到全部投诉的40%以上。有关部门估计，我国有20%~30%的工人暴露在损伤听觉的强噪声环境下，而有大约1亿人的生活中存在噪声的干扰。

噪声的危害主要表现在以下几个方面：首先是对人体的危害，会影响人的休息、睡眠，严重的时候能导致血压上升甚至耳聋；其次是对工作的影响，超过70dB的噪声就会导致工作者注意力涣散、反应时间加长而导致工作效率下降、容易出错；再者，噪声还会直接影响语音的传播，比如环境噪音大于75dB时，电话交谈就变得十分困难了。

9.4.1　声压级与人耳感受

声音的声压级即分贝(dB)值，是目前应用最广泛的声音计测量值。人耳刚能感觉到的声压(2×10^{-5}Pa)对应的声压级为0dB，并不是没有声音而是声音很弱以至于人们听不到；而人耳会有刺痛感的声压(20Pa)对应的声压级为120dB，超过这个值就会对人的健康产生损伤，是人在短时间内耐受强音的极限值。

表9-9为声音的分贝值与人耳感觉的一般关系，声音的分贝值对人体的影响的对应数值表。

表9-9　声音分贝值的入耳感受及对人体的影响

声压级/dB	人耳感觉	对人体的影响	声压级/dB	人耳感觉	对人体的影响
0~9	刚能听到	安全	90~109	吵闹到很吵闹	听觉慢性损伤
10~29	很安静	安全	110~129	痛苦	听觉较快损伤
30~49	安静	安全	130~149	很痛苦	其他生理受损
50~69	感觉正常	安全	150~169	无法忍受	其他生理受损
70~89	逐渐吵闹	安全			

9.4.2　噪声的控制标准

为了控制噪声的危害，我国和其他各国均制定出一批各种不同环境下的噪声控制标准。表9-10、表9-11分别摘列了我国相关国标的数据，以供分析参考。

表 9-10　城市五类区域环境噪声标准值（摘自 GB 3096—2008）

类别	区域	昼间/dB	夜间/dB
0	疗养区、高级别墅区、高级宾馆区等（位于城郊或乡村的上述区域）	50（45）	40（35）
1	住宅区、文教机关区等	55	45
2	住宅、商业和工业的混杂区	60	50
3	工业区	65	55
4	城市交通干线，内河航道和铁路主、次干线的两侧和穿越区（指非车船 通过所临近处的背景噪声）	70	55

注：昼间指 6:00 至 20:00，夜间指 20:00 至次日 6:00。

表 9-11　工业企业厂界噪声标准值（摘自 GB 12348—2008）

类别	区域	昼间/dB	夜间/dB
0	康复疗养区等特别需要安静的区域	50	40
1	以居住、文教机关为主的区域	55	45
2	居住、商业、工业的混杂区，商业中心区	60	50
3	工业区	65	55
4	交通干线、道路两侧区域	70	55

9.4.3　噪声的控制

噪声控制与治理是一门学科分支和专项技术，这里只做概述。

(1) 降低声源的声音强度

改进机器设备的设计以降低运行时产生的噪声，例如，减振润滑，选用摩擦与撞击声小的零部件材料，选低噪声工艺流程等。

(2) 控制噪声的传播

例如，让声源远离人群，将机场、高噪声的工厂车间建在城市远郊，实施隔离噪声的方式，将高噪声机器封闭在机房或设计一个隔声的罩子等。建筑材料里，各种墙面材料的吸声效果差别很大，表 9-12 列举了部分墙面材料的吸声效果。

表 9-12　几种墙面材料的吸声效果

墙面材料		声波频率/Hz		
吸声效果	材料名称	125	500	1000
较差	上釉的砖	1	1	1
	不上釉的砖	3	3	1
	表面油漆过的混凝土块	10	6	7
	钢	2	2	2
中等	混凝土上铺软木地板	15	10	7
	抹了泥灰的砖或瓦	14	6	4
	胶合板	28	17	9

（续）

墙面材料		声波频率/Hz		
吸声效果	材料名称	125	500	1000
较好	粗糙表面的混凝土块	36	31	29
	覆有 25mm 厚的玻璃纤维的墙面	14	67	97
	覆有 76mm 厚的玻璃纤维的墙面	43	99	98

（3）对工作人员实施个体防护

给在噪声较大的环境中工作的人员佩戴耳塞、头罩、头盔等防护用具。

9.5 人与振动环境

工矿企业、交通运输等部门中，环境振动对人体和工作的影响不容忽视，在以提高工效为目标的人机工程学里，环境振动问题占有一定地位。

9.5.1 环境振动与人体的振动响应

（1）环境振动的来源

环境振动多由机械动力源引起。发动机使机械零部件发生旋转或往返运动，把振动作用于环境和人体。有些环境振动是随机的，如车辆在不平的路面上行驶引起的振动；有些环境振动相对稳定，如稳态运转中的空气压缩机、压力机、振动剪、纺织机械等引起的振动。

（2）对人体有影响的振动因素

频率和振幅决定了震动强度，是影响人体的重要因素。此外，还有以下影响因素：

①振动对人体作用的部位　作用部位不同，可能形成人体全身振动或局部振动两种不同后果。例如，工作台的振动、车辆车厢底板的振动，作用于立姿人体的足下或坐姿人体的臀部，都会起人体全身振动。使用振动剪、小型钻机、小型凿岩机、手持砂轮机等会引起手部、手臂到肩部的振动；使用大型的凿岩机、风镐等引起的振动会扩展到全身。

②振动相对于人体的方向　对全身而言，沿躯干的上下、左右、前后方向的振动其对人体的影响是不同的。对身体局部，例如，对手和手臂系统而言，沿手臂方向或手掌—手背方向、拇指—小指方向的振动其对人体的影响也是不同的。

③暴露时间　环境振动作用于人体持续的时间称为暴露时间。暴露时间长则对人体造成伤害的程度加重。

（3）人体的振动响应特性

①振动在人体中的传播，其中弱振动使皮肉组织和器官受压引起位移，影响其功能而强振动会造成人体的损伤。

②振动在人体中传播及其影响因作用部位不同而不同。极端而言，作用在大腿或臀部的振动，与作用在太阳穴或腰眼的振动，对人体伤害程度的差别就非常大。

③人体振动传递率的频率特性低频振动的传递率大，高频振动的传递率小。40Hz 以

上的振动大部分能被皮肤和皮下组织所吸收，传播到内脏的很微弱。

④人体对躯干(头—足)方向的环境振动最敏感，频率3～5Hz的尤为突出；其次为胸—背方向的振动；而对左—右方向的振动则不敏感。这与日常生活的感受相符合：前后晃动对人们的影响小于上下方向的晃动，左右的晃动对人们的影响则更小。

⑤人体各部位的固有频率　任何结构体及其组成部分都有它的固有频率，当外界环境振动的频率与固有频率相等、接近、成倍时，该结构或组成部分将发生强烈响应，这就是共振现象。

人体可分成各个部分，各部分的固有频率如图9-14。需要指出两点：第一，人体各部分的固有频率与体态有关，高矮胖瘦、骨架大小甚至脖子粗细长短等，个体差异很大，即使同一个人，肌肉紧张或松弛也有影响，所以图上的固有频率数据有不小的波动范围；第二，各个部分的固有频率均与振动方向有关。

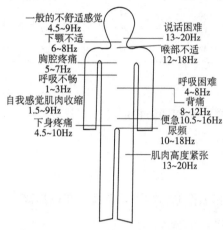

图9-14　人体各部分的固有频率参考值

（图中标注）
一般的不舒适感觉 4.5～9Hz
下颚不适 6～8Hz
胸腔疼痛 5～7Hz
呼吸不畅 1～3Hz
自我感觉肌肉收缩 1.5～9Hz
下身疼痛 4.5～10Hz
说话困难 13～20Hz
喉部不适 12～18Hz
呼吸困难 4～8Hz
背痛 8～12Hz
便急 10.5～16Hz
尿频 10～18Hz
肌肉高度紧张 13～20Hz

9.5.2　振动对人体及工作的影响

(1)振动对身体的影响

①全身振动的影响　全身振动对人体的生理效应如图9-15所示。

0.1～1Hz的低频会引起部分人群晕车，表现为头晕、头疼、恶心、呕吐、脸色苍白、出冷汗，直至危及心脏的正常功能。大部分内脏器官的固有频率为2～3Hz，因拖拉机座位的振动频率一般在这个范围上下，所以拖拉机手患消化不良、胃下垂、胃病、肾炎的比例较高。有的拖拉机座位包含较强的4～6Hz振动频率，这是脊柱的固有频率，相应的拖拉机手中脊椎病患者就比较多。

②局部振动的影响　手持电动工具作业或手握操纵杆操作农业机械、工程机械等，会造成手和手臂损伤。掌心是手掌受力的敏感部位，血管和神经末梢丰富，且处在皮下浅层。凿岩机之类的强振电动工具手把或拖拉机的操纵杆头的形状不合理，使手掌掌心长期受振动压迫，阻碍正常的血液循环，刺激和损伤神经，会引起"白指病"：手指指尖缺血发白，指尖触觉迟钝，有麻木感、针刺感；若掌心的外界振动持续较

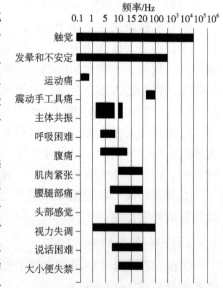

图9-15　全身振动的生理效应

（图中标注）
频率/Hz
触觉
发晕和不安定
运动痛
震动手工具痛
主体共振
呼吸困难
腹痛
肌肉紧张
腰腿部痛
头部感觉
视力失调
说话困难
大小便失禁

久，"白指"的范围向指根延伸，症状加重，甚至使手指活动和工作都很困难。手臂振动综合征的症状包括手与前臂感觉迟钝、疼痛、肌力减退、活动能力失调以及引起肘部、腕部

的关节炎。

（2）振动对工作的影响

①振动可造成工作者视觉模糊，仪表认读及刻度分辨困难，使跟踪操作的准确度降低，手眼动作协调的时间加长。

②振动使大脑神经中枢机能下降，注意力分散，烦躁感和疲劳感提前出现。

③振动使发音颤抖，语言失真和间断。6~8Hz 环境振动对语言的影响尤其明显。

9.6　人与空气环境

（1）空气污染的基本类型

空气污染对人体的危害需要专门加以应对。对作业环境造成污染的主要物质是有毒气体、蒸气、工业粉尘以及烟雾等有害物质。

有毒气体是指常温、常压下呈气态的有害物质，如 CO、H_2S、SO_2、Cl_2 等。

有毒蒸气是指有毒的固体升华、液体蒸发或挥发时形成的蒸气，例如，喷漆作业中的苯、汽油、醋酸酯类等物质。当空气中含有过量的有害气体时，可使人产生中毒或职业性疾病。

工业粉尘是指能较长时间飘浮在作业场所空气中的固体微粒，其粒子大小多在 $0.1 \sim 10\mu m$。例如，炸药厂的三硝基甲苯粉尘、干电池厂的锰尘等。烟雾为悬浮在空气中直径小于 $0.1\mu m$ 的固体微粒，如冶炼金属产生的烟尘。

雾为悬浮于空气中的液体微滴，多由于蒸气冷凝或液体喷洒而形成的。例如，农药喷洒时的药雾、喷漆时的漆雾、电镀和金属酸洗时的酸雾等。

工业粉尘进入人体后，将在呼吸道各部位通过不同方式沉积、驻留，引起不同程度的病变，可导致呼吸系统的严重疾患，如尘肺、支气管哮喘、过敏性肺炎、呼吸系统肿瘤等，粉尘还会引起中毒作用。

（2）雾霾

雾霾是特定气候条件与人类活动相互作用的结果。高密度人口的经济及社会活动必然会排放大量细颗粒物（$PM_{2.5}$），排放超过大气循环能力和承载度，细颗粒物浓度将持续积聚，极易出现大范围雾霾。

$PM_{2.5}$ 是指空气动力学当量直径小于等于 $2.5\mu m$ 的颗粒物，其主要成分为 SO_2、NO_x 以及可吸入颗粒物。来源主要包括汽车尾气、工业排放、建筑扬尘、燃烧等。

（3）空气环境的改善

我国于 2010 年修订了《工业企业设计卫生标准》（GBZ 1—2010），该标准规定了车间空气中有毒气体、蒸气和粉尘等 120 种有毒物体的最高允许浓度值。

为改善人们生活的空气环境，必须采取有效手段控制污染源和污染的传播，如对有污染排放的企业、场所和交通工具进行整治，对恶劣的自然或人工环境进行防沙固尘等针对性改善，使用清洁燃料和绿色能源等，并为污染波及的人群提供必要的防护措施和卫生条件。

针对北方冬春季节严重雾霾现象，居室和公共场所内部应安装空气净化装置。

练习题

一、填空题

1. 在人—机—环境系统中，对系统产生影响的一般环境主要有_____、_____、_____、_____、_____以及_____等。

2. 影响热环境条件的主要因素有_____、_____、_____和_____。

3. 除了温度以外，_____对于人体热舒适度的影响也是非常明显的。

4. 室内光环境由_____和_____组成。

5. 能让人听觉产生舒适感、使人感到愉悦的声音称为_____，声波频谱与强弱对比杂乱无章、强度过强或强度较强且持续时间过长的声音称为_____。

6. 环境振动多由_____引起。

7. 根据作业环境对人体的影响和人体对环境的适应程度，可把人的作业环境分为_____、_____、_____、_____四个区域。

二、简答题

1. 舒适的温度和湿度有什么特点？

2. 温度对体力和脑力劳动有什么影响？

3. 光通量、亮度与照度有什么区别？

4. 照度分布的设计要求是什么？

5. 简述噪声的危害主要表现在哪几个方面。

6. 如何减小或控制噪声？

7. 对作业环境造成污染的主要物质有哪些？

三、讨论题

以三人为小组查阅人与作业环境的相关资料，讨论使用环境对人机工程界面设计的影响与应用的特点，并说说未来如何在设计中更好地考虑环境因素，最终形成500字的讨论小结。

第 10 章 人的可靠性与安全设计

10.1 人的心理和生理特性

10.1.1 习惯与错觉

(1) 群体习惯

习惯分为个人习惯和群体习惯。群体习惯是指在一个国家或一个民族内部，人们所形成的共同习惯。一个国家或一个民族的人，常对工器具的操作方向（前后、上下、左右、顺时针和逆时针等有着共同认识，并在实际中形成了一致的习惯。这类群体习惯有的是世界各地相同的，也有的是国家之间、民族之间不同的。例如，顺时针方向旋拧螺栓是紧，逆时针方向旋拧是放松；逆时针方向旋转水龙头是放水，顺时针旋转是关水等，这些在世界各地几乎是一致的。而电灯开关扳钮却是另外一种情况，英国人往下扳动为开灯，中国人往上扳动为开灯。

符合群体习惯的机械工具，可使作业者提高工作效率，减少操作错误。因此，对群体习惯的研究在人机工程学中占有相当重要的位置。

(2) 动作习惯

绝大多数人习惯用右手操作工具和做各种用力的动作。他们的右手比较灵活而且有力，但在人群中也有5%~6%的人惯用左手操作和做各种用力的动作。至于下肢，绝大多数人是惯用右脚，因此机械的主要脚踏控制器，一般也放在右脚的下方。

总之，惯用右侧者在人群中占绝大多数，这个事实在人机系统设计时应该予以考虑。

10.1.2 错觉

在第三章中已经详述了错觉的相关概念，这里只做简要叙述，方便后续讨论。错觉是指人所获得的印象与客观事物发生差异的现象。造成错觉的主要原因有心理的和生理因素。

首先，讨论视错觉。视错觉主要是对几何形状的错觉，可分四类：长度错觉、方位错觉、透视错觉、对比错觉。除了视错觉之外，还有空间定位错觉、大小与重量错觉、颜色错觉、听错觉、运动视觉中的错觉等。同样，正确的认识与掌握人可能导致的错觉现象，这对指导人机系统的合理设计十分有益。

10.1.3　精神紧张与躲险动作

人在工作繁忙时，常处于精神紧张状态。一般来讲，紧张状态的发展可分为三个阶段：警戒反应期、抵抗期、衰竭期。在不超过衰竭期的紧张状态下，人在紧张状态时的工作能力还有可能提高。例如，某人短期内按时完成某项重大科研任务，这时责任心与紧迫感会使人满怀激情地作业，从而增加了动力，提高了活动积极性。

表 10-1 给出了紧张程度与各种作业因素之间的关系。以办公室的作业种类为例，打字的紧张程度为 30%，记账为 45%，打珠算（又称算盘）为 53%，默读为 62%，操作计算机为 67%。

表 10-1　紧张程度与各种作业因素之间的关系

事项	紧张程度大↔紧张程度小	事项	紧张程度大↔紧张程度小
能量消耗	大↔小	人所受限制	限制很多↔限制很少
作业速度	快↔慢	作业姿势	要求作勉强姿势↔可采取自由姿势
作业精密度	精密↔粗糙	危险程度	危险感多↔危险感少
作业对象的种类	多↔少	注意力集中程度	高度集中注意力↔不需要集中注意力
作业对象的变化	变化↔不变化	人际关系	复杂↔简单
作业对象的复杂程度	复杂↔简单	作业范围	广↔窄
是否需要判断	需要判断↔机械式地进行	作业密度	大↔小

慌张是作业者在某种心理状态下所出现的一种工作状态，表现为着急慌忙，工作急于求成，而且忙中又常出错。慌张有两方面的原因：一是本人主观上的性格，二是由于种种原因想尽快将某件事情做完。表 10-2 是作业者在慌张状态下与平静状态下的动作对比，其中"转来转去的动作""无意义的动作""自以为是的动作""看错、想错"等都是与事故有联系的动作。总之，慌张时的动作与平静状态下的动作相比，发生事故的概率和危险性明显增大。

表 10-2　慌张与平静时的动作对比

动作	着急慌忙	平静正常
动作的次数	20.7	0.7
每次动作平均时间/s	8.5	36.4
无效动作次数	15.4	1.b
有秩序有计划的动作（%）	13.3	63.7
转来转去的动作（%）	37.4	17.2
无意义的动作（%）	28.2	1.4
自以为是的动作（%）	31.4	1.8
看错，想错的次数	42	0.2

惊慌是指在异常情况下，尤其是在紧急危险状况下（如发生火灾、爆炸或即将发生房屋倒塌、突然涌水等），多数人心理会骤然发生变化，内心十分紧张，一时失去正确的判断能力，行动也随之失去常态；或者惊呆不能动弹；或者惊慌失措，行动不能自控；也有的在生理上出现种种不正常现象，如心率加快、血压升高、大小便失禁、哆嗦、上下牙齿振碰、口吃等。抢险救灾必须分秒必争，如果这时人处于上述惊慌失措的状态，往往会贻误时机，不但不能及时采取有效措施抵御灾害，有时还会采取错误行动、扩大灾害。

人在恐惧不安时，心电图上会显示出明显的变化。正常人平时心脏收缩时，波形是正常而有规律的；恐惧时由于心跳加快，波的间隔变窄；若恐惧进一步加重，则心电图中的T波几乎完全消失；解除恐惧以后，波形又恢复正常。人在紧急危险状态下，常会故出一些莫名其妙的举动，这些举动没有经过深思熟虑，事后当事者本人也说不出为什么当时要这样做。例如，房屋失火时，有的人不是先把重要物件抢救出来，而是急急忙忙把无关紧要的东西抢出来；头顶上重物快要落下时，不是赶快躲开，而是用手捂着头顶在那里等着……因此，要做到临危不惧、遇事不慌，平时就必须注意意志的锻炼，以便培养在紧急事态下能辨明事态，迅速做出决定的能力。这点对于工厂和矿山从事作业的人员十分重要，平时多进行防灾训练，使广大作业者能够熟练地在紧急情况下切断电源、关闭阀门、快速逃出室外等，以免灾害发生时不知所措。

躲险行动的研究十分重要。当人静立时发现前方有物袭来会立刻做出反应，采取躲避行动。至于躲向何侧，有人曾做过试验统计（表10-3），躲向左侧的人数大致为躲向右侧的2倍。这是因为人体重心偏右，站立时身体略向左倾斜，而且右手右脚又比较强劲有力，所以在紧急时身体自然容易向左侧移动。当人在步行中发现危险物自前方飞来时，其躲险方向除了上面所说的以外，还要看这时迈出的是左脚还是右脚。迈出左脚时，有物飞来则身体比较容易向右倾斜；而迈出右脚时，有物飞来则身体容易向左倾斜。大量的观察表明：向左躲避的情况远比向右的多。由此可知，无论是静立时还是步行，当事者均显示出向左躲的倾向。因此，在人工作位置的左侧留出一点安全地带，是比较合适的。

表 10-3　静立时躲避方向的特点

躲避方向	落下物飞来方向			
	由左前方	由正面	由右前方	总计
左侧/%	19.0	15.6	16.1	50.7
呆立不动/%	3.0	10.5	7.3	20.8
右侧/%	11.3	7.3	9.9	28.5
左右侧比值/%	1.68	2.14	1.62	1.77

对于从人所在位正上方落下的物体，人们如何采取躲避行动，对此曾做过试验。这个试验是让被测人直立在楼房外面，从其前方距地面7m的3楼窗户内大声喊叫被测人的名字，在被测人听到声音后向上仰望的同时，从被测人的正上方掉落一个物体，并观察被测人躲避落下物的行动。试验结果表明：几乎所有的被测人在仰头向上的同时，都能发现下落物并且表现出表10-4给出的有关反应。这些反应可大致分为两类：一种是采取防御姿

势，另一种是不采取防御姿势。采取防御姿势的占41%，不采取防御姿势的占59%；在不采取防御姿势的人中，又有41%的人全然没有任何行动的表现，其中大多数是女性。试验结果显示，人对来自上方的危险物往往表现为无能为力。因此，在作业场所，特别是立体作业的现场，要求作业者一定要戴安全帽。另外，还要防止器物由上方坠落，在适当的地方应安装安全网或其他遮蔽物。

表10-4　躲避下落物的行动类型

防御与否	行动特征	比率/%
采取防御姿势	1. 抱住头部	3
	2. 想在头部接住下落物	28
	3. 上身向后仰，想接住下落物	10
不采取防御姿势	1. 不采取行动(僵直，呆立不动)	24
	2. 采取微小行动(只动手)	10
	3. 脚不动，只转头部	7
	4. 想尽快逃离(离开中心)	18

10.1.4　人为差错

（1）人为差错的定义与分类

人为差错是指人未能实现规定的任务，从而可能导致中断计划运行或引起设备或财产的损坏行为。人为差错发生的方式可分为五种：①人没有实现某一个必要的功能任务；②实现了某一个不应该实现的任务；③对某一任务作出了不适当的决策；④对某一意外事故的反应迟钝和笨拙；⑤没有察觉到某一危险情况。

人为差错所造成的后果随人为差错程度的不同以及机械安全设施的不同而不同，一般可归纳为四种类型：第一种类型，由于及时纠正了人为差错，且设备有较完善的安全设施，故对设备未造成损坏，对系统运行没有影响；第二种类型，暂时中断了计划运行，延迟了任务的完成，但设备略加修复，工作顺序略加修正之后系统仍可正常运行；第三种类型，中断了计划运行，造成了设备的损坏和人员的伤亡，但系统仍可修复；第四种类型，导致设备严重损坏，人员有较大伤亡，使系统完全失效。

（2）人为差错发生的原因

在系统的研究与开发阶段，人的差错可以分为六类：

①维修差错　对设备未能进行定期维修或设备出现异常时，没有及时维修和更换零部件。

②操作差错　操作差错是指操作人员错误地操纵机器和设备。

③安装差错　没有按照设计图或说明书进行安装与调试。

④设计差错　由于设计人员设计不当造成的，例如，负荷拟定不当、选材不当、经验参数选择不当、结构不妥、计算有错误等。一般来说，许多作业人员的差错都是由于设计中潜在隐患所造成的，因此设计差错是引起操作时人为差错的主要原因之一。

⑤制造差错　制造差错是指产品没有按照设计图样进行加工与装配。例如，使用了不

合格的零件、漏装或错装了零件、接错线路等。

⑥检验差错　检验手段不正确，放宽了标准，没有完成检验的有关项目，未发现产品所潜在的缺陷。

表 10-5 扼要地给出了系统的研究与开发阶段时人为差错的六种情况。对于人为差错发生的机理，目前尚不清楚，但可以肯定人为差错是人、环境、技术、机械和管理等诸多因素相互作用的结果，可归纳如图 10-1 所示。

表 10-5　人为差错的类型、原因和阶段

差错类型	差错的成因或发生差错的阶段	发生差错的原因
维修差错	发生在对有故障的设备修理不正确的现场 随着设备的老化，维修频率增大，发生维修错误的可能性增加	对设备调试不正确 在设备的某些部位使用了错误的润滑脂，对维修人员缺乏必要的培训 没有进行人机工程设计
操作差错	由操作人员造成，在使用现场的环境中发生	不适当的和不完全的技术数据 缺少或违反正常的操作规程 任务复杂或超负荷程度太高 环境条件不良 没有进行人机工程设计 作业场所或车间布置不当 人员的挑选和培训不适当，操作人员粗心大意和缺少兴趣 注意错误和记忆错误 操作、识别和解释错误
安装差错	发生在安装阶段，属短期差错	没有进行人机工程设计 没有按照说明书或图样进行设备安装
设计差错	由于设计人员设计不当造成的，发生在设计阶段	不恰当地分配人机功能 没有满足必要的条件 不能保证人机工程设计要求 指派的设计人选不称职。设计时过分草率，设计人员对某一特殊设计方案的倾向和对系统需求的分析不当
制造差错	由加工和装配人员造成，发生在产品制造阶段，是工艺不良的结果 通常发生故障后，在使用现场被发现	不合适的环境，如照明不足、噪声太大、温度太高 设计不当的工作总体安排，混乱的车间布置 缺少技术监督和培训 信息交流不畅 不合适的工具 说明书和图样质量差 没有进行人机工程设计
检验差错	没有达到检验目的。检验时未发现产品缺陷，装配、使用时被发现	检测不是 100%准确，平均的检验有效度约为 85%，可能造成在公差范围内的零件被认为不合格，而不合格的零件反被使用

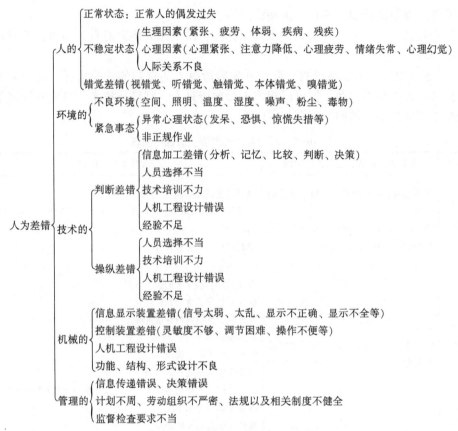

图 10-1　导致人为差错发生的因素

10.1.4　人的生理节律

生理功能所显示出的周期性变化，通常称为生理节律。人体存在着像心电波那样以若干秒为周期的生理节律，也有像睡眠与觉醒那样以天为周期的生理节律。人的这种生理节律对作业效率及质量有明显的影响。

（1）日周节律以及其他周期节律

在日常生活中，昼夜变化是人们经受的最急骤变化，人体对昼与夜的反应是大不相同的，人们的日常生活节律基本上以 24h 为周期，称为日周节律。比较白天与夜间的作业情况，便会发现作业效率、差错率和人的疲劳程度等都有很大差别。大量的试验研究资料表明，体现生命特征的体温、脉搏、血压等在下午 16:00 时前后达到最高值。另外，作为体力劳动和脑力劳动能源的糖、脂肪和蛋白质，在血液中的峰值也出现在下午 16:00 前后。这些都反映出交感神经系统占优势的"白天型人体"的特点。与此相反，副交感神经系统占优势的细胞分裂以及生长激素的分泌等，却在夜间 11:00 时至凌晨 2:00 左右为高峰，显示出"夜间型人体"的特点。总之，人的身体适于白天活动，到了夜间，各种机能下降，进入休息状态。

一天中人体机能状态的变化情况如图 10-2 所示。由该图可以看出，上午 7:00 到 10:00 机能上升，午后下降；从午后 6:00 到 9:00 机能再度上升，其后又急剧下降，凌晨

11：00 至 4：00 下降最明显。在人机工程学中，常用频闪融合阈限值表示大脑意识水平来说明人体的机能状况。频闪融合阈限值越高，大脑意识水平也越高；相反，精神疲劳或困倦时，频闪融合阈限值变低。图 10-3 给出了一天之中频闪融合阈限值的变动情况。该图的上半部分是频闪融合阈限值的日周节率，显然上午 6：00

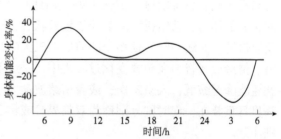

图 10-2　一天身体机能变化曲线

时最低，中午前后最高。图 10-3 的下半部分为坐姿或卧姿时的心搏动数日周节律，显然凌晨 4：00 时前后最低，16：00 前后最高。比较图 10-2 与图 10-3 可以发现，机能的昼夜变化与频闪融合阈限值的昼夜变化趋势基本一致，只是在时间上有些偏离。

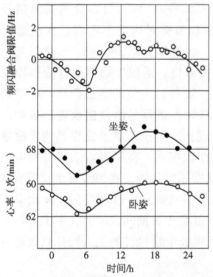

图 10-3　频闪融合阈限及心搏动数的日周节律

（2）PSI 周期节律

20 世纪初，德国内科医生威尔赫姆·弗里斯和奥地利心理学家赫尔曼·斯瓦波达通过长期的临床观察发现，人的体力强弱是以 23 天为周期变化的，而情绪高低则是以 28 天为周期变化。大约 20 年后，奥地利因斯布鲁大学的阿尔弗雷特·泰尔其尔教授在研究数百名高中与大学学生的考试成绩后发现，人的智力敏捷与迟钝是以 33 天为周期变化的。其后，许多科学家经过研究进一步提出，每个人自出生之日起直至生命终结都存在着以 23 天、28 天和 33 天为周期的体力、情绪和智力的盛衰循环性变化规律。这一变化规律按照高潮期→临界日→低潮期的顺序周而复始，其变化可用正弦曲线加以描述如图 10-4 所示。

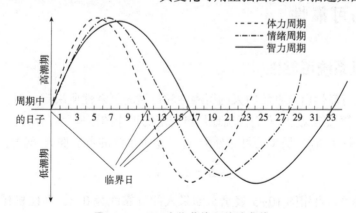

图 10-4　PSI 生物节律正弦波曲线

该图横坐标为时间轴，曲线位于时间轴以上的天数称为"高潮期"，在此期间，人的体力、情绪或者智力都处于良好状态，因此表现为体力充沛、精力旺盛，或者心情愉快、情绪高昂，或者思维敏捷、记忆力好。曲线位于时间轴以下的日子称为"低潮期"，在此期间，人的体力、情绪或智力都处于较差状态，表现为身体困倦无力，或者情绪低沉，或者反应迟钝。曲线与时间轴相交的前后二三天的日子称为"临界日"。当人处于临界日时，体力、情绪或者智力在频繁变化过渡之中，是最不稳定的时期，在此期间，机体各方面的协调性能降至最低，人易染病，或者情绪波动大，或者易出差错。当体力、情绪或者智力的临界日重叠在一起时则分别称为双临界日或称三临界日，这是差错与事故的多发期，需特别注意。

不少国家应用体力、情绪、智力生物节律理论安排交通运输、指导安全生产和确定重大科研及危险工作的最佳执行期等，都取得了良好的效果。例如，美国联合航空公司维修部门，在 1973 年 11 月至 1974 年 11 月的一年时间里，对 2800 名职工运用生物节律安排生产，使事故减少 50%；再如，日本交通事故较多的群马县，由于运用了生物节律对 25 万驾驶人员进行指导后，使事故率大幅度下降，一跃成为日本交通安全最好的县。此外，我国湘潭锰矿自 1986 年元月起，运用生物节律对机动车辆驾驶人员进行安全管理，使 1986 年比 1985 年的事故数降低了 40%，经济损失减少了 48.7%；另外，陕西省西安市户县交警大队在其管辖区机动车辆的有关单位，运用生物节律理论指导安全行车，使 1991 年事故次数比 1990 年同期下降 66%。此外，大量的事故调查分析结果还表明：人处于临界日时，特别是双临界日或三临界日时，很容易出差错或者出事故。例如，瑞典的学者施维恩格分析了 1000 例车祸事故后现，发生在肇事者临界日的事故是非临界日的 11 倍。原联邦德国农业机械部门发生的 497 次事故，在肇事者临界日发生的占 97.8%，非临界日的仅占 2.2%；在澳大利亚，100 次交通事故中，有 79%发生在肇事者的临界日。再如，我国的邯郸钢铁总厂第四轧钢厂对 1973—1986 年 13 年间的 174 次事故的责任者进行分析，发现其中 66%由人引发的事故处于其临界日期间。因此，不少工矿企业对特殊工种以及重要岗位，常用调节周休的办法去处理处于临界日的工人的休息问题，以避免人为差错所导致的事故。

10.2 人的可靠性

10.2.1 人机系统可靠性

人机系统的可靠性由该系统中人的可靠性和机械的可靠性所决定，对人的可靠性很难下定义。在此，暂且定义为"人们正确地从事规定的工作的概率"。

设人的可靠性为 R_H，机械的可靠性为 R_M，整个系统的可靠性 R_s 就为：

$$R_s = R_H \cdot R_M$$

它们三者的关系可用图 10-5 表示。如果人的可靠性为 0.8，即使机械的可靠性高达 0.95，那么，整个人机系统的可靠性也只有 0.76。如果不断对机械进行技术改进，将可靠性提高到 0.99，系统的可靠性仍然只有 0.79，并没有提高多少。因此，提高人的可靠性成了提高系统可靠性的关键。由于人-机系统越来越复杂和庞大，一旦出现人为失误就会

酿成严重事故，人们日益关心因人的可靠性低下
而引起的事故。

　　一个设计良好的系统需要考虑的不仅仅是设
备本身，还应该包括人这一要素。正如一个系统
中的其他部分一样，人的因素并非是完全可靠
的，而人的错误可导致系统崩溃。国内外许多安
全专家认为，大约90%的事故与人的失误有关，
而仅有10%的事故归咎于不安全的物理、机械
条件。

　　如上所述，事故的主要根源在于人为差错，
而人为差错的产生则是由人的不可靠性引起的。
本节将通过对人的可靠性、人为差错和人的安全
性的分析，找出事故发生的原因，并据此提出防
止发生事故的措施。

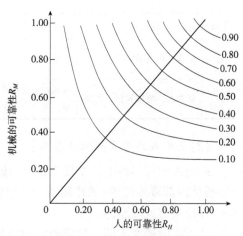

**图 10-5　人、机械的可靠性与
人机系统的可靠性**

10.2.2　人的可靠性分析

（1）影响人的可靠性的内在因素

　　人的内在状态可以用意识水平或大脑觉醒水平来衡量。日本的桥本邦卫将人的大脑的
觉醒水平分为五个等级，见表10-6。由表可知，人处于不同觉醒水平时，其行为的可靠
性是有很大差别的。人处于睡眠状态时，大脑的觉醒水平极低，不能进行任何作业活动，
一切行为都失去了可靠性。处于第Ⅰ等级状态时，大脑活动水平低下，反应迟钝，易于发
生人为失误或差错。处于第Ⅱ、Ⅲ等级时，均属于正常状态。等级Ⅱ是意识的松弛阶段，
大脑大部分时间处于这一状态，是人进行一般作业时大脑的觉醒状态，并应以此状态为准
设计仪表、信息显示装置等，等级Ⅲ是意识的清醒阶段，在此状态下，大脑处理信息的能
力、准确决策能力、创造能力都很强，此时，人的可靠性可高达0.999999以上，比等级
Ⅰ高十万倍，因此，重要的决策应在此状态下进行。但第Ⅲ状态不能持续很长的时间。第
Ⅳ等级为超常状态，如工厂大型设备发生故障时，操作人员的意识水平处于异常兴奋、紧
张状态，此时，人的可靠性明显降低。因此，应预先设定紧急状态时的对策，并尽可能在
重要设备上设置自动处理装置。

表 10-6　大脑意识水平的等级划分

等级	意识状态	注意状态	生理状态	工作能力	可靠度
0	无意识，神智丧失	无	睡眠，发呆	无	0
Ⅰ	常态以下，意识模糊	不注意	疲劳，困倦，单调，醉酒（轻度）	低下，易出事故	0.9以下
Ⅱ	正常意识的松弛阶段	无意注意	休息时，安静时或反射性活动	可进行熟练的，重复性的或常规性的操作	0.99~0.9999

（续）

等级	意识状态	注意状态	生理状态	工作能力	可靠度
Ⅲ	正常意识的清醒阶段	有意注意	精力充沛，积极活动状态	有随机处理能力，有准确决策能力	0.999999以上
Ⅳ	超常态，极度紧张、兴奋	注意过分集中某一点	惊慌失措，极度紧张	易出差错，易造成事故	0.9以下

（2）影响人的可靠性的外部因素

影响人的可靠性的一个极为重要的因素是人所承受的压力。压力是人在某种条件刺激物（机体内部或外部的）的作用下，所产生的生理变化和情绪波动，使人在心理上所体验到的一种压迫感或威胁感。

各方面的研究表明，适度的压力即足以使人保持警觉的压力水平对于提高工作效率，改善人的可靠性是有益的，压力过轻反而会使人精神涣散，缺乏动力和积极性。但是，当人承受过重压力时，发生人为差错的概率比其在适度压力下工作时要高，因为过高的压力会使人理解能力消失，动作的准确性降低，操作的主次发生混乱。

工作中造成人的压力的原因通常有以下四个方面：

①工作的负荷　如果工作负荷过重，工作要求超过了人满足这些要求的能力，会给人造成很大的心理压力，而工作负荷过轻，缺乏有意义的刺激，例如，不需动脑的工作，重复性的或单调的工作，无法施展个人才华或能力的工作等，同样也会给人造成消极的心理压力。

②工作的变动　例如，机构的改组、职务的变迁、工作的重新安排等，破坏了人既定的行为、心理和认识的功能的模式，给人造成压力。

③工作中的挫折　例如，任务不明确、官僚主义造成的困难，职业培训指导不够等，阻碍了人达到预定的目标。

④不良的环境　例如，噪声太大，光线太强或太暗，气温太高或太低以及不良的人际关系等。

在作业过程中，由于超过操作者的能力限度而给操作者造成的压力以及其他方面给人增加的压力，其表现特征见表10-7。

表10-7　给操作人员造成压力的类型

超过操作者能力限度的压力	其他方面的压力
	不得不与性格难以捉摸的人一起工作
反馈信息不充分，不足以使操作者下决心改正自己的动作	不喜欢从事的职业和工作
要求操作者快速比较两个或两个以上的显示结果	在工作中得到晋升的机会很少
要求高速同时完成一个以上的控制	负担的工作低于其能力与经验
要求高速完成操作步骤	在极紧张的时间限度内工作，或为了在规定时间期限内
要求完成一项步骤次序很长的任务	完成工作，经常加班
要求在极短时间内快速做出决策	沉重的经济负担
要求操作者延长监测时间	家庭不和睦
要求根据不同来源的数据快速做出决策	健康状况不佳
	上级在工作中的过分要求

10.2.3 人的可靠性基本数据

在可靠性研究中，人的可靠性数据起着重要的作用。在人—机—环境系统中，人的许多作业都与人输入信息的感知以及人输出信息的控制有关，因此这里给出有关这方面人的可靠性的基本数据，供实际使用时参考。

当采用不同显示形式和安装不同显示仪表时，人的认读可靠度是不同的。表 10-8 给出了不同显示形式仪表的认读可靠度数据；表 10-9 列出了不同显示视区仪表人的认读可靠度的数据。当采用不同控制方式进行控制输出时，人的控制可靠度也不同。表 10-10 给出了在人进行按键操作时，不同按钮直径与人的动作可靠度的相关数据；表 10-11 列出了操作人员用控制杆进行位移操作时，不同操作方式与人的动作可靠度的相关数据。

表 10-8 不同显示形式仪表的认读可靠度

显示形式	人的认读可靠度			
	用于读取数值	用于检验读数	用于调整控制	用于跟随控制
指针转动式	0.9990	0.9995	0.9995	0.9995
刻盘转动式	0.9990	0.9980	0.9990	0.9990
数字式	0.9995	0.9980	0.9995	0.9980

表 10-9 不同显示视区仪表人的认读可靠度

扇形视区/°	人的认读可靠度	扇形视区/°	人的认读可靠度
0~15	0.9995~0.9999	45~60	0.9980
15~30	0.9990	60~75	0.9975
30~45	0.9985	75~90	0.9970

表 10-10 按键操作的动作可靠度

按钮直径/mm	人的动作可靠度	按钮直径/mm	人的动作可靠度
小型	0.9995	9~13	0.9993
3.0~6.5	0.9985	13 以上	0.9998

表 10-11 控制杆操作的动作可靠度

控制杆位移	人的动作可靠度	控制杆位移	人的动作可靠度
长杆水平移动	0.9989	短杆水平移动	0.9921
长杆垂直移动	0.9982	短杆垂直移动	0.9914

10.2.4 影响人的操作可靠性的因素

影响人的可靠性的因素极为复杂，但人为失误总是人的内在状态与外部因素相互作用的结果。影响人的操作可靠性的因素见表 10-12。

表 10-12 影响人的操作可靠性的因素

因素类型		因素
人的因素	心理因素	反应速度、信息接受能力、信息传递能力、记忆、意志、情绪、觉醒程度、注意、压力、心理疲劳、社会心理、错觉、单调性、反射条件
	生理因素	人体尺度、体力、耐力、视力、听力、运动机能、身体健康状况、疲劳、年龄
	个体因素	文化水平、训练程度、熟练程度、经验、技术能力、应变能力、感觉阈限、责任心、个性、动机、生活条件、家庭关系、文化娱乐、社交、刺激、嗜好
	操作能力	操作难度、操作经验、操作习惯、操作判断、操作能力限度、操作频率和幅度、操作连续性、操作反复性、操作准确性
环境因素	机械因素	机械设备的功能、信息显示、信号强弱、信息识别、显示器与控制器的匹配、控制器的灵敏度、控制器的可操作性、控制器的可调性
	环境因素	环境与作业的适应程度、气温、照明、噪声、振动、粉尘、作业空间
	管理因素	安全法规、操作规程、技术监督、检验、作业目的和作业标准、管理、教育、技术培训、信息传递方式、作业时间安排、人际关系

10.3 人的失误

10.3.1 人的失误行为

人的行为是指人在社会活动、生产劳动和日常生活中所表现的一切动作。人的一切行为都是由人脑神经辐射，产生思想意识并表现于动作。

人的不安全行为则是指造成事故的人的失误（差错）行为。在人机工程领域，对人的不安全行为曾做过大量研究，较新的研究成果提出，人的失误行为发生过程如图 10-6 所示。

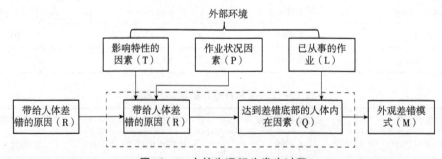

图 10-6 人的失误行为发生过程

由图 10-6 所示，人的失误行为的发生既有外部因素，也有人体内在因素。为了减少系统中人的失误行为的发生，必须对内、外两种因素的相关性进行分析。

10.3.2 人失误的主要原因

按人机系统形成的阶段，人的失误可能发生在设计、制造、检验、安装维修和操作等各个阶段。但是，设计不良和操作不当往往是引发人的失误的主要原因，见表10-13。

在进行人机系统设计时，若设计者对表10-13中的举例进行仔细分析，可获得有益的启示，使系统优化，将使诱发人的失误行为的外部环境因素得到控制，从而减少人的不安全行为。诱发人的失误行为的人体内在因素极为复杂，仅将其主要诱因归纳于表10-14。

表 10-13　人的失误的外部因素

类型	失误	举例	类型	失误	举例
知觉	刺激过大或过小	(1)感觉通道间的知觉差异； (2)信息传递率超过通道容量； (3)信息太复杂； (4)信号不明确； (5)信息量太小； (6)信息反馈失效； (7)信息的贮存和运行类型的差异	信息	按照错误的或不准确的信息而操纵机器	(1)训练： ①欠缺特殊的训练； ②训练不良； ③再训练不彻底 (2)人机工程学手册和操作明细表： ①操作规定不完整； ②操作顺序有错误 (3)监督方面： ①忽略监督指示； ②监督者的指令有误
显示	信息显示设计不良	(1)操作容量与显示器的排列和位置不一致； (2)显示器识别性差； (3)显示器的标准化差； (4)显示器设计不良： ①指示方式； ②指示形式； ③编码； ④刻度； ⑤指针运动。 (5)打印设备的问题： ①位置； ②可读性、判别性； ③编码	环境	影响操作机能下降的物理的、化学的空间环境	(1)影响操作兴趣的环境因素： ①噪声；②温度； ③湿度；④照明； ⑤振动；⑥加速度 (2)作业空间设计不良： ①操作容量与控制板、控制台的高度宽度、距离等； ②座椅设备、脚、腿空间及可动性等； ③操作容量； ④机器配置与人的位置可移动性； ⑤人员配置过密
控制	控制器设计不良	(1)操作容量与控制器的排列和位置不一致； (2)控制器的识别性差； (3)控制器的标准化差； (4)控制器设计不良： ①用法；②大小； ③形状；④变位； ⑤防护；⑥动特性	心理状态	操作者因焦急而产生心理紧张状态	(1)人处于过分紧张状态； (2)裕度过小的计划； (3)过分紧张的应答； (4)因加班休息不足而引起的病态反应

表 10-14　人失误的内在因素

项目	因素
生理能力	体力、体格尺度、耐受力、残疾(色盲、耳聋、喑哑……)、疾病(感冒、腹泻、高温……)、饥渴
心理能力	反应速度、信息的负荷能力、作业危险性、单调性、信息传递率、感觉敏度(感觉损失率)
个人素质	训练程度、经验多少、熟练程度、个性、动机、应变能力、文化水平、技术能力、修正能力、责任心
操作行为	应答频率和幅度、操作时间延迟性、操作的连续性、操作的反复性
精神状态	情绪、觉醒程度等
其他	生活刺激、嗜好等

10.3.3　人失误引发的后果

人的失误是人所具有的一种复杂特性，它与人机系统的安全密切相关。因此，如何避免人的失误对于提高系统的可靠性具有十分重要的意义。

人的失误可定义为人未能实现规定的任务，从而可能导致中断计划运行或引起财产和设备的损坏。人的失误发生的方式有五种，即人没有实现某一必要的功能任务，实现了某一不应该实现的任务，对某一任务做出了不适当的决策，对某一意外事故的反应迟钝和笨拙，没有觉察到某一危险情况。

人的失误所造成的后果随人为差错程度的不同以及机械安全设施的不同而不同，一般可归纳为四种类型。第一种类型，由于及时纠正了人的失误，且设备有较完善的安全设施，故对设备未造成损坏，对系统运行没有影响；第二种类型，暂时中断了计划运行，延迟了任务的完成，但设备略加修复，工作顺序略加修正，系统即可正常运行；第三种类型，中断了计划运行，造成了设备的损坏和人员的伤亡，但系统仍可修复；第四种类型，导致设备严重损坏，人员有较大伤亡，使系统完全失效。

10.3.4　人的失误事故模型

许多专家学者根据大量事故的现象，研究事故致因理论。在此基础上，又运用工程逻辑，提出事故致因模型，用以探讨事故成因、过程和后果之间的联系。此处仅从人机工程学的角度，讨论几种以人的因素为主因的事故模型。

(1)人的行为因素模型

事故发生的原因，很大程度上取决于人的行为性质。由人机工程学基础理论可知，人的行为是多次感觉(S)-认识(O)-响应(R)组合模型的连锁反应，人在操作过程中，由外部刺激输入使人产生感觉"S"，外部刺激如显示屏上仪表指示、信号灯变化、异常声音、设备功能变化等；人识别外部刺激并做出判断称之为人的内部响应"O"，人对内部响应所做出的反应行动，称之为输出响应"R"。

人的行为因素模型如图 10-7 所示，包含有 S—O—R 行为的第一组问题是反映了危险的构成，以及与此危险相关的感觉、认识和行为响应。若第一组中的任何一个问题处理失败，就会导致危险，造成损失或伤害；如每一个问题处理都成功，第一组的危险不可能构成，也不会发生第二组的危险爆发。同样包含有 S—O—R 行为的第二组问题是危险的显现，即使第一组问题处理失败，只要危险显现时处理得当，也不会造成损失和伤害；如果不能避免危险，则造成损失和伤害的事故必将爆发。

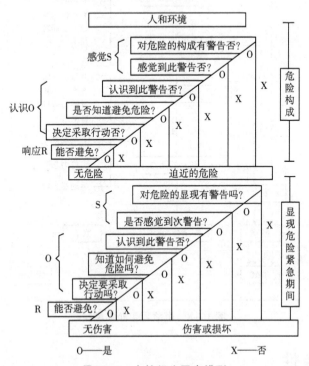

图 10-7　人的行为因素模型

（2）事故发生顺序模型

事故发生顺序模型如图 10-8 所示，该模型把事故过程划分为几大阶段。在每个阶段，如果运用正确的方式进行解决，则会减少事故发生的机会，并且过渡到下一个防避阶段。如果作业者按图示步骤做出相应反应，虽然不能完全肯定避免事故的发生，但至少会大大减少事故发生的概率；而如不采取相应的措施，则事故发生的概率必会大大增加。

按图 10-8 所示模式，为了避免事故，在考虑人机工程学原理时，重点可放在：

①准确、及时、充分地传示与危险有关的信息（如显示设计）。

②有助于避免事故的要素（如控制装置、作业空间等）。

③作业人员培训，使其能面对可能出现的事故，采取适当的措施。

根据研究的结果表明，按照事故的行为顺序模式，不同阶段的失误造成的比例如下：

①对将要发生的事故没有感知占 36%。

②已感知，但低估了发生的可能性占 25%。

③已感知，但没能做出反应占 17%。

④感知并做出反应，但无力防避占 14%。

根据该结果可知，人的行为、心理因素对于事故最终发生与否有很大影响，而"无力防避"属环境与设备方面的限制与不当（也可能是人的因素），只占很小的比例。

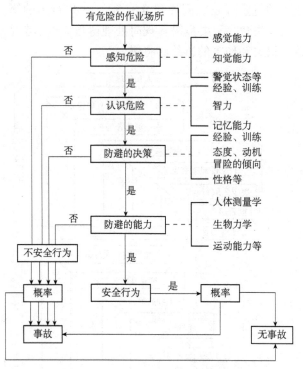

图 10-8　事故发生顺序模型

10.4　机的特性

人—机—环境系统中，机的设计应该符合人的要求，应符合机的三种主要特性即可操作性、易维护性和本质可靠性。这三种特性对人—机—环境系统的总体性能（即安全、高效，经济）影响极大。

10.4.1　机的可操作性

机的可操作性是指在人—机—环境系统中，某个特定的"机"（包括机器或过程）在特定的使用"环境"下，由人（即操作人员）进行操作或控制时能够稳定、快速、准确地完成预定任务能力的一种度量。每个人—机—环境系统都是一个具有反馈回路的闭环控制系统，如图 10-9 所示，因此，可操作性一般应具备以下三大特征。

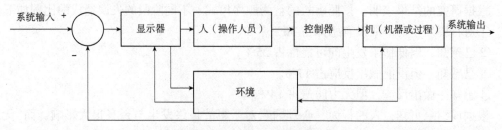

图 10-9　人—机—环境系统示意

（1）稳定性

稳定性是保证人—机—环境系统正常工作的先决条件。如果某个机的动力学特性设计不当，则人对其操作或控制时就会出现不稳定现象。因此，要提高机的可操作性就必须提高机在运行中的稳定性。

（2）快速性

要很好地完成人—机—环境系统的预定任务，仅仅满足稳定工作的要求是远远不够的，必须能快速地完成任务。例如，两架飞机进行空战时，快速性就成为生存的必要条件。

（3）准确性

如果一个人—机—环境系统能快速地达到目的，但却不能准确无误地完成预定的任务，那么这个系统也不是一个好系统。仍以两架飞机空战为例，飞行员不仅要快速地控制自己飞机的瞄准方向，而且要能准确地击中对方飞机才能取得空战的胜利。

10.4.2 机的易维护性

机的易维护性（又称易维修性）是指在任何一个人—机—环境系统中，对某一个符合规定的机（包括机器或过程）在特定的维护环境下，由所规定的技术人员，利用规定的程序和资源进行维护时，使机保持或者恢复到规定状态能力的度量。易维护性应包括两种情况：①在故障状态下机的故障维修；②在正常状态下机的定期养护。

易维护性的设计原则应包含以下七个方面：

（1）便于维护

应给维护提供适当的、可达性的操作空间和工作部位，其中包括：

①根据系统、设备、组件的可靠性做出维护频率预制，据此进行设备、组件的可达性布置。

②设备、系统的检查窗口、测试点、检查点、润滑点以及燃油、液压等系统的维护点都要布局在便于接近的位置。

③在机的总体布局时，应给维护人员提供拆装设备、组件的维护空间。

④系统、分系统、设备、组件应尽量采用专舱布局，各专舱中的设备及组件应尽量单层排列。

需维护的设备、部件应具有互换性，要尽量采用标准件，其中包括：

①在设计系统、设备、组件和零件时，要根据维修条件提供合理的使用容差；维护中需要更换时，应保证其物理（机构、外形、材料）上和功能上的互换性。

②结构部件以及非永久性紧固连接的装配件，都应具有互换性。

③不同工厂生产的相同型号的产品，必须具有良好的功能与安装互换性。

另外，应尽量采用标准化设计，多采用标准化的零件、组件和设备。应保证系统、设备以及维护设施之间的相容性，使之能配套使用。

（2）维护时间短

尽量采用模块化设计。设备可以按功能设计成若干个允许互换的模块。对于重要的系统和设备要设有故障显示和机内测试装置。设备、组件、导管、电缆等的拆装、连接、紧固、检查窗口的开关等都要做到简易、快速和牢靠。维护工作中所需的各种油料、气体的加灌充填，弹药与武器补充等都应尽量方便维护者。

（3）维护费用低

要尽量减少非必要的维护，降低维护成本。专用的工具、设备以及维护设施要少，维护条件要求不应过高，对维护人员的技术等级要求不能过高。

（4）要有预防维护差错的措施

维护标志、符号和技术数据要清晰准确。应注意减少维护工作中可能导致的危险，机上的污垢、特殊组件等容易引起人的判断失误。

（5）维护作业应满足人的要求

工作舱开口的尺寸、方向、位置都要方便维护人员，使维护人员有一个比较合适的操作姿态。在系统、设备上进行维护时，其环境条件应符合人的生理参数和能力，其中包括：

①噪声不应超过人的忍受能力。

②要避免维护人员在过度振动条件下操作。

③应给维护工作提供适度的自然或人工照明条件。

（6）满足与维护有关的可靠性与安全性要求

设计时必须注意系统、设备以及器件的可靠性要求，必要时要进行冗余设计。设计中有关安全性的问题更重要，特别是设备、设施有可能发生危险的部位都应标有醒目的标记、符号和文字警告，以防止发生事故和危及人员与设备的安全。

（7）尽量降低对维护人员的要求

对维护人员的操作和工作应按逻辑和顺序安排。维护程序和规程要简单、明确、有效。对维护人员的专业要求应尽量减少，对所需要的维护人员数目也应尽量少。

10.4.3　机的本质可靠性

机的本质可靠性是指在任何一个人—机—环境系统中，在特定的使用环境下，机（包括机器或过程）的设计要具有从根本上防止人的操作失误所引起的人—机—环境系统功能失常或导致人身伤害事故发生的能力。

人作为人—机—环境系统的工作主体，往往会出现人的操作失误。正如墨菲定律所指出的："如果一台机器存在错误操作的可能，那么就一定会有人错误地操作它。"因此，人的操作失误具有必然性。机的本质可靠性设计就是在机的可靠性设计的基础上，充分考虑人的操作失误时可能产生的危险因素，在进行机的设计时要从根本上防止人的操作失误，从而确保人—机—环境系统的正常运行和人员的安全。显然，对于一个人—机—环境系统而言，机的本质可靠性分析与设计就显得格外重要。图 10-10 给出了机的本质可靠性与机的可靠性之间的关系图。从图可以看出，本质可靠性是可靠性非常重要的组成部分。

为了预防人的操作失误，本质可靠性设计通常可以采取如下的方法：

（1）连锁设计

当机器状态不允许采用某种操作时，可以采用适当的电路或机构进行控制，避免由于人的操作失误导致的故障。例如，为了防止飞机的地面走火，便可以专门设计一套机构，只有当飞机起飞后并且起落架收起时，才能自动接通武器发射线路，也就是说，只有这时启动发射按钮才能击发武器。而当飞机返航时，只要起落架一放下就会自动切断武器发射线路，因此也就从根本上避免了飞机在地面由于人的操作失误而导致地面上走火事故的发生。

图 10-10 可靠性与本质可靠性

（2）唯一性设计

唯一性设计是指机器的操作或连接只有一种状态才能被接受，其他状态都是排斥的，这就从根本上消除了人的操作失误的可能性。

（3）允许差错设计

在人操作失误中，相当一部分是由于遗忘和失误造成的，允许差错设计是指允许操作差错存在，而不危及机器的安全。例如，采取程序控制的方法进行控制，就可以防止操作差错的出现。

（4）自动化设计

机器的自动化程度越高，操作的数量和程序就越少、越简单，对操作者的技能要求也就越低，因此，出差错的可能性也就越小。例如，飞机飞行中的一个难点是飞机着陆，很多飞行员着陆技能不佳而造成飞机事故。如果飞机在航空母舰上降落那就更困难了，因为航空母舰在航行，海浪使甲板摇晃，因此飞机着舰的事故率就更高。为了保证飞机着陆（着舰）的安全，设计了自动着陆系统，这就从根本上克服了飞机着陆的困难。

图 10-11 汽车仪故障显示示例

（5）差错显示设计

一旦出现了人的操作失误，机器就会立即出现警告提示，通常有灯光显示和语音警报两种，如图 10-11 汽车仪故障显示示例所示，显然，这对防止人的操作失误发生是十分有益的。

（6）保护性设计

保护性设计是将一些非常重要的操作部位，如机炮、火箭、导弹等的发射按钮，都用一个红色的保险盖加以保护，使操作者平时不易碰到它们。一旦需要使用，操作者要先打开保险盖，才可进行发射操作，显然这种保护性设计是十分必要的。

10.5　人机系统设计

10.5.1　人机功能关系

对于一个复杂的人—机—环境系统来讲，一方面要注意对人的功能进行适当开发与利用，注意对操作人员进行必要的系统训练；另一方面又要在机、环境方面在技术上采取有效的措施，以保证相应人员的能力得以充分发挥。此外，更重要的是从人—机—环境系统的研究与设计阶段，就应该采用系统分析的方法，从该系统的任务出发提出系统的功能要求；再以功能要求为基础，根据当时的技术条件，对机器的功能和人的能力做详细的分析和研究，合理地进行人与机之间任务的科学分配，因此详细了解人和机的功能特点、了解两者各自的长处和短处，这对实现整个人机系统高效、可靠、安全以及操纵方便是十分必要的。以宇宙飞船为例，对于其绕月球飞行的成功率来讲，国外文献分析显示：如果采用全自动化飞行成功率仅为22%；如果采用有人参与成功率则为70%；如果在飞行中航天员还能承担维修任务则为93%，是全自动化飞行成功率的4.2倍。所以，合理的功能分配对完成人机系统的成功设计是非常重要的。

（1）静态人机功能匹配的原则与优点

所谓静态的功能分配与设计，就是根据人和机的特性进行权衡分析，将系统的不同功能以固定的方式恰当地分配给人或机，而且系统在运行中并不随时加以调整，因此称其为静态人、机功能分配。

人机匹配的内容很多，例如，显示器与人的信息感觉通道特性的匹配，控制器与人体运动反应特性的匹配，显示器与控制器之间的匹配，环境条件与人的生理、心理及生物力学特性的匹配等。

人机功能匹配是一个非常复杂的问题，在长期的实践中，人们总结出以下系统功能分配的一般原则：

①比较分配原则　详细地比较人与机的特性，然后确定各个功能的分配。例如，在信息处理方面，机器的特性是按预定的程序进行的，可以高度准确地处理数据，并且记忆可靠、易于提取，不会"遗忘"信息；人的特性是高度的综合、归纳、联想创造的思维能力。因此，在设计信息处理系统时，要根据人和机器的各自处理信息的特性进行合理的功能分配，如图10-12所示，大量的航海水文信息由船舱航行仪器显示，船长与水手综合判断船只情况并决策。

②剩余分配原则　进行功能分配时，首先要考虑机器所能承担的系统功能，然后将剩余部分的功能分配给人。在实施这原则时，必须充分掌握机器本身的可靠度，不可盲目从事。

③经济分配原则　以经济效益为原则，

图10-12　船只驾驶舱

合理恰当地进行人机功能分配。究竟哪些由人完成，哪些由机去完成，都需要做细致的经济分析再做决定。

④宜人分配原则　功能分配要适合人生理和心理的多种需要，有意识地发挥人的技能。

⑤弹性分配原则　该原则的基本思想是将系统的某些功能同时分配给人或者机器，使人可以自由地选择参与系统行为的程度。

以上是根据不同侧面所提出的五条原则。总之，人机功能匹配的一般性原则为：笨重的、快速的、精细的、规律性的、单调的、高阶运算的、大功率的、操作复杂的、环境条件恶劣的作业以及检测那些人不能识别的物理信号的作业，应分配给机器去承担；而指令和程序的安排，图形的辨认或多种信息的输入，机器系统的监控、维修、设计、制造、故障处理及应对突发事件等工作，则应分配给人去承担。

（2）动态人机功能匹配

静态作业分配策略，是在忽略了作业的时变性以及人的响应可变性的条件下讨论的。对于一个人来讲，可以将分配给他的作业负荷与他可用能力之间的差距记作 δ，这个差距 δ 是随时间而变化的，如图 10-13 所示。

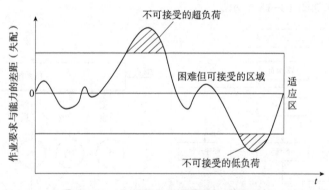

图 10-13　作业要求与可用能力失配示意

在通常情况下，人能够补偿这个变化。然而在某些情况上，这种差距可能过大，以致产生人不可接受的超负荷或低负荷。在这种情况下或者会出现工效降低，或者造成系统无法实现原定功能的现象。因此，这时需要有一个能够动态地实现最佳作业分配的决策机制。在这个机制下，系统功能的分配可以依据作业的定义、工作环境和当前系统组成要素的能力等条件，随时做出相应的分配决策。这就是说，要求作业不是以一个固定的实体来设置。理想的情况是作业的构造能随着系统的目标与要求而变化，因此，就需要引进一个智能适应界面系统或者辅助智能界面系统去适应上述的变化。智能界面系统能够根据当前作业的要求与人可利用资源之间的匹配信息，借助于相关作业模型、机器系统模型、人的模型、工作负荷与能力关系模型等进行推理和预测，而后智能界面系统完成输出，这时的输出反映了作业的重新构造与作业的重新分配。动态的系统功能分配其目的是要达到人、机两方面功能的相互支援、相互补充、相互促进的目的。

10.5.2　人机系统设计的基本要求和要点

从总体上讲，对人机系统设计的基本要求可由下面六点予以概括：

①能达到预定的目标，完成预定的任务。

②要使人与机都能够充分发挥各自的作用和协调地工作。

③人机系统接受的输入和输出功能，都应该符合设计的能力。

④人机系统要考虑环境因素的影响，这些因素包括室内微气候条件(如温度、湿度、空气流速等)、厂房建筑结构、照明、噪声等。

⑤人机系统的设计不仅要处理好人与机的关系，而且还需要把机器的运动过程与相应的周围环境一起考虑。因为在人—机—环境系统中，环境始终是影响人机系统的重要因素之一。

⑥人机系统应有一个完善的反馈闭环回路。人机系统设计的总体目标是：根据人的特性，设计出最符合人操作的机器，最适合手动的工具，最方便使用的控制器，最醒目的显示器，最舒适的座椅，最舒适的工作姿势和操作程序，最有效最经济的作业方法和最舒适的工作环境等，使整个人机系统保持安全、可靠、高效、经济、效益最佳，使人—机—环境系统的三大要素形成最佳组合的优化系统。换句话说，就是使人机系统的总体设计实现安全、高效、舒适、健康和经济几个指标的总体优化。人机系统设计流程如图 10-14 所示，系统优化方式如图 10-15 所示。

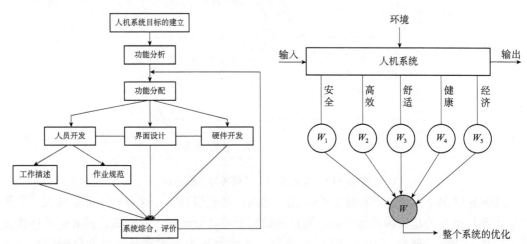

图 10-14　人机系统设计模型　　　　图 10-15　系统优化方式

ISO 6385—2004 规定了人机工程学的一般指导原则，其中包括：

①工作空间和工作设备的一般设计原则(其中规定了与人体尺寸有关的设计，与身体姿势、肌肉和身体动作有关的设计，与显示器、控制器以及信号相关的设计)。

②工作环境的一般设计原则。

③工作过程的一般设计原则(其中特别提醒设计者应避免工人劳动超载和负载不足的问题，以保护工人的健康与安全，增进福利及便于完成工作)。

上述三个方面的一般原则，国际标准中已有详细的规定与说明，这里就不做赘述。另外，在进行系统总体设计时还要注意以下四个方面的设计与分析要点：

①注意人机功能的分配。

②注意人机匹配，尤其要注意显示器与人的信息通道间的匹配，控制器与人体运动特

性间的匹配，显示器与控制器之间的匹配，环境与操作者适应性的匹配以及人、机、环境三大要素与作业之间的匹配等。

③注意人机界面的设计。

④注意完成对人机系统的评价。

10.5.3　安全防护装置设计

安全防护装置是指配置在机械设备上能防止危险因素引起人身伤害，保障人身和设备安全的所有装置。它对人机系统的安全性起着重要作用。

(1)安全防护装置的作用与分类

安全防护装置的作用是为了杜绝或减少机械设备的事故发生，其作用主要表现在以下几个方面。

①防止机械设备因超限运行而发生事故　所谓机械设备的超限运行是指超载、超速、超位、超温、超压等。当设备处于超限运行状态时，相应的安全防护装置就可以使装置卸载、卸压、降速或自动中断运行，从而避免事故的发生。例如，超载限制器、限速器、安全阀、熔断器等都属于这类安全防护装置。

②通过对系统进行自动监测与诊断的方式去避免或排除故障、避免事故发生　例如，自动报警装置是通过提醒操作者注意危险，而避免事故的发生；也有的安全装置是通过监测仪器及时发现设备故障，并通过自动调节系统排除故障，从而避免危险的发生。

③防止人的误操作而引发的事故　如电气控制线路中的互锁与连锁装置便属于这类安全防护装置。

④防止操作者误入危险区而设置的安全保护装置　如防护罩、防护屏、防护栅栏等都属于这一类。

⑤安全防护装置可以具有单一功能，也可以具有多种功能。因此，对安全防护装置的分类，也就产生了多种办法。例如，按安全防护方式进行分类可分为：隔离防护装置、连锁控制防护装置、超限保险装置、紧急制动装置以及报警装置等。

⑥如图 10-16 为制冷、高低温超限报警功能温度控制器，工作环境超过最低/最高温度都会报警。

图 10-16　制冷、高低温超限报警功能温度控制器

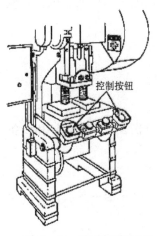

图 10-17　双手控制按钮

⑦双手联控按钮　对于图 10-17 所示的作业，有些作业者习惯于一只手放在按钮上，准备启动机器动作，另一只手仍在工作台面调整工件或试件。为了避免开机时另一只手仍在台面上从而发生事故，可用图示的双手控制按钮，这样必须双手都离开台面才能启动，保证了安全。

⑧利用感应控制安全距离　在图 10-18 感应式安全装置中，若身体的任何部位经过感应区进入机床作业空间的危险区域，光电传感器则发出停止机床动作的命令，保护作业者免受意外伤害。还可以运用其他感应方式，如红外、超声、光电信号等。但必须注意，当人体侵入危险区时，检测信号必须准确无误，以确保安全。

⑨自动停机装置　自动停机装置是指当人或其身体的某一部分超越安全限度时，使机器或其零部件停止运行或保证处在安全状态的装置，如触发线、可伸缩探头、压敏杠、压敏垫、光电传感装置、电容装置等。图 10-19 为机械式(距离杆)自动停机装置应用实例。

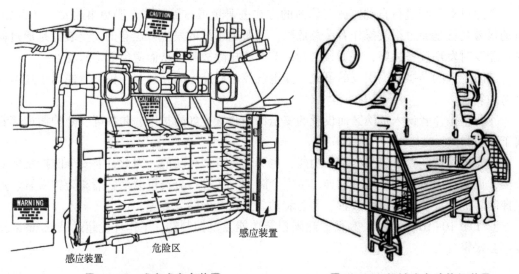

图 10-18　感应式安全装置　　　　**图 10-19　机械式自动停机装置**

（2）安全防护装置的组成

安全装置的品种繁多，结构各异，但就其作用来说它们都是为了完成一定的安全防护或安全控制功能，因此安全装置一般由传感元件、中间环节和执行机构这三个基本部分组成。其中传感元件(又称传感器)是用来感知不安全信号，并将非电量转移成电量；中间环节是将传感元件感知的不安全信号进行放大、处理或者将感知的运动或力进行传动(或传递)，并向执行机构发出指令信号；执行机构是执行控制指令的元器件，它可以将危险运动中断，将危险因素排除，或者是将人隔离在危险区域以外。例如，压力容器中的弹簧式安全阀，如图 10-20 所示，当容器内压力升高到超过最大极限压力时，感知压力的传感元件弹簧被压缩，使阀门打开，将超压气体排放。当压力降到正常值后，弹簧力又将阀门关闭，于是借助这一装置便避免了由于超压而发生的容器爆炸事故。

（3）安全防护装置的设计原则

安全防护装置的设计可遵循以下五条原则：

①坚持以人为本的设计原则　设计安全防护装置时，首先要考虑人的因素，确保操作者的人身安全。

②坚持装置的安全可靠原则　安全防护装置必须达到相应的安全要求，要保证在规定的寿命期内有足够的强度、刚度、稳定性、耐磨性、耐腐蚀和抗疲劳性，即保证其本身有足够的安全可靠度。

③坚持安全防护装置与机械装备的配套设计原则　在进行产品的结构设计时应把安全防护装置考虑进去。

④坚持简单、经济、方便的原则。

⑤坚持自动组织的设计原则。

此外，安全防护装置应具有自动识别错误、自动排除故障、自动纠正错误以及自锁、互锁、连锁等功能。

（4）安全防护装置的人机尺寸

专为防护人身安全而设置在机械设备上的各种防护装置，其结构和布局应设计合理，使人体各部位均不能直接进入危险区。对机械式防护装置设计应符合下述与人体测量参数相关的尺寸要求。上肢自由摆动可及安全距离见表10-15，上肢探越可及安全距离见表10-16。

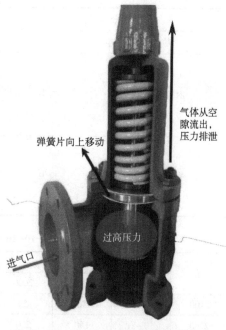

气体从空隙流出，压力排泄

弹簧片向上移动

过高压力

进气口

图10-20　压力容器中的弹簧式安全阀

表10-15　上肢自由摆动可及安全距离

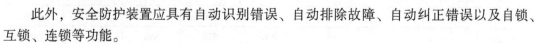

上肢部位		安全距离	图示
从	到	Sd	
掌指关节	指尖	≥120	
腕关节	指尖	≥225	

（续）

上肢部位		安全距离	图示
从	到	Sd	
肘关节	指尖	≥510	
肩关节	指尖	≥820	

表 10-16　上肢探越可及安全距离

a	b							
	2400	2200	2000	1800	1600	1400	1200	1000
2400	—	50	50	50	50	50	50	50
2200	—	150	250	300	350	350	400	400
2000	—	—	250	400	600	650	800	800
1800	—	—	—	500	850	850	950	1050
1600	—	—	—	400	850	850	950	1250
1400	—	—	—	100	750	850	950	1350
1200				—	400	850	950	1350
1000				—	200	850	950	1350
800				—	—	500	850	1250
600				—	—	—	450	1150
400				—	—	—	100	1150
200	—	—	—	—	—	—	—	1050

注：a——从地面算起的危险区高度；b——棱边的高度；Sd——棱边距危险区的水平安全距离。

穿越网状孔隙可及安全距离见表 10-17，穿越栅栏状孔隙可及安全距离见表 10-18，防止挤压伤害的夹缝安全距离见表 10-19。

表 10-17　穿越网状孔隙可及安全距离

上肢部位	方形孔边长 a	安全距离 Sd	图示
指尖	$4 < a \le 8$	≥15	
手指 （至掌指关节）	$8 < a \le 25$	≥120	

（续）

上肢部位	方形孔边长 a	安全距离 Sd	图示
手掌 （至拇指根）	$25 < a \leqslant 40$	$\geqslant 195$	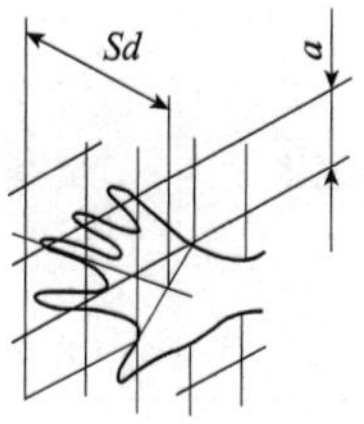
臀 （至肩关节）	$40 < a \leqslant 250$	$\geqslant 820$	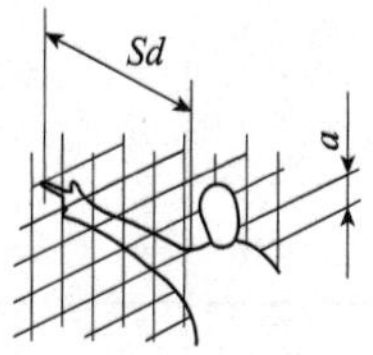

注：当孔隙边长在 250mm 以上时，身体可以钻入，按探越类型处理。

表 10-18　穿越栅栏状孔隙可及安全距离

上肢部位	缝隙宽度 a	安全距离 Sd	图示
指尖	$4 < a \leqslant 8$	$\geqslant 15$	
手指 （至掌指关节）	$8 < a \leqslant 20$	$\geqslant 120$	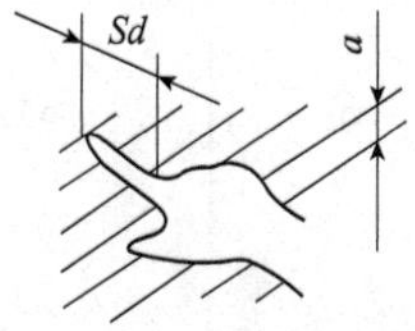
手掌 （至拇指根）	$25 < a \leqslant 30$	$\geqslant 195$	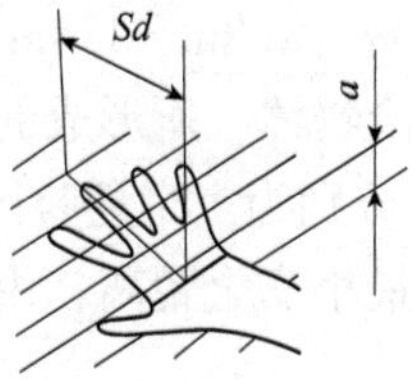
臀 （至肩关节）	$30 < a \leqslant 250$	$\geqslant 320$	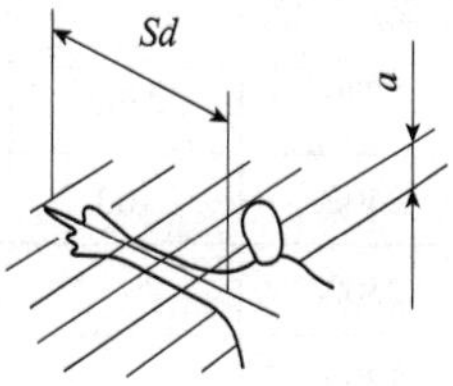

表 10-19　防止受挤压伤害的夹缝安全距离　　　　　　　　　　mm

身体部位	安全夹缝间距 Sd	图示	身体部位	安全夹缝间距 Sd	图示
躯体	≥470	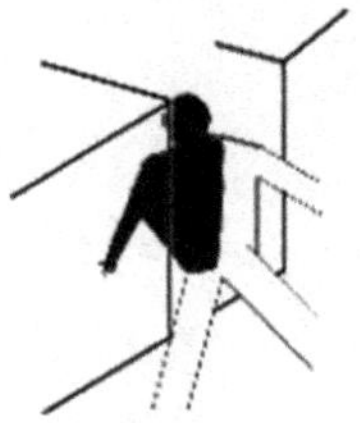	臂	≥120	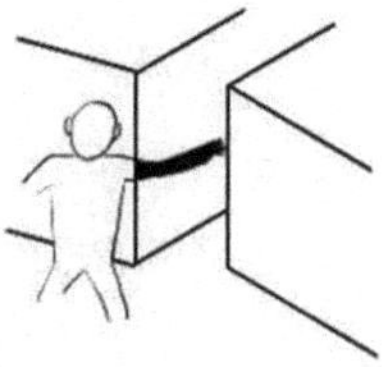
头	≥280	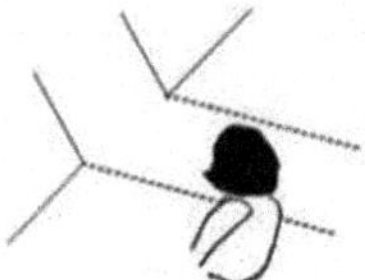	手、腕、拳	≥100	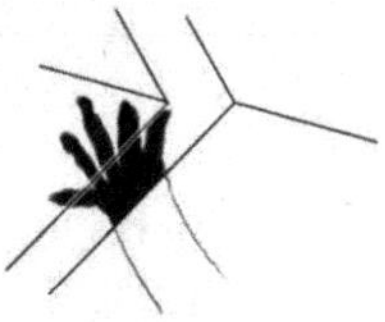
腿	≥210	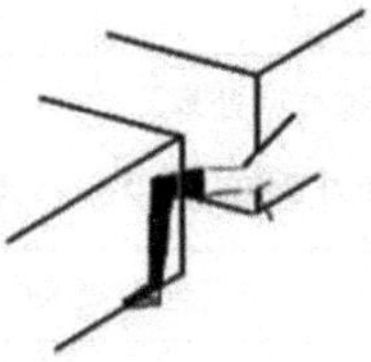	手指	≥25	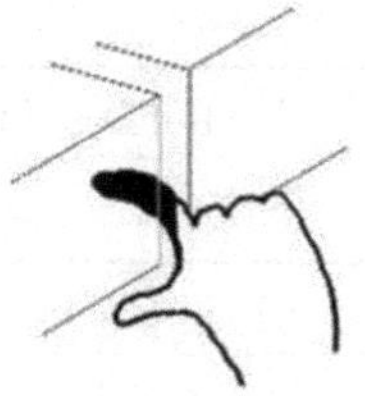
足	≥120	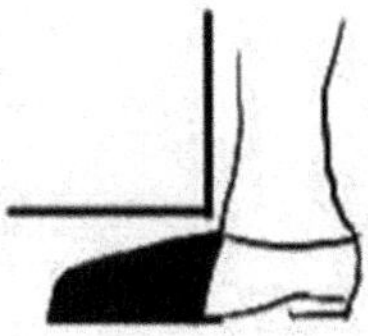			

　　防护屏、危险点和最小安全距离关系见表 10-20。表中曲线分别为防护屏高等于 1.0m、1.2m、1.4m、1.6m、1.8m、2.0m、2.2m 时的人体危险区；a、b、c 分别为三个危险物体，所形成的危险区域的危险点；Ya、Yb、Yc 分别为三个危险点的高度；Xa、Xb、Xc 分别为三个危险区或应具备的最小安全距离。设计时依据危险点高度和危险区应具有的最小安全距离，由该表可确定防护屏高度。

表 10-20　防护屏、危险点和最小安全距离关系

危险点高度 /mm	屏高/mm							
	2400	2200	2000	1800	1600	1400	1300	1000
2400	100	100	100	150	150	350	150	200
2300		2C0	300	350	400	450	450	500
2200		250	350	450	550	600	600	650
2100		200	350	550	650	700	750	300

（续）

危险点高度 /mm	屏高/mm							
	2400	2200	2000	1800	1600	1400	1300	1000
2000			350	600	750	750	900	950
1900			250	600	800	350	950	1100
1800				600	850	900	1000	1200
1700				550	350	300	1100	1300
1600				500	850	900	1100	1300
1500				300	800	900	1100	1300
1400				100	800	900	1100	1350
1300					700	900	1100	1350
1200					600	900	1100	1400
1100					500	900	1100	1400
1000					500	900	1000	1400
900						700	950	1400
800						600	900	1350
700						500	800	1300
600						200	650	1250
500							500	1200
400								1100
300								1000
200								750
100								500

最小安全距离

（5）典型安装防护装置的设计

机械设备在正常运转时，一般都保持一定的输出参数和工作状态参数。当由于某种原因机械发生故障时将引起某些参数（如振动、噪声、温度、压力、负载、速度、位置等）的变化，而且其值可能超出规定的范围，如果不及时采取措施，将可能发生设备或人身事故，超限安全保险装置就是为了防止这类事故发生而设置的，它可以自动排除故障并且通常都能自动恢复运行。以下介绍三种常用的超限保险安全装置的设计。

①超载安全装置　超载安全装置的种类很多，但一般都由感受元件中间环节和执行机构这两部分组成。其工作原理有机械式、电气式、电子式、液压式等。例如，起重机超重

限制器，常用的有杠杆式、弹簧式的超重限制器，也有数字载荷控制仪。主要用来防止起重机的超载，防止引起钢丝绳断裂和起重设备受损。再如，路的过载保护和短路保护装置也属于这一类。

②越位安全装置　对于某些机械，如果执行件运动时超越了规定的行程，则可能会发生损坏设备和撞伤人身的事故。为此，必须设置行程限位安全装置。这种装置有机电式的，也有液压式的。例如，起重机械工作时就必须设置越位安全装置，否则易造成起重事故。

③超压安全装置　它广泛用于锅炉、压力容器(如液化气储存器、反应器、换热器)等装置中。因为这些装置若超压运行都可能发生重大事故(如爆炸或发生泄漏等)。超压安全装置主要有安全阀、防爆膜、卸压膜等。按结构和泄压方法的不同，又可分为阀型、断裂型与熔化型等。例如，锅炉或气瓶中的安全装置常用的是安全阀，而驱动阀芯移动的动力有杠杆式的，也有弹簧式的。虽然安全阀芯移动的动力方式不同，但它们所起的作用却是相同的，都是当容器中介质超过允许压力时，安全阀便自动开启，从而避免了事故的发生。

10.6　人—机—环境系统评价

人—机—环境系统工程的最大特色是，它在认真研究人、机、环境三大要素本身性能的基础上，不单纯着眼于单个要素的优劣，而是充分考虑人、机、环境三要素之间的有机联系，从全系统的整体上提高系统的性能。图 10-21 给出了总体性能分析与研究的示意图，借助于该图，下面分别从安全、环保、高效和经济 4 个方面对总体性能进行评价。

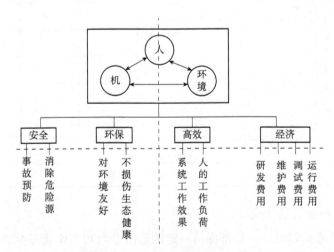

图 10-21　人机系统总体性能评价树

①安全性评价　在人—机—环境系统中，安全性能评价的基本方法有两种：一种是事件树分析法(即 ETA)，又称决策树分析法(即 DTA)，另一种是故障树分析法(即 FTA)。故障树分析法(又称事故树分析法)是沃森(H. A. Watson)提出的，后来由美国国家航空航天局(NASA)做进一步发展并广泛地用于工程硬件(即机器)的安全可靠性分析。故障树分析法是一种图形演绎方法，它把故障、事故发生的系统加以模型化，围绕系统发生的事故

或失效事件，做层层深入地分析，直至追踪到引起事故或失效事件发生的全部最原始原因为止，如图 10-22 所示是应急发动机自动启动故障的分析树。

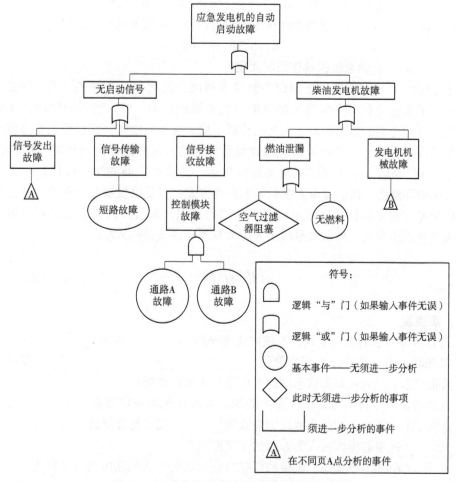

图 10-22　应急发动机自动启动故障的分析树

②环保指标的评价　应使所研制的产品满足绿色设计、清洁生产的规定指标，使所研制的人机系统不对环境生态系统造成干扰，不危及生态系统的健康。

③高效性能的评价　所谓高效就是要使系统的工作效率最高。这里所指的系统工作效率最高有两个含意：一个是指系统的工作效果最佳，二是人的工作负荷要适当。所谓工作效果是指系统运行时实际达到的工作要求(如速度快、精度高、运行可靠等)；所谓工作负荷是指人完成任务所事受的工作负担或工作压力，以及人所付出的努力或者注意力的大小。

④经济性评价　一般说来，系统的经济性能包括四个方面：一是研制费用，二是维护费用，三是训练费用，四是使用费用。对经济性能的评价通常采用三种方法：一是参数分析法，二是类推法，三是工程估算法。在国外(如美国 NASA 等机构)，广泛采用 RCA、PRICE 模型进行费用的估算。

总体性能的综合评价指标对总体性能的评价必须要考虑安全、环保、高效和经济 4 项评价指标。对于多目标非线性优化问题，一个常用的办法是引入加权因子，将多个指标综合为一个指标，这里定义综合评价指标 Q，其表达式为

$$Q = \alpha_1 \times (安全) + \alpha_2 \times (环保) + \alpha_3 \times (高效) + \alpha_4 \times (经济)$$

式中，α_1、α_2、α_3、α_4 分别为针对各个相应评价指标的加权系数，并且有

$$\alpha_1 + \alpha_2 + \alpha_3 + \alpha_4 = 1$$

这里 α_1、α_2、α_3、α_4 的取值视具体情况而定。

21 世纪后，环境与持续发展问题仍然没有解决，仍然存在着许多问题，例如，气候和化学循环的急速变化，支撑地区经济的自然资源的枯竭，外来物种的激增，疾病的传播，空气、水和土壤的恶化，对人类文明构成了史无前例的威胁。在这种生态环境形势问题严重的情况下，对于人机环境系统设计时所考虑的总体性能指标当然应当将"安全"与"环保"放到比"高效"与"经济"更重要的位置上。要提倡产品的绿色设计（green design，GD）、发展循环经济、提倡健康文明的绿色消费方式；要重视发展的公平性，注意代际公平、代内公平，树立起公平享有地球资源的道德意识；要坚持人类生态文明与可持续发展，使人类赖以生存的地球家园呈现出人与大自然和谐共存的美好。

练习题

一、填空题

1. 符合群体习惯的机械工具，可使作业者提高_____，减少_____。

2. 紧张状态的发展可分为三个阶段：_____、_____、_____。在不超过衰竭期的紧张状态下，人在紧张状态时的工作能力还有可能提高。

3. 在作业场所，特别是立体作业的现场，要求作业者一定要戴_____。另外，还要防止器物由上方坠落，在适当的地方应安装_____或其他遮蔽物。

4. _____是引起操作时人为差错的主要原因之一。

5. 如果人的可靠性为 0.8，机械的可靠性高为 0.95，人机系统的可靠性为_____。

6. 工作中造成人的压力的原因通常有：_____、_____、_____、_____。

7. 可操作性一般应具备：_____、_____、_____。

8. 本质可靠性设计通常有_____、_____、_____、自动化设计、差错显示设计、保护性设计。

9. 常用的超限保险安全装置有_____、_____、_____。

二、简答题

1. 人为差错发生的原因有哪些？

2. 机器设计时如何达到便于维护的目的？

3. 人生理的日周节律有什么规律？

4. 紧张和慌张有什么特点？

5. 适度的压力和过度的压力对人有什么影响？

6. 维护作业的场所和环境要怎样适应人的特性？

7. 人机系统功能分配的原则是什么？

8. 人机系统设计的基本要求有哪些?

三、任务实施

1. 以自己为对象,记录每日的体温、血压、心率、睡眠时间等数据,进行英语单词识读和听写测试,记录正确率,形成两个月的统计数据后,对比验证人的日周生物节律和 PSI 周期节律的合理性。

2. 寻找日常生活中或学习中遇到的安全防护装置(如电梯急停按钮、电路熔断丝、电器接地保护线等),搜集图片、工作原理并在课上分享介绍。

参考文献

曹祥哲，2018. 人机工程学[M]. 北京：清华大学出版社.

陈波，2013. 实用人机工程学[M]. 北京：中国水利水电出版社.

丁玉兰，2017. 人机工程学[M]. 北京：北京理工大学出版社.

杜子学，2011. 汽车人机工程学[M]. 北京：机械工业出版社.

高振海，2021. 汽车人机工程：基于驾乘人员生理特征的设计方法及应用[M]. 北京：机械工业出版社.

苟锐，2019. 设计中的人机工程学[M]. 北京：机械工业出版社.

郭秀荣，2012. 汽车造型设计[M]. 北京：机械工业出版社.

韩波，刘会瑜，赵国珍，2014. 人体工程学与产品设计[M]. 北京：中国建筑工业出版社.

胡海权，2013. 工业设计与人机工程学[M]. 辽宁：辽宁科学技术出版社.

任金东，2010. 汽车人机工程学[M]. 北京：北京大学出版社.

阮宝湘，2016. 工业设计人机工程[M]. 北京：机械工业出版社.

王龙，2016. 人机工程学[M]. 长沙：湖南大学出版社.

徐涵，2014. 人机工程学与应用[M]. 沈阳：辽宁美术出版社.

袁泉，2018. 汽车人机工程学[M]. 北京：清华大学出版社.

袁泉，2021. 智能车辆人机工程[M]. 北京：清华大学出版社.